1. *Nicandra physaloides* 假酸浆

2. *Physalis angulata* 苦蘵

3. *Physalis alkekengi* 酸浆

4. *Physalis philadelphica* 毛酸浆

5. *Physalis minima* 小酸浆

U0389737

6. *Datura stramonium*　曼陀罗

7. *Datura metel*　紫花曼陀罗

8. *Datura metel*　洋金花

9. *Datura innoxia*　毛曼陀罗

10. *Papaver bracteatum*　大红罂粟

11. *Tacca plantaginea*　裂果薯

12. *Tubocapsicum anomalum*　龙珠

13. *Hyoscyamus niger*　天仙子

国家科学技术学术著作出版基金资助出版

醉茄内酯类化合物研究

杨炳友　主编

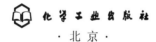化学工业出版社

·北京·

内容简介

该书为国内外首次介绍醉茄内酯类化合物的一本专著,以大量国内外文献作为理论参考依据,结合作者长期的科研成果,系统全面地总结了醉茄内酯类化合物的多方面特征,在整理化合物结构分类的同时,将所有的该类化合物的结构式与碳谱数据全部列出,经过分析梳理的构效关系对于开发新药具有很重要的指导性意义,总结发现的波谱学特征对该类化合物的结构解析具有重要的应用价值。该书既有对前人工作的总结,同时又指出了今后此类化合物的研究发展方向,理论创新性与实际应用性并重,适合中药化学、天然药物化学以及从事新药研发研究工作人员。

图书在版编目(CIP)数据

醉茄内酯类化合物研究 / 杨炳友主编. —北京:
化学工业出版社,2021.10
 ISBN 978-7-122-39998-4

Ⅰ.①醉… Ⅱ.①杨… Ⅲ.①内酯-化合物-研究
Ⅳ.①O623.624

中国版本图书馆 CIP 数据核字(2021)第 203736 号

责任编辑:李少华 黎秀芬 装帧设计:史利平
责任校对:宋 夏

出版发行:化学工业出版社(北京市东城区青年湖南街 13 号 邮政编码 100011)
印 装:北京建宏印刷有限公司
710mm×1000mm 1/16 印张14 彩插1 字数210千字 2022 年 1 月北京第 1 版第 1 次印刷

购书咨询:010-64518888 售后服务:010-64518899
网 址:http://www.cip.com.cn
凡购买本书,如有缺损质量问题,本社销售中心负责调换。

定 价:98.00 元 版权所有 违者必究

本书编写人员

主　编　杨炳友

副主编　夏永刚　潘　娟　刘　艳

编　委　郭　瑞　谭金燕　周永强　王　欣　李　婷

　　　　胡盼盼　程艳刚

主　审　匡海学

前言

醉茄内酯是一类天然存在的具有麦角甾烷骨架结构的 C_{28} 类固醇化合物，其结构中 C-22 和 C-26 被氧化形成一个 α, β-不饱和内酯环。1965 年，第一个该类成分——withaferin A 从南非醉茄（*Withania somnifera*）中被分离鉴定出来，因此，这类化合物被命名为"醉茄内酯（withanolide）"。随着分离、分析技术的发展进步，过去的 50 余年里已有 700 余种醉茄内酯类单体化合物陆续被分离解析出来。这类化合物之所以能够吸引众多研究者的关注，不仅因其具有复杂的结构特征，更主要是它们具有多重生物活性，包括抗肿瘤、抗菌、抗炎、免疫调节与抑制、对神经系统影响等方面作用，从而在药物研发中表现出较好的开发潜力和应用前景。

自 1999 年开始，本课题组以洋金花治疗银屑病有效成分研究为源头，先后对白曼陀罗的花（洋金花）、叶、种子等不同部位以及部分其他曼陀罗属植物进行了深入系统的化学成分研究，发现了一系列具有新颖结构的醉茄内酯类化学成分。以上研究获得了国家自然科学基金面上项目、国家自然科学基金青年项目、全国优秀博士学位论文作者专项资金项目、黑龙江省杰出青年科学基金项目等的资助支持，同时，本书的出版还得到了国家科学技术学术著作出版基金的资助。目前，本课题组已分离、鉴定了119种醉茄内酯，其中83种新化合物已公开发表。在研究过程中，我们发现此类化合物结构复杂，立体构型的确定较为困难，且相关波谱学规律的研究报道较少。基于长期以来我们对该类化合物的结构解析经验，本课题组曾对醉茄内酯的波谱学规律进行梳理总结并发表了相关学术论文，对该类化合物的快速发现和结构确定起到了积极的指导作用，但由于篇幅有限未能详尽。同时，在整理文献时发现对该类化合物的构效关系、生物合成方面的系统总结较少。因此，为促进醉茄内酯类化合物的深入研究，特著此书，以期能帮助介入醉茄内酯研究领域的相关研究者更好地了解此类化合物。

本书概述部分整理了目前公开发表的 731 个醉茄内酯（1965.6.1 至 2019.12.31）的植物分布情况，94%的此类成分分布于茄科；第 1 章针对 731 个醉茄内酯进行了化学结构分类；第 2 章系统地总结了醉茄内酯的波谱学特征，并围绕醉茄内酯中 C-20 和 C-22 位手性中心立体构型的确定方法进行了重点阐述；第 3 章介绍醉茄内酯的生物合成途径，包括涉及的关键酶的生物学功能、细胞定位等分子生物学方面的研究进展；第 4 章对醉茄内酯的理化性质及提取分离方法进行介绍；第 5 章对醉茄内酯的药理作用、生物活性及其构效关系进行了归纳总结。为方便读者更直观地熟悉和掌握醉茄内酯的波谱学特征，进一步印证并挖掘此类化合物的波谱学规律。

本书适用于中药化学、天然药物化学、有机化学、医药学、生物工程及植物学等相关专业的研究生、教师和科研人员阅读，也可作为相关领域科研人员的参考书。

由于时间仓促，编者知识、水平和能力有限，编写不当之处恳请广大同行和读者见谅，敬请不吝赐教、给予斧正！

2021 年 3 月于哈尔滨

目　录

概　　述

　　醉茄内酯（withanolide）是一类天然存在的具有麦角甾烷骨架的 28 个碳原子类固醇化合物，其麦角甾烷骨架中 C-26 和 C-22 被氧化形成 26-羧酸内酯。1965 年，Lavie 等从著名的印度药物南非醉茄（*Withania somnifera*）中提取分离得到一个结晶状化合物，经鉴定确定为 C$_{28}$ 类固醇化合物——withaferin A[38]（见图 0.1），综合其植物来源及结构特征将这类化合物命名为"醉茄内酯"。

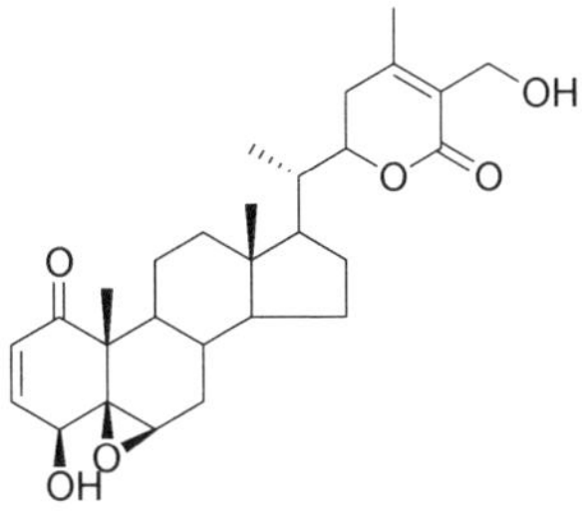

图 0.1　withaferin A 的结构

　　本书在表 0.1 中列出了自 1965 年 6 月 1 日至 2019 年 12 月 31 日期间，所有已公开发表分离得到的 731 种醉茄内酯的植物学分布情况。统计研究发现：醉茄内酯广泛分布于茄科（Solanaceae）植物中，其分布率大约占所有醉茄内酯总数的 94%（一种化合物只在 1 种植物中重复出现时计作 1，同一种化合物在 n 种不同植物中出现时计作 n，所以本章分布率统计的醉茄内酯数基数为 832），如图 0.2 所示。因此，醉茄内酯可以作为茄科植物化学分类的特征性成分。

表 0.1　1965 年 6 月~2019 年 12 月公开报道的醉茄内酯科属分布情况

科（family）	属（genus）	种（species）	醉茄内酯类化合物（withanolides）
Solanaceae	Withania	Withania somnifera	2, 24, 25, 51, 56, 57, 58, 59, 60, 61, 63, 65, 66, 69, 70, 78, 79, 80, 81, 84, 93, 99, 132, 133, 134, 148, 166, 167, 169, 170, 171, 172, 173, 174, 181, 185, 198, 216, 217, 218, 255, 256, 263, 264, 265, 266, 267, 268, 269, 270, 271, 272, 279, 300, 330, 332, 335, 339, 351, 352, 353, 354, 355, 356, 357, 359, 360, 364, 365, 366, 367, 383, 389, 390, 401, 429, 437, 438, 441, 455, 457, 462, 494, 687, 690, 691, 692, 698
		Withania adpressa	158, 174, 181, 301
		Withania aristata	33, 45, 46, 53, 59, 102, 184, 191, 192, 193, 194, 195, 196, 197, 229, 451
		Withania frutescens	2, 64, 461
		Withania coagulans /Withania coagulance	145, 146, 147, 152, 153, 154, 158, 159, 174, 203, 204, 211, 212, 213, 214, 215, 216, 218, 219, 220, 224, 231, 232, 238, 240, 245, 249, 281, 358, 360, 423, 424, 629, 630, 631, 633, 634, 635, 636, 638, 639, 640, 641, 642, 643, 645, 696, 697, 702, 703
	Datura	Datura tatura	1, 176, 280, 560
		Datura fastuosa	16, 402, 405, 553
		Datura metel	155, 156, 162, 168, 169, 175, 176, 180, 199, 200, 201, 202, 207, 208, 210, 222, 223, 226, 241, 242, 243, 246, 257, 258, 259, 260, 261, 262, 268, 294, 295, 296, 297, 298, 299, 302, 303, 304, 305, 306, 307, 308, 309, 310, 323, 324, 325, 328, 331, 336, 340, 356, 358, 382, 402, 403, 404, 405, 409, 411, 419, 420, 421, 422, 425, 426, 436, 443, 447, 448, 489, 490, 491, 492, 493, 495, 496, 504, 505, 506, 507, 508, 509, 548, 549, 550, 552, 554, 555, 559, 560, 562, 563, 564, 565, 566, 568, 569, 572, 573, 574, 575, 576, 577, 578, 628, 681, 682, 718, 719, 721, 722, 723, 724, 725, 726, 727, 728, 729, 730, 731

科（family）	属（genus）	种（species）	醉茄内酯类化合物（withanolides）
Solanaceae	*Datura*	*Datura innoxia*	**161, 356, 402, 405, 436, 551, 556, 557, 558, 567, 570, 571**
		Datura stramonium	**208, 209, 340**
		Datura ferox	**337, 361, 384, 440, 442**
		Datura quercifolia	**343, 344, 345**
		Datura wrightii	**559, 561, 564**
	Jaborosa	*Jaborosa leucotricha*	**4, 14, 15, 23, 391, 463, 626, 627**
		Jaborosa rotacea	**648, 665, 666, 667, 668, 669, 688**
		Jaborosa bergii	**5, 18, 19, 20, 413, 503, 655, 656, 657, 658, 659**
		Jaborosa kurtzi	**160, 670**
		Jaborosa reflexa	**165, 646, 647**
		Jaborosa cabrerae	**649, 650, 652, 653**
		Jaborosa integrifolia	**430, 432, 433, 444, 501**
		Jaborosa sativa	**649, 653, 654**
		Jaborosa caulescens var. *caulescens*	**650, 651**
		Jaborosa caulescens var. *bipinnatifida*	**652**
	Physalis	*Physalis coztomatl*	**7, 135, 136, 137, 138, 149, 157, 230, 415, 416, 497, 704**
		Physalis angulata	**3, 13, 17, 50, 54, 67, 74, 76, 94, 96, 97, 103, 104, 120, 124, 128, 279, 347, 348, 392, 393, 406, 407, 412, 414, 427, 431, 439, 449, 450, 466, 467, 468, 469, 470, 471, 472, 473, 474, 475, 476, 477, 478, 498, 499, 545, 546**
		Physalis angulata var. *villosa*	**67, 116, 117, 393, 406, 408, 412, 427, 479, 480, 481, 482, 483, 484**
		Physalis gracili	**60**
		Physalis virginiana	**9, 47, 48**
		Physalis peruviana	**10, 12, 21, 28, 52, 77, 78, 88, 89, 91, 95, 106, 112, 113, 114, 115, 129, 131, 164, 181, 183, 189, 190, 221, 233, 234, 247, 248, 275, 276, 396, 397, 398, 399, 401, 410, 418, 438, 445, 446, 458, 459, 460, 487, 488, 500, 632, 644, 708, 709, 710**

科（family）	属（genus）	种（species）	醉茄内酯类化合物（withanolides）
Solanaceae	*Physalis*	*Physalis crassifolia*	149, 157
		Physalis chenopodifolia	11, 157, 394, 395, 400
		Physalis longifolia	41, 42, 43, 44, 59, 85, 86, 87, 92, 99, 102, 130, 625, 699, 700, 701, 706
		Physalis pubescens	68, 75, 121, 122, 123, 126, 127, 273, 274, 287, 288, 289, 290, 291, 292, 293, 464, 717
		Physalis cinerascen	151, 401
		Physalis orizabae	163
		Physalis viscosa	59, 99, 105, 131, 187, 282
		Physalis divericata	689
		Physalis ixocarpa / Physalis philadelphica	32, 34, 35, 107, 349, 364
		Physalis neomexicana	118, 119, 485, 486
		Physalis minima	67, 90, 227, 392, 393, 406, 412, 416, 431, 510, 511, 512, 513, 514, 515, 516, 517, 519, 522, 532, 536, 537, 538, 539, 540, 541, 542, 543, 544
		Physalis minima var. *indica.*	518, 522, 527
		Physalis alkekengi	95
		Physalis alkekengi var. *francheti*	360, 406, 408
	Acnistus	*Acnistus breviflorus*	6, 22, 59, 98, 184, 283, 430, 432
		Acnistus arborescens	8, 27, 55, 59, 60, 125, 150, 188, 465, 521, 528, 529, 530, 531, 547, 583, 585
		Acnistus ramiflorus	580
	Dunalia	*Dunalia/Acnistus australis*	60, 62, 186, 277, 278
		Dunalia brachyacantha	29, 30, 31, 253, 254, 520, 533
		Dunalia solanacea	580, 581, 596, 597, 598, 599, 600
		Dunalia spinosa	59
	Tubocapsicum	*Tubocapsicum anomalum*	36, 37, 38, 39, 49, 60, 453, 454, 456, 585, 587, 588, 589, 590, 591, 592, 593, 594, 673, 674, 675

科（family）	属（genus）	种（species）	醉茄内酯类化合物（withanolides）
Solanaceae	*Vassobia*	*Vassobia lorentzii*	32, 521, 523, 524, 525, 526, 534, 535
	Nicandra	*Nicandra physaloides*	338, 340, 341, 361, 363, 368, 369, 370, 371, 372, 373, 374, 375, 376, 377, 601, 602, 614, 615, 616, 617, 618, 619, 620, 621, 622, 623
		Nicandra physaloides var. *alhiflora*	342, 693
	Nicandra	*Nicandra john-tyleriana*	579, 582, 671, 672
	Iochroma	*Iochroma coccineum*	55
		Iochroma fuchsioides	60
	Exodeconus	*Exodeconus maritimus*	322, 333, 334
	Eriolarynx	*Eriolarynx iochromoides*	186
	Salpichroa	*Salpichroa origanifolia*	386, 387, 388, 603, 604, 605, 606, 607, 608, 609, 612, 613,
		Salpichroa scandens	624
	Deprea	*Deprea subtriflora*	206, 660, 661, 662, 663, 664
		Deprea orinocensis	676, 677, 678, 679, 680
	Discopodium	*Discopodium penninervium*	23, 326, 332, 364, 584
	Hyoscyamus	*Hyoscyamus niger*	329, 340, 343
	Mandragora	*Mandragora officinarum*	595
	Solanum	*Solanum sisymbriifolium*	139, 385, 417
		Solanum cilistum	139, 140, 141, 142, 143, 144, 235, 236, 250, 251, 252, 683, 684, 685, 686
		Solanum capsicoides	143, 683
	Aureliana	*Aureliana fasciculata* var. *fasciculata*	40
	Lycium	*Lycium chinense*	358
Taccaceae	*Tacca*	*Tacca plantaginea*	285, 286, 312, 313, 314, 315, 317, 318, 319, 320, 321, 346, 378, 379, 712
		Tacca chantrieri	314, 315, 316
		Tacca subflaellata	711
Actinozoa	*Paraminabea*	*Paraminabea acronocephala*	694, 695

续表

科（family）	属（genus）	种（species）	醉茄内酯类化合物（withanolides）
Labiatae	*Ajuga*	*Ajuga parviflora*	**182, 205, 211, 224, 225, 228, 237, 239, 637**
		Ajuga bracteosa	**82, 83, 452**
Dioscoreaceae	*Dioscorea*	*Dioscorea japonica*	**380, 381**
Myrtaceae	*Eucalyptus*	*Eucalyptus globulus*	**327**
Asteraceae	*Tricholepis*	*Tricholepis eburnea*	**284, 714, 715, 716**
Alcyoniidae		*Sinularia brassica*	**713, 720**

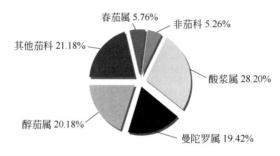

图 0.2　醉茄内酯的分布

从表 0.1 中看出：醉茄内酯主要存在于茄科植物中，广泛分布在 *Physalis*、*Withania*、*Datura*、*Jaborosa*、*Deprea*、*Acnistus*、*Dunalia*、*Vassobia*、*Tubocapsicum*、*Nicandra*、*Iochroma*、*Exodeconus*、*Discopodium*、*Hyoscyamus*、*Salpichroa*、*Mandragora*、*Solanum* 等属中，这些属主要分布在温带和热带地区。其中，酸浆属（*Physalis*）、醉茄属（*Withania*）和曼陀罗属（*Datura*）中存在的醉茄内酯种类最多，分别含有 225 种、161 种、155 种。除茄科外，在唇形科 Labiatae（筋骨草属 *Ajuga*）、桃金娘科 Myrtaceae（桉属 *Eucalyptus*）、箭根薯科 Taccaceae（箭根薯属 *Tacca*）等植物中均发现含有醉茄内酯[248]。虽然有些醉茄内酯在多种植物中被发现，但大多数还是集中分布于茄科，非茄科中仅有 42 种，占总数的 5.26%。

在已发现的 731 种醉茄内酯中，成苷的醉茄内酯有 126 种，约占总数的 17.2%；且主要集中分布于 *Datura*、*Withania*、*Physalis* 属中，分别为 58 种、26 种、21 种，少数分散在 *Solanum*、*Dunalia*、*Tricholepis*、*Tacca*、*Tubocapsicum* 属中。醉茄内酯苷在植物的根、茎、叶、花、果实中均有不同程度分布，其中叶类所含种类最多（37.0%），种子所含种类最少（2.2%）。*Datura metel* 作为典型植物被报道共含有 121 种醉茄内酯，主要分布在其叶和花中，且叶的含量是花的 3.5 倍[331]，其中醉茄内酯苷 53 种（40 种 27-醉茄内酯苷，13 种 3-醉茄内酯苷）；*Tacca* 属植物中的苷多为 27-醉茄内酯苷；*Withania* 属中的苷多为 3-醉茄内酯苷；*Physalis* 属中亦多为 3-醉茄内酯苷，但也发现了 28-醉茄内酯苷的存在，即 **136**、**625**、**699~701**，且为目前其唯一报道的来源。*Solanum cilistum* 植物中发现了 8 种 26-醉茄内酯苷，即 **142**、**250~252**、**683~686**；仅 1 种 7-醉茄内酯苷被报道存在于 *Tacca plantaginea* 植物中，即 **286**。

近年来，随着研究领域及目标范围的拓宽，研究者发现醉茄内酯不仅存在于植物王国中，在海洋软体动物中也含有新型结构的醉茄内酯，且具有较强的生物活性[242]，这一发现无疑又丰富了醉茄内酯的药用来源。

第 *1* 章

醉茄内酯的化学结构分类

醉茄内酯（withanolide）是一类基本骨架为含有 28 个碳原子的麦角甾烷的 C-26 羧酸内酯类甾体化合物。根据化合物 withaferin A 及后期获得的大量醉茄内酯的化学结构，可得出该类化合物的结构特征：醉茄内酯基本母核具有 28 个碳原子，其结构的多样性主要是由 A、B、C、D 环体系及侧链 E 环变化衍生而来（图 1.1）。

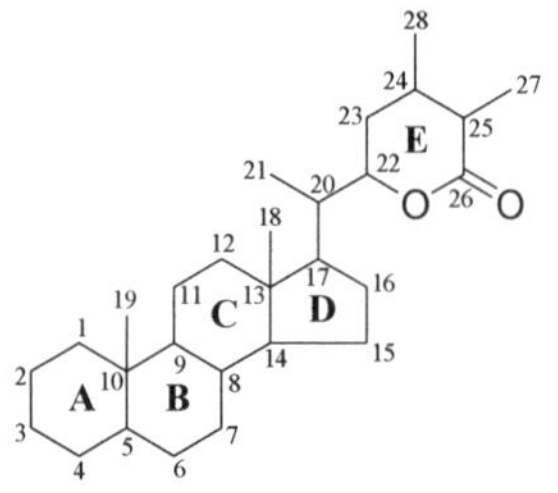

图 1.1　醉茄内酯基本母核结构

醉茄内酯的母核稠合方式：A/B 环顺式或反式，B/C 和 C/D 环均为反式。其分子中最多具有 5 个甲基，分别位于 C-18、C-19、C-21、C-27 及 C-28 位，其中，甲基被氧化成羟甲基常发生在 C-21 和 C-27 位，少数发生在 C-28 位。羰基多位于 C-1 和 C-26 位，偶见位于 C-3、C-4、C-12 及 C-16 位；羟基多位于 C-1、C-3、C-4、C-5、C-6、C-7、C-12、C-21、C-27 等位，少见于 C-14、C-15、C-16、C-17、C-20、C-28 等位；双键多存在于 $\Delta^{2,3}$、$\Delta^{3,4}$、$\Delta^{5,6}$、$\Delta^{6,7}$、$\Delta^{24,25}$ 位，偶见 $\Delta^{4,5}$、

$\Delta^{16,17}$、$\Delta^{5,10}$、$\Delta^{14,15}$。

目前在已发现的 731 种醉茄内酯中，成苷的醉茄内酯有 126 种，约占总数的 17.2%；成苷的糖，79.4%为葡萄糖单糖，16.7%为二糖，仅发现 5 个三糖（**254**、**270**、**278**、**588**、**674**）；二糖中主要是两分子葡萄糖形成的龙胆二糖和槐糖，偶见鼠李糖、木糖与葡萄糖形成的二糖或三糖；在所有醉茄内酯苷中，87.3%是通过 C_3-OH 或 C_{27}-OH 与葡萄糖单糖、龙胆二糖或槐糖形成单糖苷、二糖苷或三糖苷，6.3%是通过 C_{26}-OH 成苷，还有近 4.0%是通过 C_{28}-OH 形成醉茄内酯苷，偶见 C_6-OH、C_7-OH、C_{20}-OH 等位置成苷。醉茄内酯各环主要变化类型如图 1.2 所示。

按照骨架特征，醉茄内酯可被分为两类：骨架未改变的Ⅰ类醉茄内酯和骨架改变的Ⅱ类醉茄内酯。前者结构种类丰富，最有可能是其他醉茄内酯的前身。在Ⅰ类骨架中，根据 A/B 环取代基团的不同，又可分为：5*β*,6*β*-环氧型、5*α*,6*α*-环氧型、6*α*,7*α*-环氧型、6*β*,7*β*-环氧型、5-烯型、2,5-二烯型、3,5-二烯型及多羟基型等，其中 5*β*,6*β*-环氧型、6*α*,7*α*-环氧型及 5-烯型是Ⅰ类中最为常见的结构，环氧环的开裂或 5-ene 的加成反应可能生成多羟基衍生物，多羟基型环氧化继而生成 5*α*,6*α*-环氧型、6*β*,7*β*-环氧型等一系列衍生物。Ⅱ类骨架可进一步细分为 withaphysalins、芳香环型、acnistins、withajardins、withametelins、sativolides、降莰烷型、spiranoid-*δ*-lactones 及 subtriflora-*δ*-lactones（图 1.3）。同时，有些具有新骨架的醉茄内酯既不属于Ⅰ类也不属于Ⅱ类，将其定义为其他类。结合植物分布情况发现，Ⅰ类结构分布广泛，各科属均有分布；而Ⅱ类结构中，个别类型仅在一或两个属中发现，或可作为该属植物典型特征之一，后续将对其详细阐述。不同类型的醉茄内酯占比情况见表 1.1。

化学结构式中对于 H-8、H-9、H-14、H-17、H-22 构型问题，未特殊标明的默认为 H-8 为 *β*-构型，H-9、H-14、H-17、H-22 均为 *α*-构型。命名重复的不同结构的化合物用“*”加以区分。

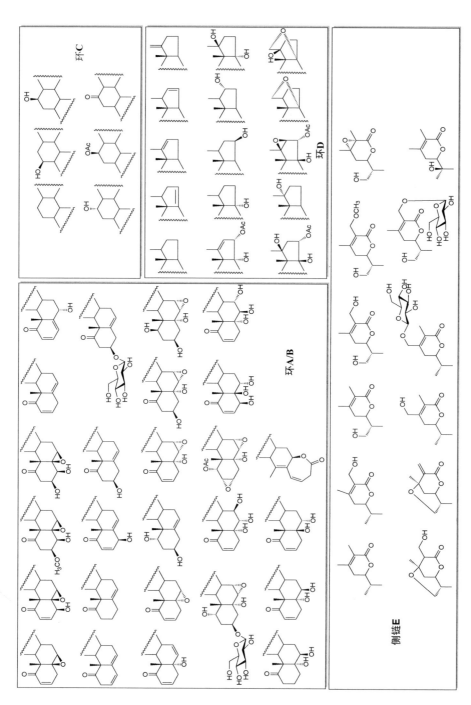

图 1.2 醉茄内酯各环取代图

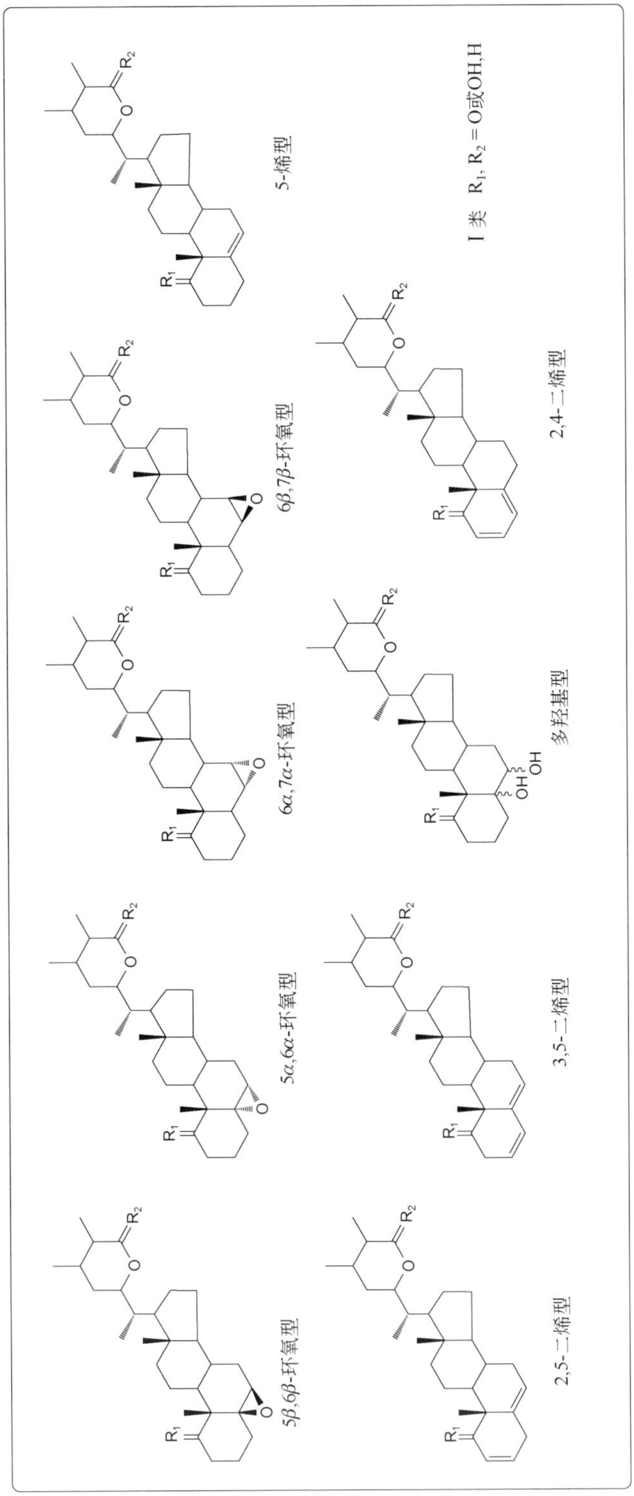
I 类　R_1, R_2 = O或OH,H
5-烯型
6β,7β-环氧型
6α,7α-环氧型
5α,6α-环氧型
5β,6β-环氧型
2,4-二烯型
多羟基型
3,5-二烯型
2,5-二烯型

图 1.3

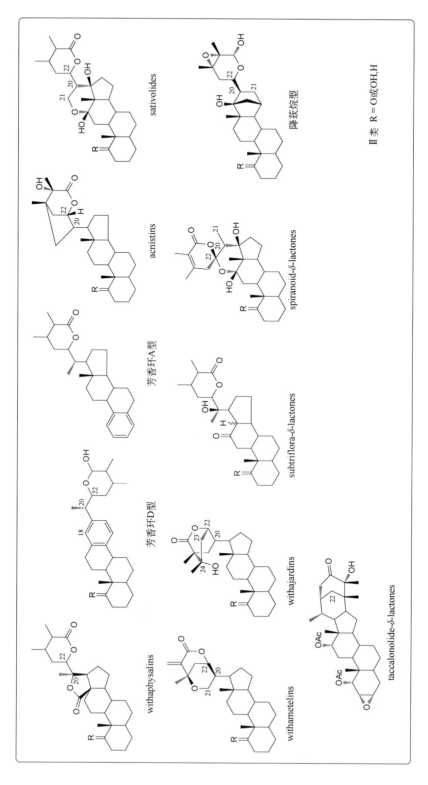

图 1.3 I 类和 II 类醉茄内酯的基本化学结构式

表 1.1　不同类型的醉茄内酯占比情况

类型	亚类型	个数	占比	序号
Ⅰ类型	5β,6β-环氧型	130	17.78%	**1~130**
	2,5-二烯型	72	9.85%	**131~202**
	3,5-二烯型	21	2.87%	**203~223**
	5-烯型	88	12.04%	**224~311**
	6α,7α-环氧型	71	9.71%	**312~382**
	5α,6α-环氧型	6	0.82%	**383~388**
	6β,7β-环氧型	2	0.27%	**389~390**
	多羟基型	103	14.09%	**391~493**
	2,4-二烯型	16	2.19%	**494~509**
Ⅱ类型	withaphysalins	38	5.20%	**510~547**
	withametelins	31	4.24%	**548~578**
	acnistins	22	3.01%	**579~600**
	芳香环型	28	3.83%	**601~628**
	14α,20α-环氧型	17	2.33%	**629~645**
	sativolides	9	1.23%	**646~654**
	降莰烷型	5	0.68%	**655~659**
	subtriflora-δ-lactones	5	0.68%	**660~664**
	spiranoid-δ-lactones	6	0.82%	**665~670**
	withajardins	10	1.37%	**671~680**
其他类		51	6.98%	**681~731**

1.1　Ⅰ类醉茄内酯

1.1.1　5β,6β-环氧型（5β,6β-epoxides）

5,6-环氧型结构在醉茄内酯中占比很高，其中，5β,6β-环氧型最为常见，而这些化合物中具有 1-oxo-2-烯结构特点的占 70%，具有 4β-OH 结构的占 66%；从 17-侧链方向及结构来分析：68%的 5β,6β-环氧型醉茄内酯具有 17β-侧链，21%则为 17α-侧链，另有 10%具有 16-ene 结构特点。截至目前，已报道的该类型天然产物共有 130 种，分别为：withatatulin (**1**)[1]，5β,6β-epoxy-4β,17α,27-trihydroxy-1-oxowitha-2,24-dienolide (**2**)[2,350]，withangulatin F (**3**)[3]，jaborosalactone W (**4**)[4]，jaborosalactol M (**5**)[5]，2,3-dihydrojaborosalactone A (**6**)[6]，physacoztolide C (**7**)[7]，4-deoxy-7β,16α-diacetoxywithanolide D (**8**)[8]，virginol C (**9**)[9]，28-hydroxywithanolide E (**10**)[10]，physachenolide C (**11**)[11,304,351]，withaperuvin L (**12**)[12]，physagulin H (**13**)[13]，jaborosalactone O (**14**)[1,14]，jaborosalactone V (**15**)[4]，withafastuosin D (**16**)[15,18]，physagulin A (**17**)[16]，2,3-dehydro derivative of jaborosalactol M (**18**)，2,3-dehydro derivative of jaborosalactone M (**19**)，jaborosalactone M (**20**)[5]，withaperuvin E (**21**)[161]，jaborosalactone A (**22**)[6]，jaborosalactone L (**23**)[20,352]，17-isowithanolide E (**24**)[21]，5β,6β-epoxy-14α,17α,20-trihydroxy-1-oxowitha-2,24-dienolide (**25**)，4β-acetoxywithanolide E (**26**)[17]，7β,16α-diacetoxywithanolide D [7β,16α-diacetoxy-4β,20R-dihydroxy-5β,6β-epoxy-1-oxowitha-2,24-dienolide] (**27**)[8]，15-desacetylphysabubeno-lide [(20S,22R)-5β,6β-epoxy-4β,14β,15α-trihydroxy-1-oxowitha-2,24-dienolide] (**28**)[118]，(17R,20S,22R)-5β,6β-epoxy-4β,16α-dihydroxy-1-oxowitha-2,24-dienolide (**29**)，(17R,20S,22R)-5β,6β-epoxy-4β,18-dihydroxy-1-oxowitha-2,24-dienolide (**30**)，(17R,20S,22R)-5β,6β-epoxy-4β,16α-dihydroxy-1,18-dioxowitha-2,24-dienolide (**31**)[23]，18-hydroxywithanolide D [(17S,20R,22R)-5β,6β-epoxy-4β,18,20-trihydroxy-1-oxowitha-2,24-dienolide] (**32**)[24,26]，5β,6β-epoxy-4β,16β,27-trihydroxy-1-oxo-witha-2,17(20),24-trienolide (**33**)[25]，philadelphicalactones A、B (**34**、**35**)[26]，tubocapsanolide A (**36**)，20-hydroxytubocapsanolide A (**37**)，23-hydroxytubocapsanolide A (**38**), tubocapsanolide F (**39**)[27], aurelianolide A (**40**)[28], withalongolides A-C、H (**41~44**)[29], 27-O-acetyl-withaferin A [27-acetoxy-5β,6β-epoxy-4β-hydroxy-1-oxo-witha-2,24-dienolide] (**45**), 5β,6β-epoxy-4β-hydroxy-27-(1-formyloxy-1-methylethoxy)-1-oxo-witha-2,24-dienolide (**46**)[25], virginols A、B (**47、48**)[9], tubocapsenolide A (**49**)[27], withangulatin B (**50**)[3], 27-deoxy-16-en-withaferin A [5β,6β-epoxy-4β-hydroxy-1-oxo-witha-2,16,24-trienolide] (**51**)[30], phyperunolide A (**52**)[31], witharistatin (**53**)[32], withangulatin I (**54**)[33], withacnistin (**55**)[34,364], 4β-hydroxy-l-oxo-5β,6β-epoxywith-2-enolide (**56**)[35], 5β,6β-epoxy-4β,20β-dihydroxy-1-oxowitha-2-enolide (**57**)[21,36], 27-deoxywithaferin A (**58**)[353], withaferin A (**59**)[25,29,37-40,54,65,356], withanolide D (**60**)[27,41-45,126,357], 27-hydroxywithanolide D (**61**)[45], 7β-hydroxywithanolide D [4β,7β,20α(R)-trihydroxy-1-oxo-5β,6β-epoxywitha-2,24-dienolide] (**62**)[21,46], 4β-hydroxy-5β,6β-epoxy-1-oxo-22R-witha-2,14,24-trienolide (**63**)[48], 5β,6β-epoxy-4β,27-dihydroxy-1-oxowitha-2,14,24-trienolide (**64**)[21], 27-deoxy-14-hydroxy withaferin A (**65**)[49], 14α-hydroxywithanolide D [4β,14α,20α-trihydroxy-1-oxo-5β,6β-epoxy-20R,22R-witha-2,24-dienolide] (**66**)[45], withangulatin A (**67**)[51,62,305], physapubenolide (**68**)[52,55], 17α-hydroxy-27-deoxywithaferin A [4β,17α-dihydroxy-1-oxo-5β,6β-epoxy-22R-witha-2,24-dienolide] (**69**)[48], 17α-hydroxywithanolide D [4β,17α,20β-trihydroxy-1-oxo-5β,6β-epoxy-20S,22R-witha-2,24-dienolide] (**70**)[45], 14α-hydroxywithaferin A (**71**)[64], 15β-hydroxywithaferin A (**72**), 12β-hydroxywithaferin A (**73**)[54], physagulin C (**74**)[55], physapubescin (**75**)[56,162], 24,25-epoxywithanolide D (**76**)[41,307], 4β-hydroxywithanolide E (**77**)[57,58,354], withanolide E (**78**)[16,22,304,354], (20R,22R,24S,25R)-4β,20β-dihydroxy-5β,6β-epoxy-3β-methoxy-1-oxowithanolide (**79**)[59], 27-O-β-D-glucopyranosyl viscosalactone B (**80**), 4-(1-hydroxy-2,2-dimethylcyclo-propanone)-2,3-dihydrowithaferin A (**81**)[123], bracteosins

A、B (**82、83**)[61], 4,16-dihydroxy-5β,6β-epoxyphysagulin D (**84**)[123], withalongolides D、E、G (**85~87**)[29], phyperunolide E (**88**)[31], phyperunolide F (**89**)[31,313], physaminimin F (**90**)[62], withaperuvin K (**91**)[12], withalongolide P (**92**)[322], 3-methoxy-2,3-dihydro-withaferin A [5β,6β-epoxy-4β,27-dihydroxy-3-methoxyl-1-oxowitha-24-enolide] (**93**)[342], physangulide (**94**)[63], physalactone (**95**)[39,313,342], withangulatins C、E (**96、97**)[3], 2,3,24,25-tetrahydro-27-desoxywithaferin A (**98**)[65], viscosalactone B (**99**)[29,63,70,123], 5β,6β-epoxy-4β,20β-dihydroxy-1-oxowitha-24-enolide (**100**)[66], 2,3-dihydro-27-deoxywithaferin A (**101**)[37,47], 2,3-dihydrowithaferin A (**102**)[25,29,37,47], withangulatin H (**103**)[3], physagulin N (**104**)[68], viscosalactone A (**105**)[70], withaperuvin G (**106**)[69], withaferin A diacetate (**107**)[17,52], 5β,6β-epoxy-4β-acetoxy-20β-hydroxy-1-oxowitha-2,24-dienolide (**108**), 5β,6β-epoxy-4β-acetoxy-14α,20β-dihydroxy-1-oxowitha-2,24-dienolide (**109**), 5β,6β-epoxy-4β-acetoxy-17α,20β-dihydroxy-1-oxowitha-2,24-dienolide (**110**), 5β,6β-epoxy-4β,27-diacetoxy-20β-hydroxy-1-oxowitha-2,24-dienolide (**111**)[17], 17-deoxy-23β-hydroxywithanolide E (**112**), 23β-hydroxywithanolide E (**113**), 4-deoxyphyperunolide A (**114**), 24,25-dihydrowithanolide E (**115**)[304], physagulides C、D (**116、117**)[305], withaneomexolides A、B (**118、119**)[306], physangulide B (**120**)[307], (20S,22R,24S,25S,26R)-15α-acetoxy-5,6β:22,26:24,25-triepoxy-26-methoxy-4β-hydroxyergost-2-en-1-one (**121**), (20S,22R,24S,25S,26S/R)-15α-acetoxy-5,6β:22,26:diepoxy-24-methoxy-4β,25,26-trihydroxyergost-2-en-1-one (**122**), (20S,22R,24R,25S,26S/R)-15α-acetoxy-5,6β:22,26-diepoxy-3β,4β,24,25,26-pentahydroxyergost-1-one (**123**)[308], physagulide P (**124**)[309], 16-hydroxywithanolide D (**125**)[310], physapubescins H、I (**126、127**)[311], physangulatin I (**128**)[312], physaperuvin I (**129**)[313,365], withalongolide O (**130**), withalongolide O 4,7-diacetate (**130a**)[322], 结构如图 1.4 所示。

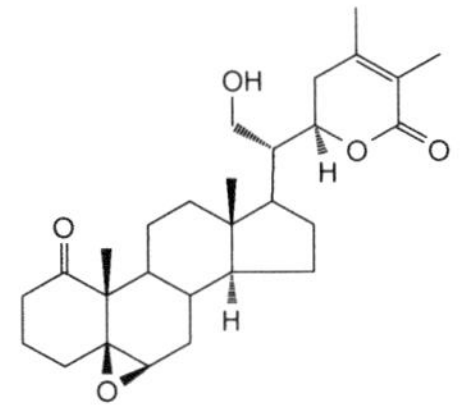

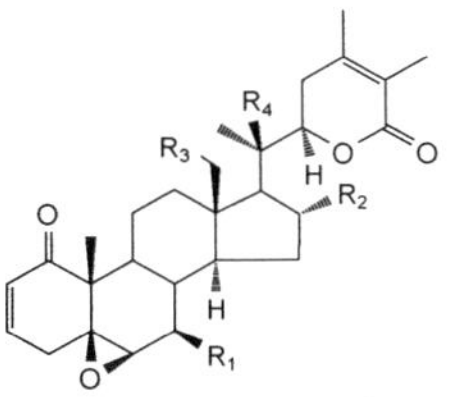

7 R₁=R₂=H, R₃=OAc, R₄=OH
8 R₁=R₂=OAc, R₃=H, R₄=OH

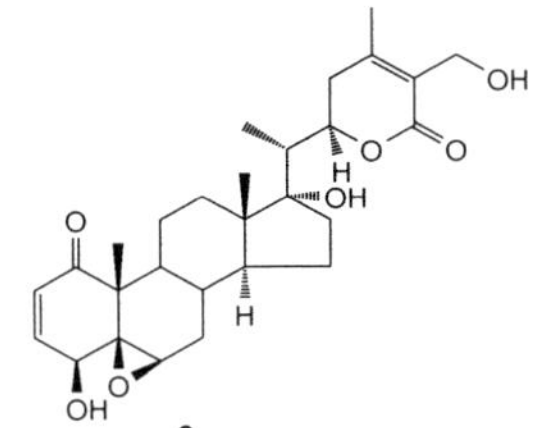

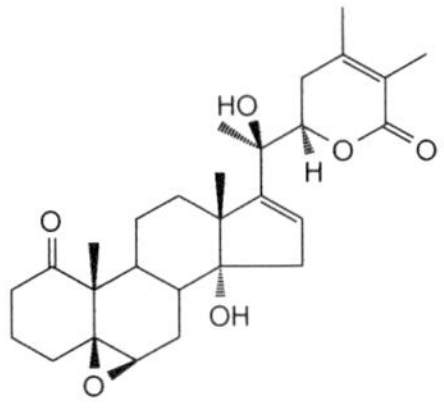

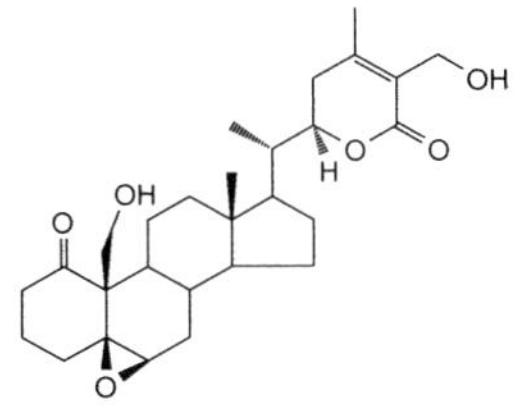

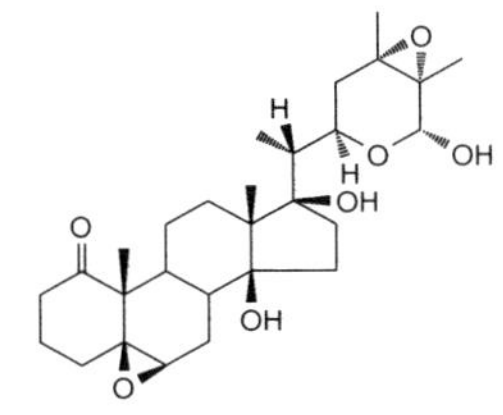

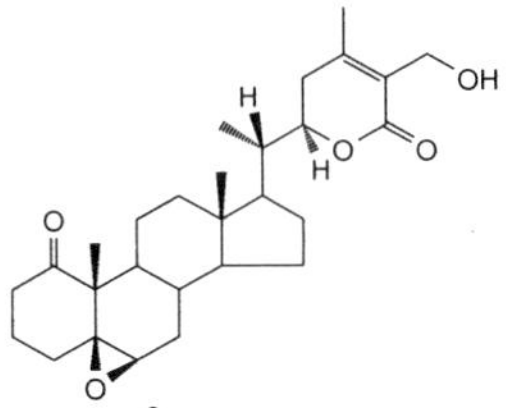

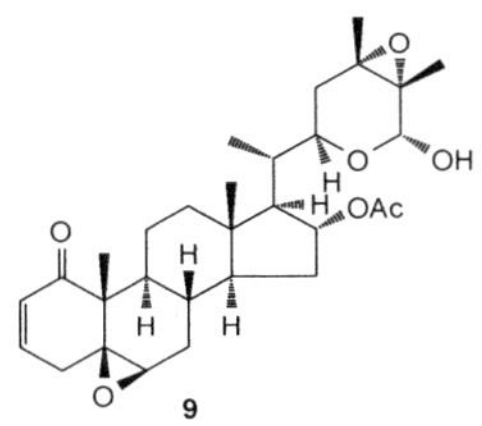

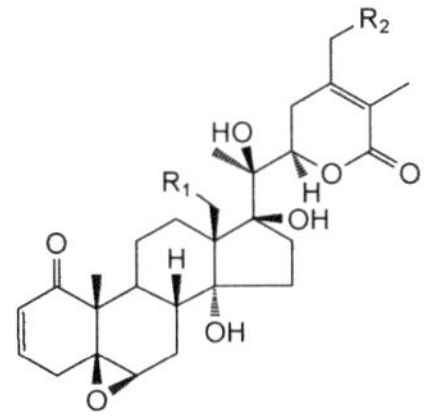

10 R₁=H, R₂=OH
11 R₁=OAc, R₂=H

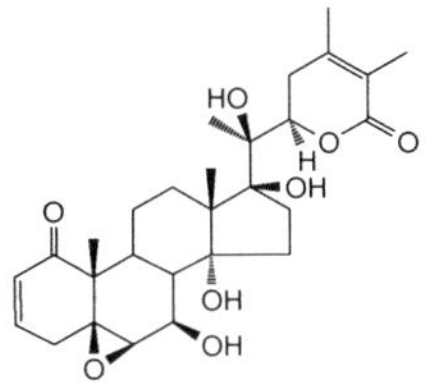

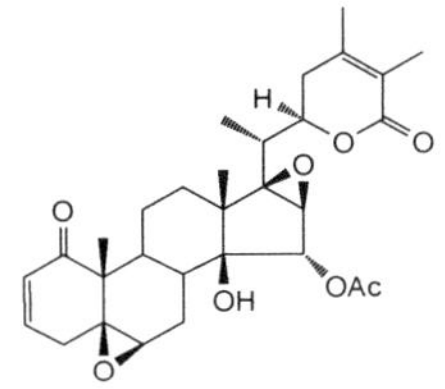

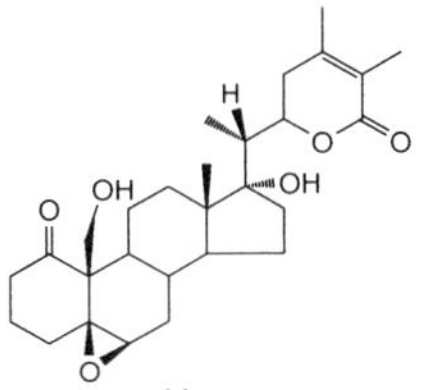

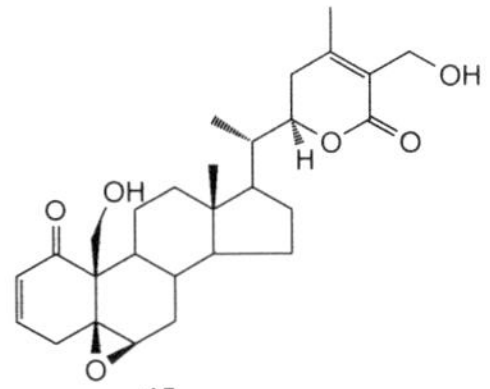

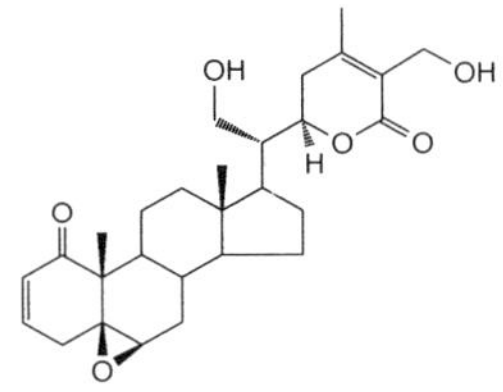

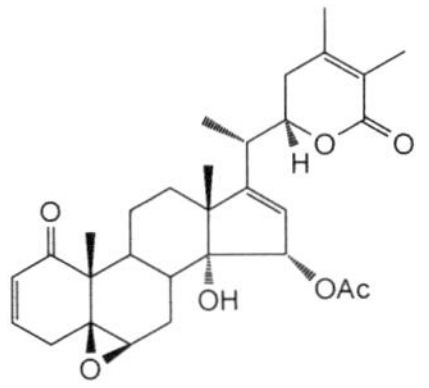

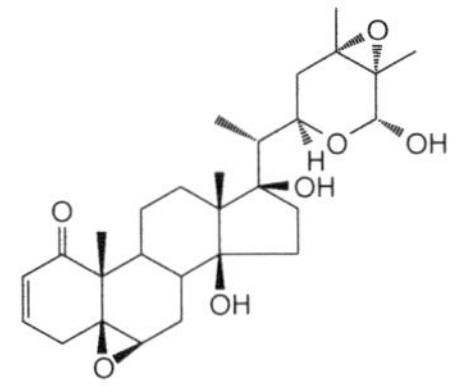

19 Δ²
20

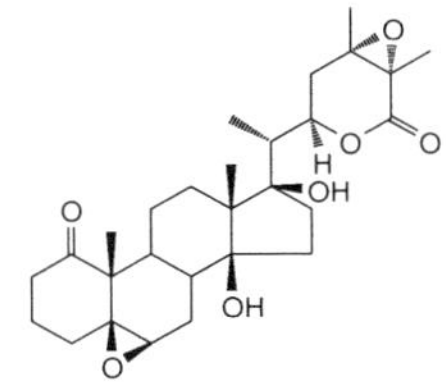

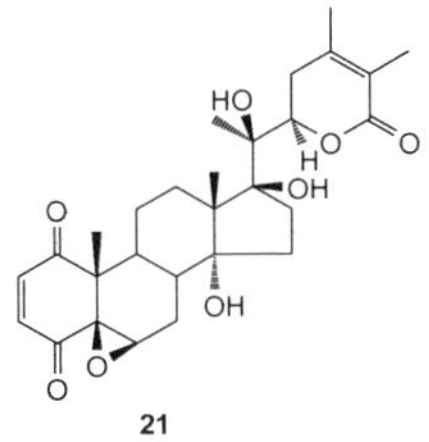

图 1.4

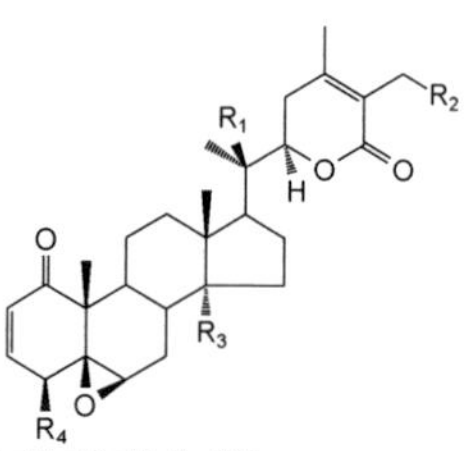

22 R₁=R₃=R₄=H, R₂=OH
23 17α-OH, R₁=R₂=R₃=R₄=H
24 17α-OH, R₁=OH, R₂=R₃=R₄=H
25 17α-OH, R₁=R₃=OH, R₂=R₄=H
26 17β-OH, R₁=R₃=OH, R₂=H, R₄=OAc

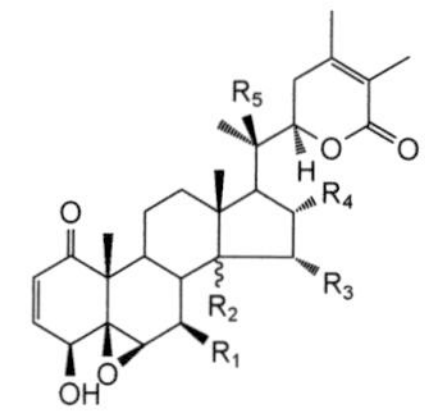

27 R₁=R₄=OAc, R₂=α-H, R₃=H, R₅=OH
28 R₄=R₅=H, R₂=β-OH, R₃=OH
29 R₁=R₃=R₅=H, R₂=α-H, R₄=OH

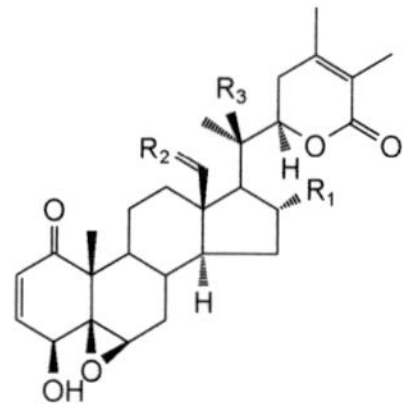

30 R₁=R₃=H, R₂=H,OH
31 R₁=OH, R₂=O, R₃=H
32 R₁=H, R₂=OH,H, R₃=OH

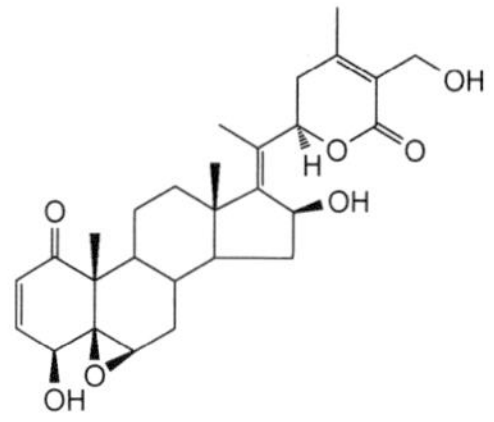

33

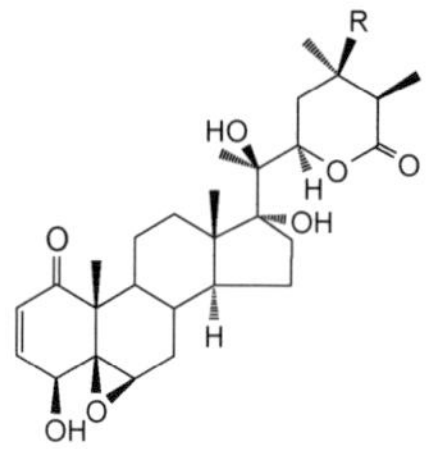

34 R=H
35 R=OH

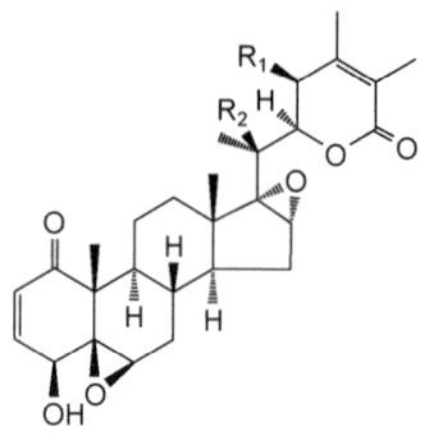

36 R₁=R₂=H
37 R₁=H, R₂=OH
38 R₁=OH, R₂=H

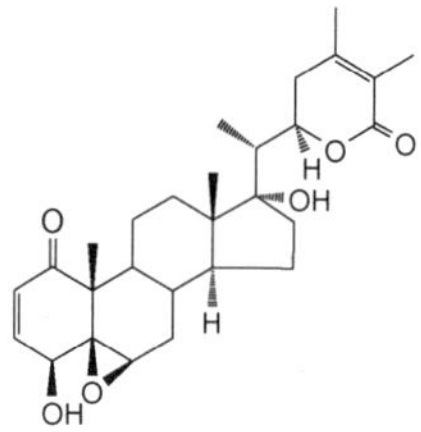

39

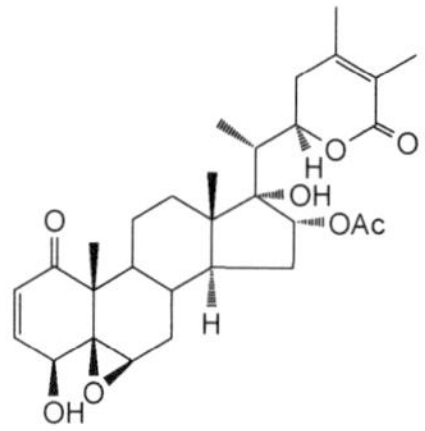

40

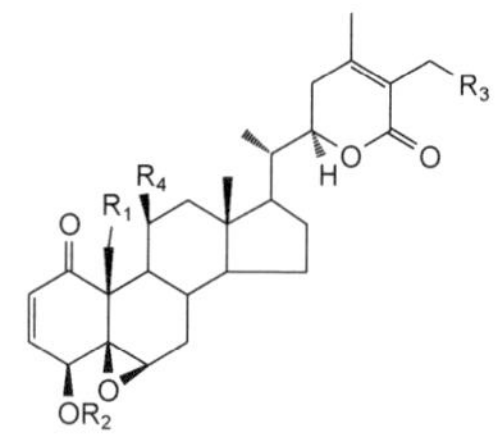

41 R₁=R₃=OH, R₂=R₄=H
42 R₁=OH, R₂=R₃=R₄=H
43 R₁=R₃=R₄=OH, R₂=H
44 R₁=R₂=R₄=H, R₃=OGlc-rha

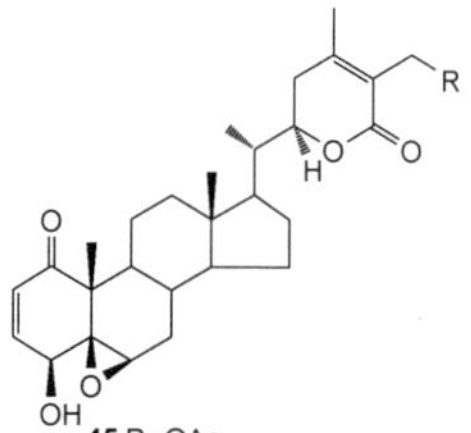

45 R=OAc
46 R=OC(CH₃)₂OCHO

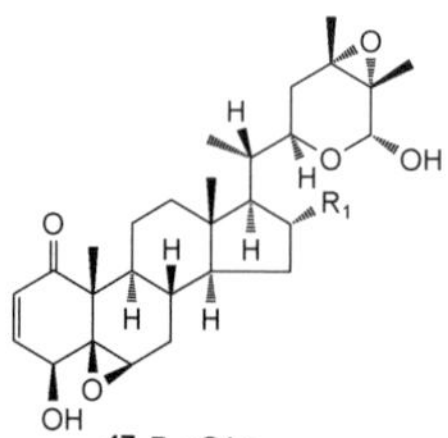

47 R₁=OAc
48 R₁=H

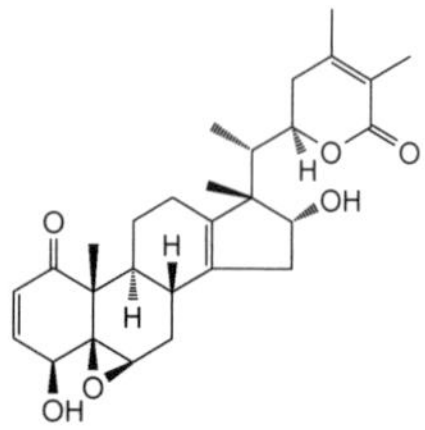

49

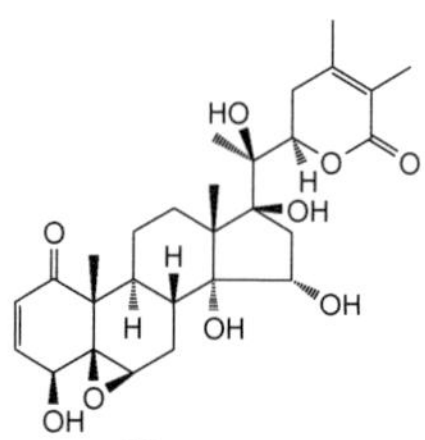

50

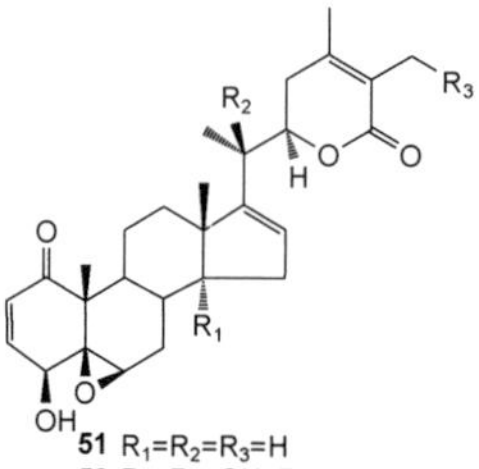

51 R₁=R₂=R₃=H
52 R₁=R₂=OH, R₃=H
53 R₁=R₂=H, R₃=OH

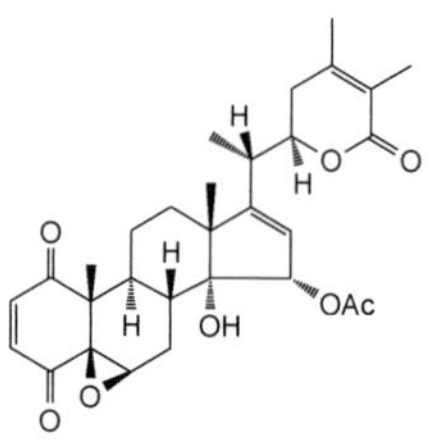

54

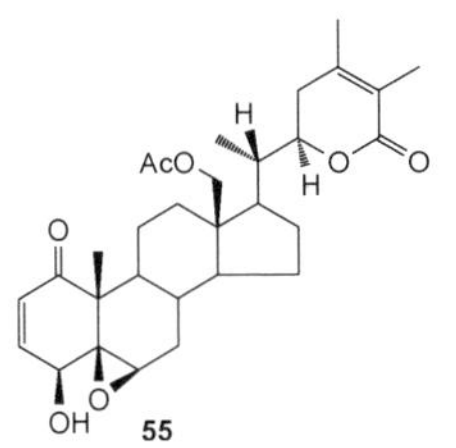

55

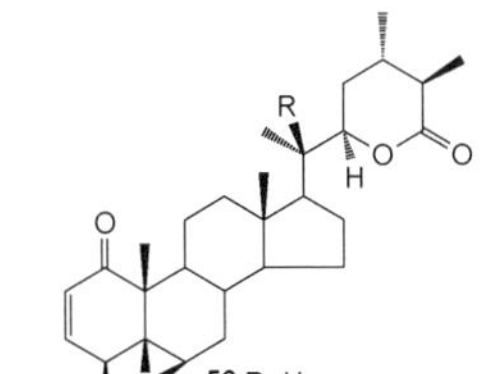

56 R=H
57 R=OH

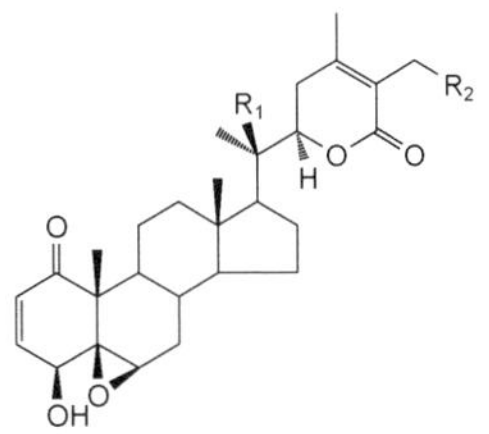

58 R₁=R₂=H
59 R₁=H, R₂=OH
60 R₁=OH, R₂=H
61 R₁=R₂=OH
62 7β-OH, R₁=OH, R₂=H
63 Δ¹⁴, R₁=R₂=H
64 Δ¹⁴, R₁=H, R₂=OH
65 14α-OH, R₁=R₂=H
66 14α-OH, R₁=OH, R₂=H
67 Δ¹⁶, 14α-OH, 15α-OAc, R₁=R₂=H
68 14β-OH, 15α-OAc, R₁=R₂=H
69 17α-OH, R₁=R₂=H
70 17α-OH, R₁=OH, R₂=H

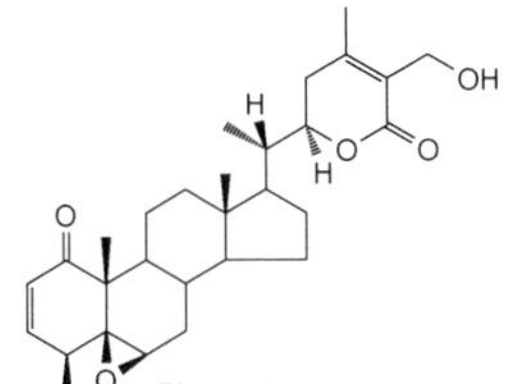

71 14α-OH
72 15β-OH
73 12β-OH

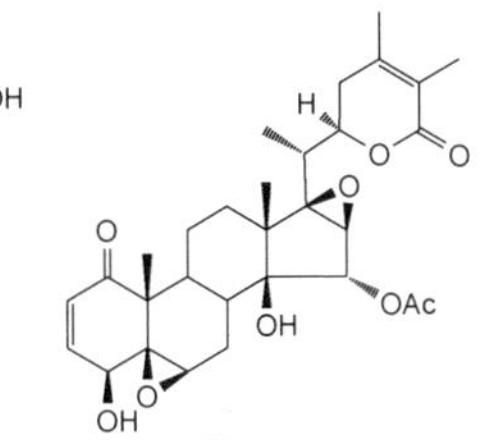

74

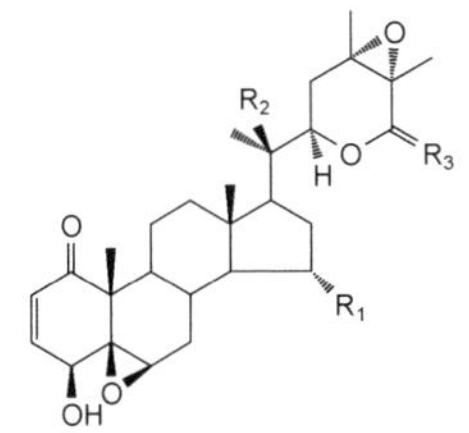

75 R₁=OAc, R₂=H, R₃=α-OH, β-H
76 R₁=H, R₂=OH, R₃=O

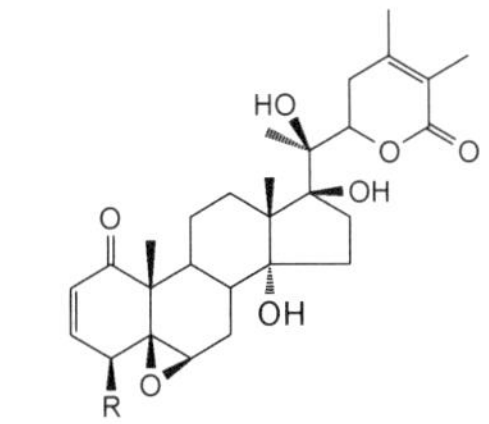

77 R=OH
78 R=H

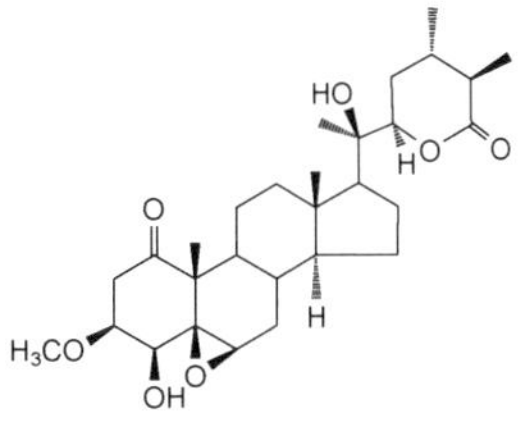

79

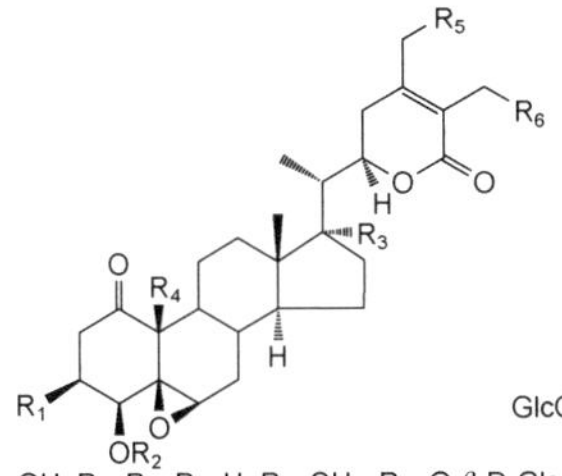

80 R₁=OH, R₂=R₃=R₅=H, R₄=CH₃, R₆=O-β-D-Glc
81 R₁=R₃=R₅=H, R₄=CH₃, R₆=OH, R₂=
82 R₁=OCH₃, R₂=R₃=R₆=H, R₄=CH₃, R₅=OH
83 R₁=OCH₃, R₂=R₃=R₆=H, R₄=COOH, R₅=OH

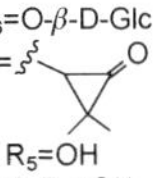

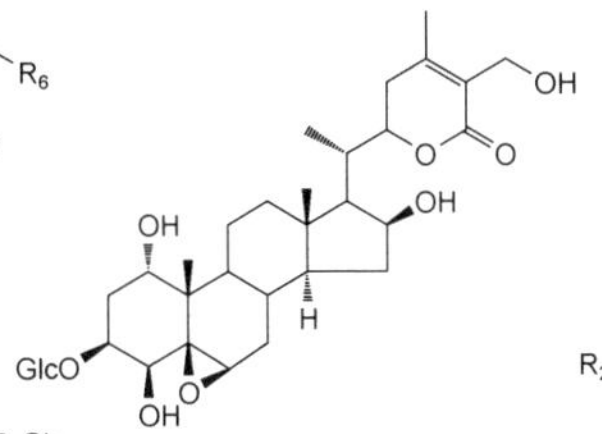

84

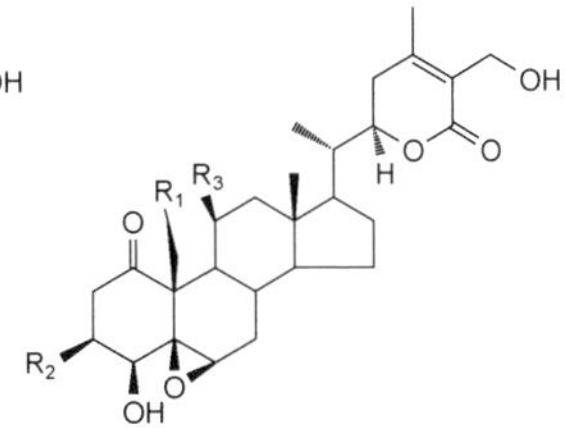

85 R₁=OH, R₂=OCH₃, R₃=OH
86 R₁=H, R₂=OCH₃, R₃=OH
87 R₁=OH, R₂=OSO₃H, R₃=H

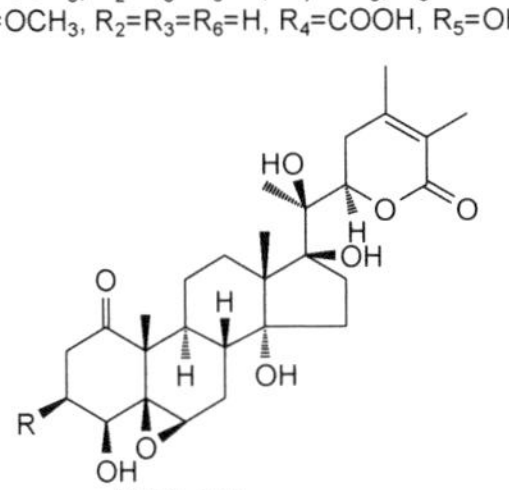

88 R=OH
89 R=OCH₂CH₃

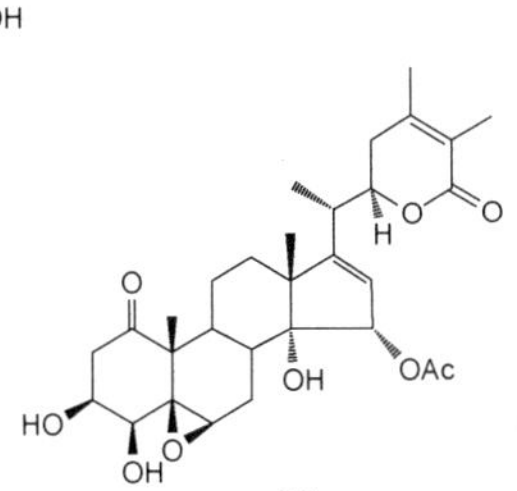

90

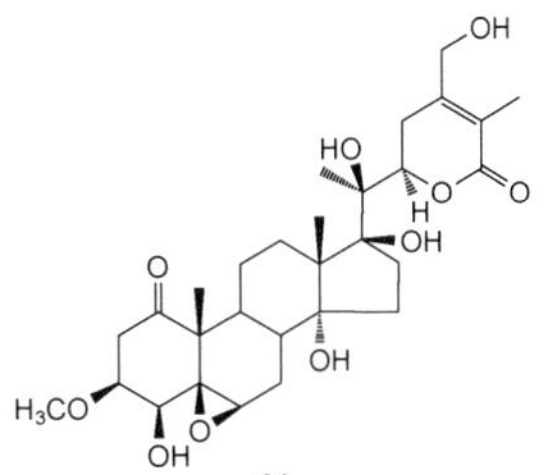

91

图 1.4

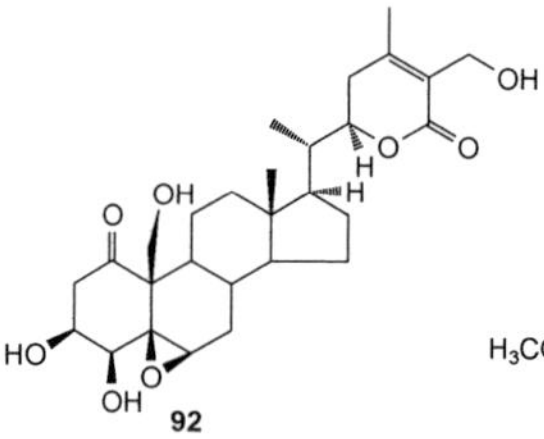
92

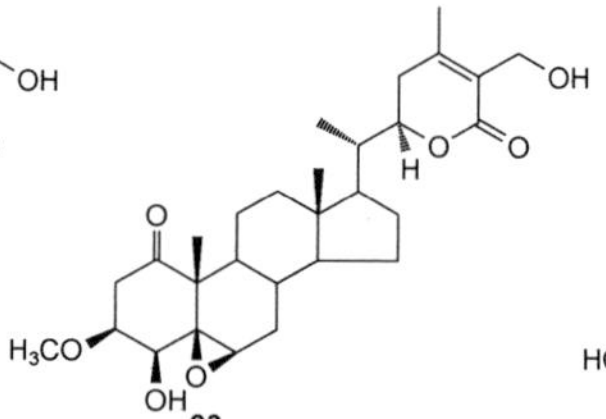
93

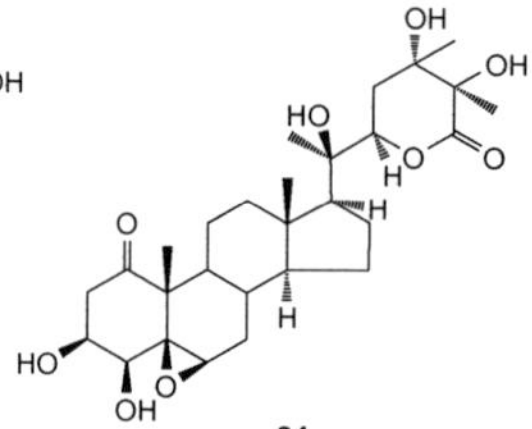
94

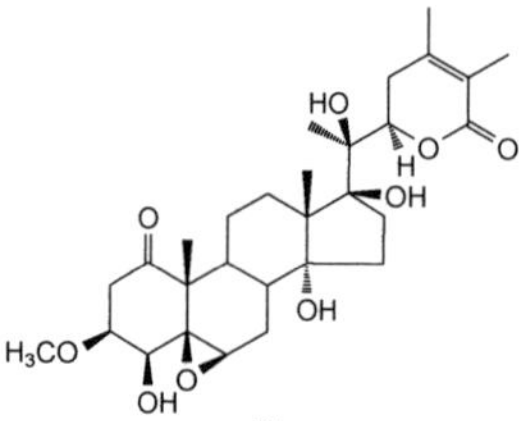
95

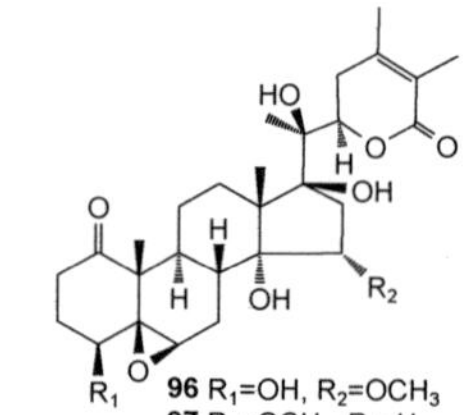
96 R_1=OH, R_2=OCH_3
97 R_1=OCH_3, R_2=H

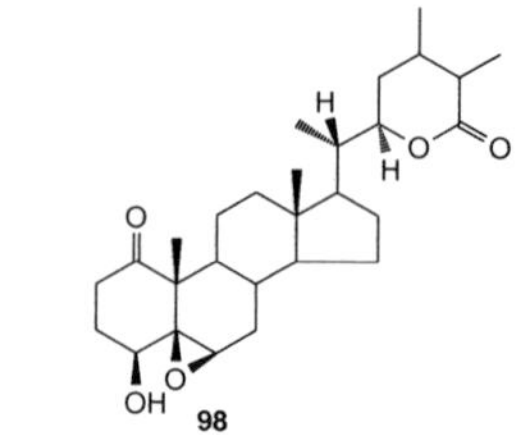
98

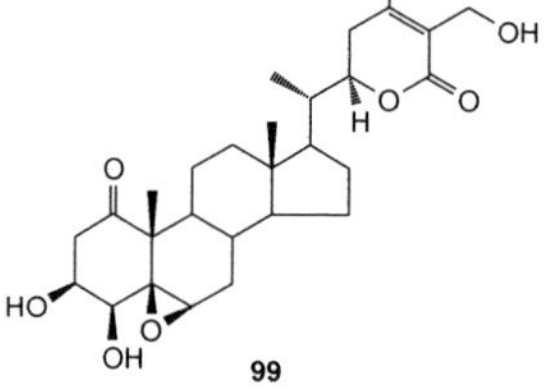
99

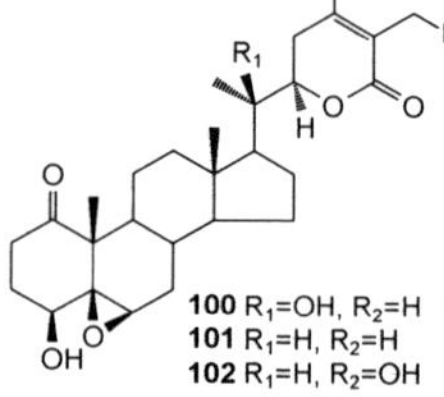
100 R_1=OH, R_2=H
101 R_1=H, R_2=H
102 R_1=H, R_2=OH

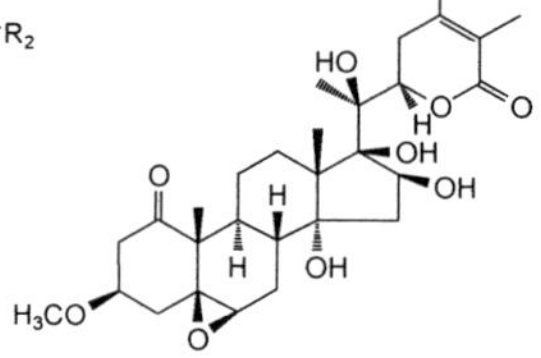
103

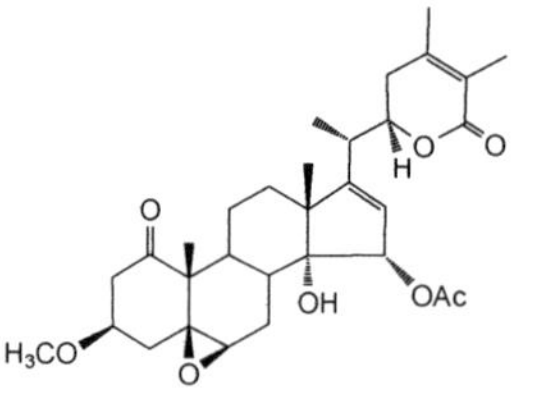
104

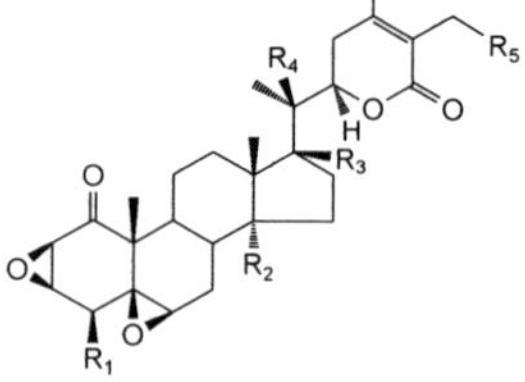
105 R_1=R_5=OH, R_2=R_3=R_4=H
106 R_1=R_5=H, R_2=R_3=R_4=OH

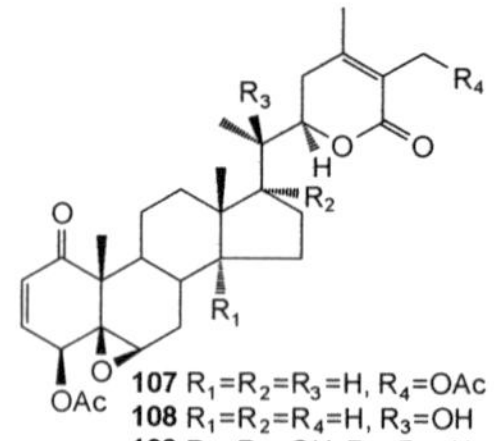
107 R_1=R_2=R_3=H, R_4=OAc
108 R_1=R_2=R_4=H, R_3=OH
109 R_1=R_3=OH, R_2=R_4=H
110 R_1=R_4=H, R_2=R_3=OH
111 R_1=R_2=H, R_3=OH, R_4=OAc

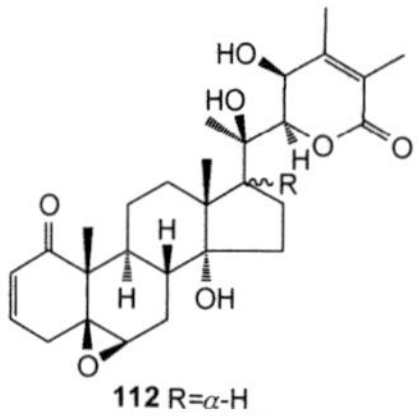
112 R=α-H
113 R=β-OH

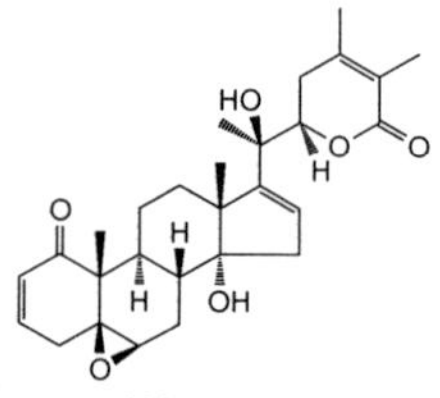
114

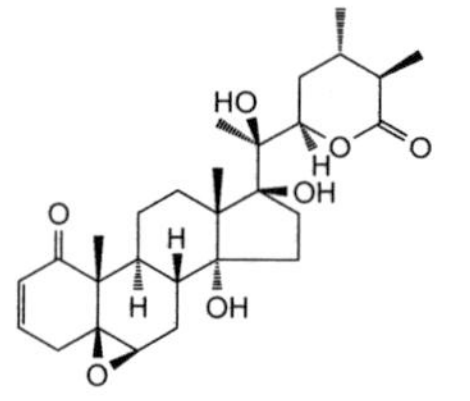
115

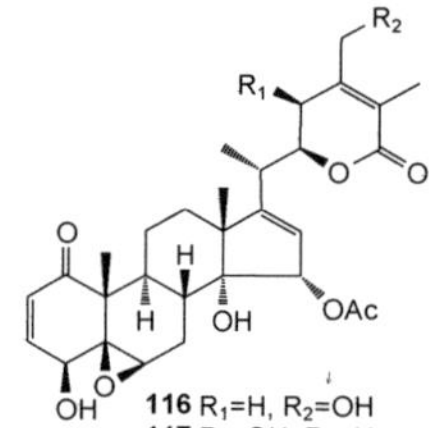
116 R_1=H, R_2=OH
117 R_1=OH, R_2=H

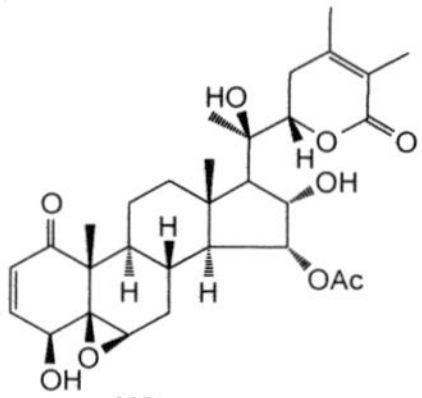
118

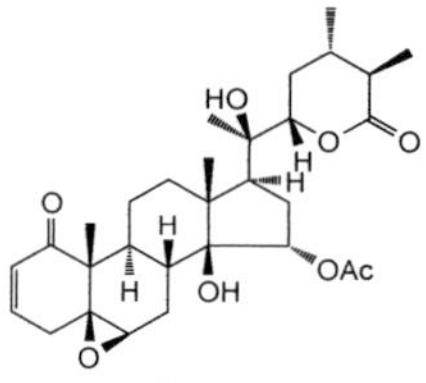
119

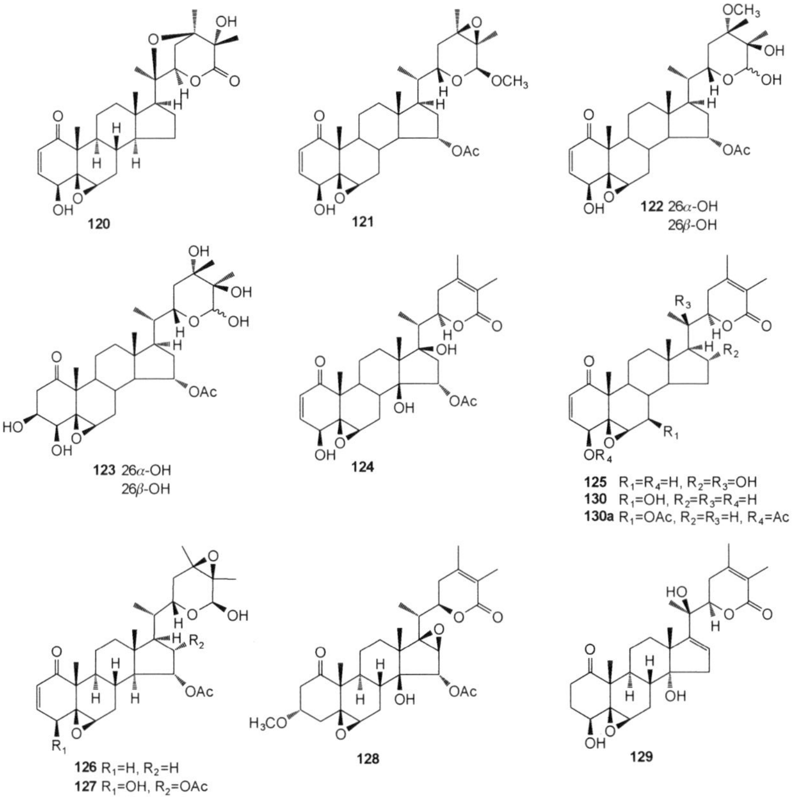

图 1.4 5β,6β-环氧型醉茄内酯化学结构式

1.1.2 2,5-二烯型（2,5-dien）

2,5-二烯型是一类在 2 位和 5 位同时具有烯键结构的醉茄内酯。从 17-侧链方向及结构来分析：69%的 2,5-二烯型醉茄内酯具有 17β-侧链，21%则为 17α-侧链，另有 6%具有 16-烯结构，4%具有 17-烯结构。目前，已报道的该类型化合物共有 72 种，分别为：withaphysanolide (**131**)[31,39], withasomniferanolide (**132**), somnifera-nolide (**133**), somniferawithanolide (**134**)[73], 15α-acetoxyphysache-nolide D (**135**), 28-O-β-D-glucopyranosylphysachenolide D (**136**), physacoztolides G、H (**137**、**138**)[74], cilistol A (**139**)[75,76], cilistols B、D、Q、F (**140~142**、**144**)[76], cilistol G (**143**)[76,355], withacoagulins

H、G (**145**、**147**)[77], coagulansin A (**146**)[60], glucosomniferanolide (**148**)[78], physacoztolide E (**149**)[7,356], 12β-acetoxy-4-deoxy-5,6-deoxy-Δ^5-withanolide D (**150**)[43], cinerolide (**151**)[79], withacoagulins D、E (**152**、**153**)[80], withacoagulide C [(14S,17R,20S,22R)-14,17,20-trihydroxy-1-oxowitha-2,5,24-trienolide] (**154**)[81], dmetelins C、D (**155**、**156**)[82], physachenolide D (**157**)[11,74,356], (22R)-14α,15α,17β,20β-tetrahydroxy-1-oxowitha-2,5,24-trien-26,22-olide (**158**)[80,84], withacoagulide A [(14R,15R,17S,20S,22R)-14,15,17,20-tetrahydroxy-1-oxowitha-2,5,24-trienolide] (**159**)[81], jaborosalactone 44 (**160**)[85], dinoxin B (**161**)[86], 12α-hydroxydaturametelin B/daturamalakoside B (**162**)[87], orizabolide (**163**)[88], withaperuvin J (**164**)[12], jaborosalactol 28 (**165**)[89], withanolide P (**166**)[17,45], withanolide Q (**167**)[90], daturametelin A (**168**)[91,92], 7α,27-dihydroxy-1-oxo-22R-witha-2,5,24-trienolide (**169**) [48,82,96], withanolide G (**170**)[17,94], withanolide H (**171**)[17,93,359], Δ^{16}-withanolide [(20R,22R)-14α,20α_F-dihydroxy-1-oxowitha-2,5,16,24-tetraenolide] (**172**)[94], 17α,27-dihydroxy-1-oxo-22R-witha-2,5,24-trienolide(**173**)[48], withanolide J (**174**)[17,80,84], daturametelin C/secowithametelin (**175**)[95,97], daturataturin A (**176**)[91,96], 14α,20α_F-dihydroxy-1,4-dioxo-22R-witha-2,5,24-trienolide (**177**), 27-hydroxy-1,4-dioxo-22R-witha-2,5,24-trienolide (**178**), 1,4,27-trioxo-22R-witha-2,5,24-trienolide (**179**)[65], daturametelin B (**180**)[92,95], withanolide F (**181**)[84,128,304,359], ajugin C (**182**)[98], withaperuvin M (**183**)[12], 5,6-desoxywithaferin A [4β,27-dihydroxy-1-oxo-22R-witha-2,5,24-trienolide] (**184**)[65,324], withanolide U (**185**)[21,99], 4β,7β,20α(R)-trihydroxy-1-oxowitha-2,5,24-trienolide (**186**)[17,46,358], 28-hydroxywithaphysanolide (**187**)[39,101], rel-(20R,22R)-16α-acetoxy-20-hydroxy-1-oxowitha-2,5,24-trienolide (**188**)[310], 7β-hydroxywithanolide F (**189**), 24,25-dihydro-23β,28-dihydroxywithanolide G (**190**)[304], (4S,20S,22R)-4,27-dihydroxy-1-oxo-witha-2,5,16,24-tetraenolide (**191**),

(4*S*,20*S*,22*R*)-4-hydroxy-1-oxo-witha-2,5,16,24-tetraenolide (**192**), (20*S*, 22*R*)-27-hydroxy-1,4-dioxo-witha-2,5,16,24-tetraenolide (**193**), (4*S*,22*R*)-4,16*β*,27-trihydroxy-1-oxo-witha-2,5,17(20),24-tetraenolide (**194**), (22*R*)-16*β*,27-dihydroxy-1-oxo-witha-2,5,17(20),24-tetraenolide (**195**), (22*R*)-16*β*,27-dihydroxy-1,4-dioxo-witha-2,5,17(20),24-tetraenolide (**196**), (22*R*)-4*α*,17*α*,27-trihydroxy-1-oxo-witha-2,5,24-trienolide (**197**)[324], 5,6-de-epoxy-5-en-7-one-17-hydroxy withaferin A (**198**)[326], daturme-telide F、daturmetelide G、daturmetelide P、daturmetelide R (**199~202**)[345],文献[81]中 withanolide G 化学结构与 **171** 一致，通过考证其引用文献，核实其波谱数据，应是化合物名称引用有误。化合物结构如图 1.5 所示。

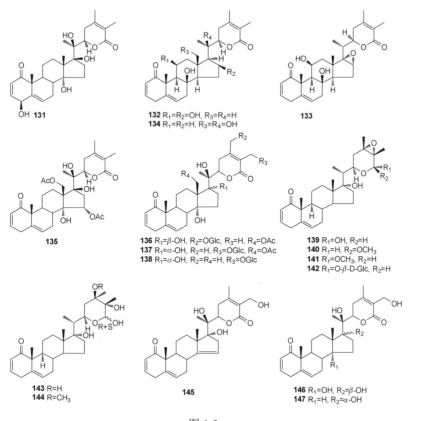

图 1.5

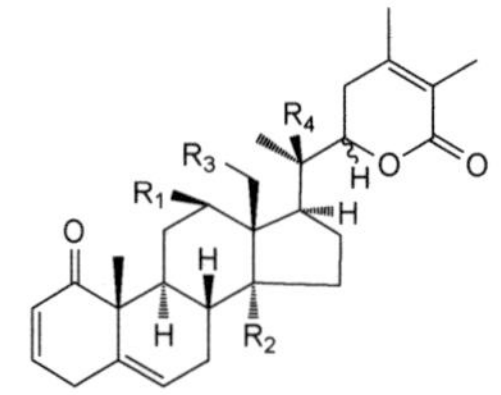

148 R₁=R₂=R₃=H, R₄=O-β-D-Glc
149 R₁=H, R₂=R₄=OH, R₃=OAc
150 R₁=OAc, R₂=R₃=H, R₄=OH

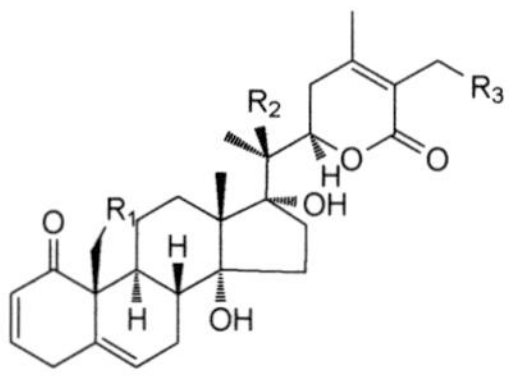

151 R₁=OH, R₂=R₃=H
152 R₁=H, R₂=R₃=OH

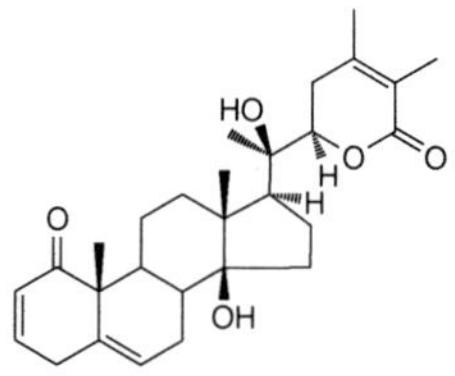

153

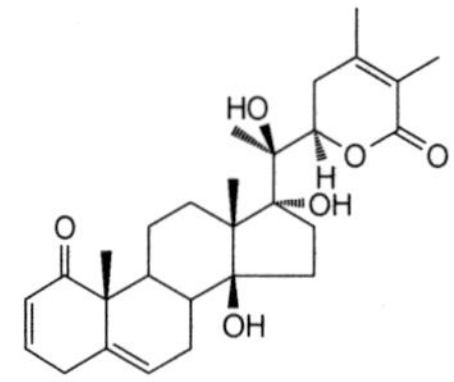

154

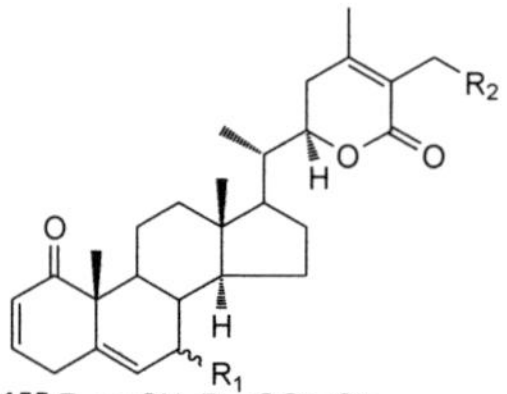

155 R₁=α-OH, R₂=OGlc-Glc
156 R₁=β-OH, R₂=OH

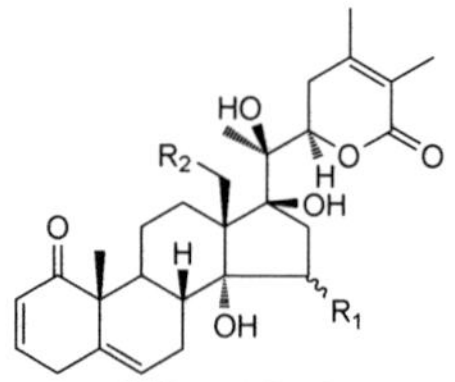

157 R₁=H, R₂=OAc
158 R₁=α-OH, R₂=H

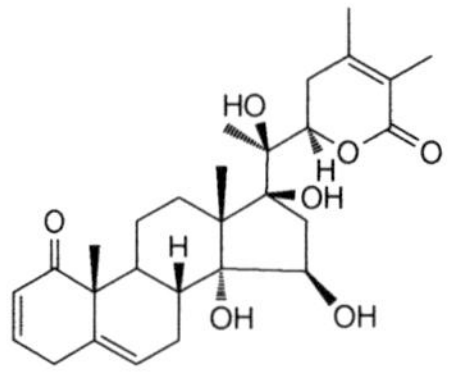

159

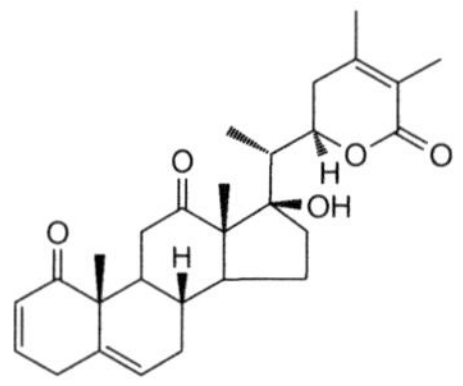

160

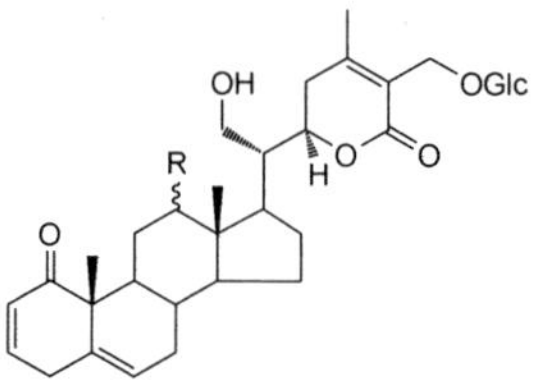

161 R=β-OH
162 R=α-OH

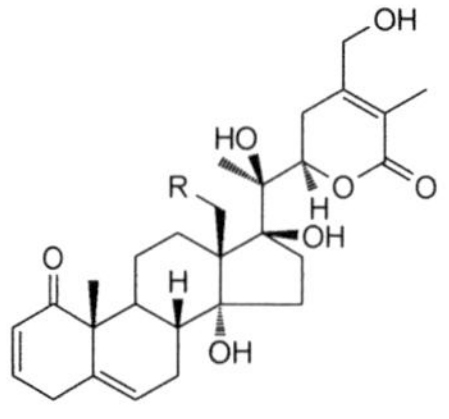

163 R=OAc
164 R=H

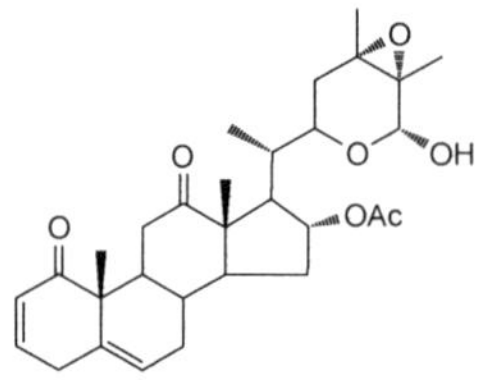

165

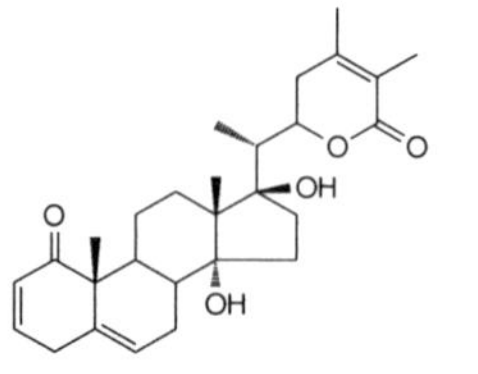

166

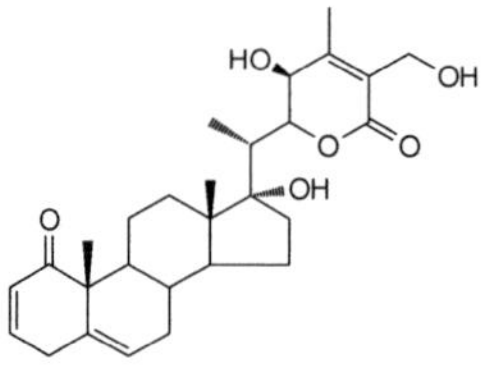

167

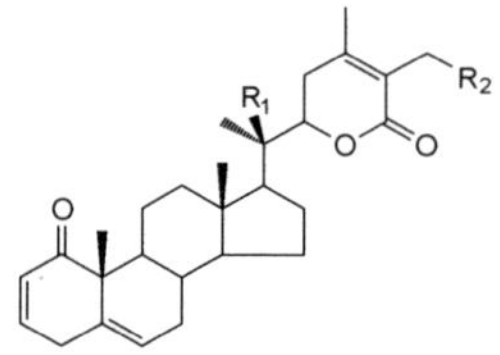

168 14α-H, R₁=H, R₂=OGlc
169 7α-OH, R₁=H, R₂=H
170 14α-OH, R₁=OH, R₂=H
171 14α-OH, R₁=R₂=OH
172 Δ¹⁶,14α-OH, R₁=OH, R₂=H
173 17α-OH, R₁=H, R₂=OH
174 14α-OH, 17α-OH, R₁=OH, R₂=H

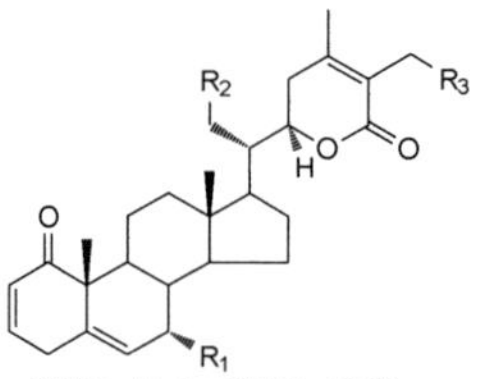

175 R₁=H, R₂=OH, R₃=OCH₃
176 R₁=OH, R₂=H, R₃=OGlc

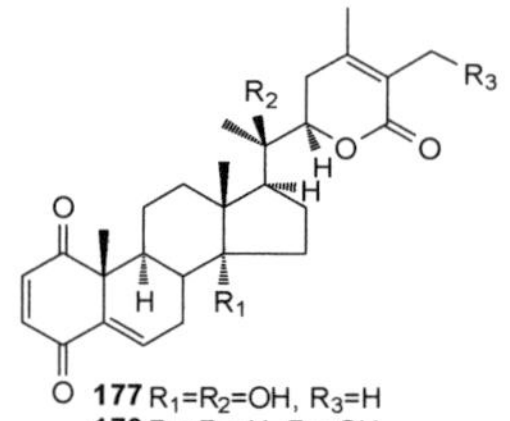

177 R₁=R₂=OH, R₃=H
178 R₁=R₂=H, R₃=OH

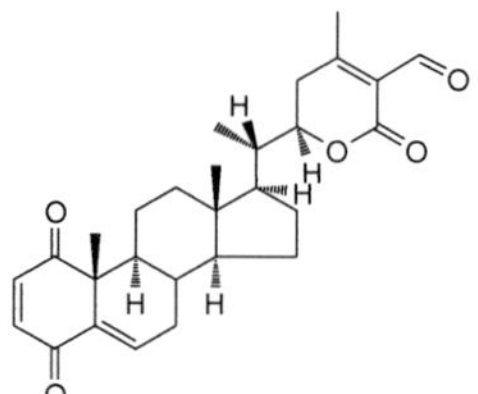

179

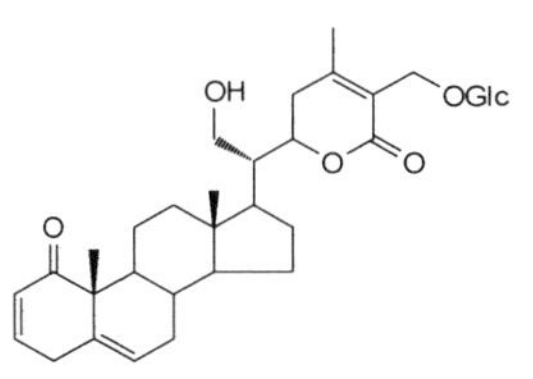

图 1.5　2,5-二烯型醉茄内酯化学结构式

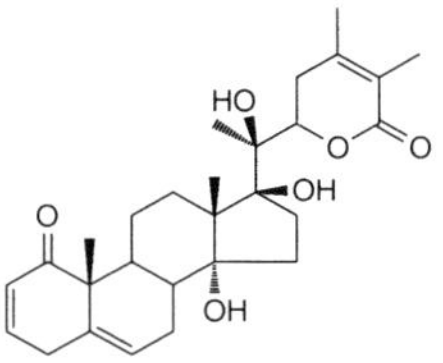

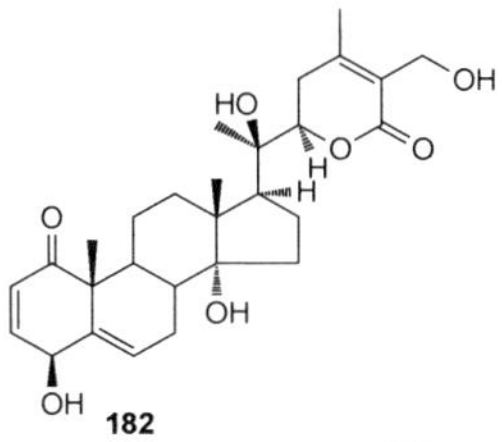

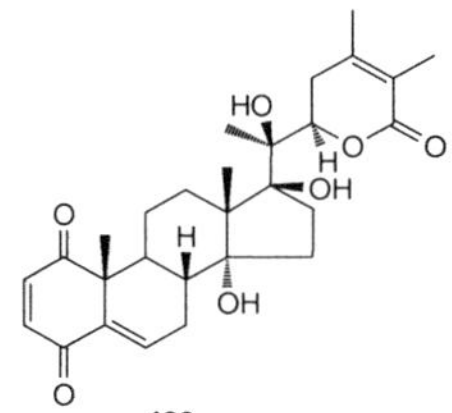

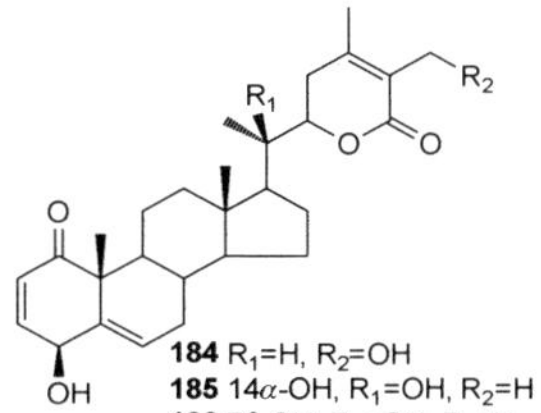

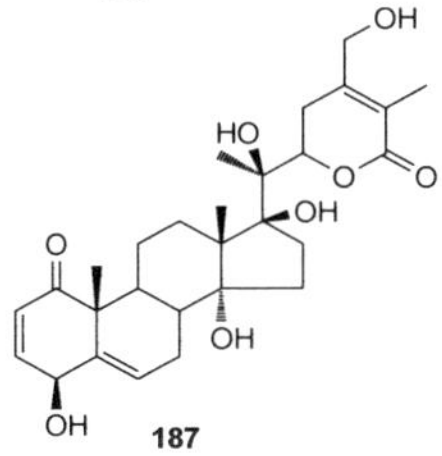

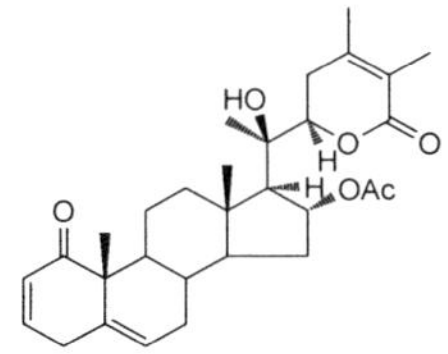

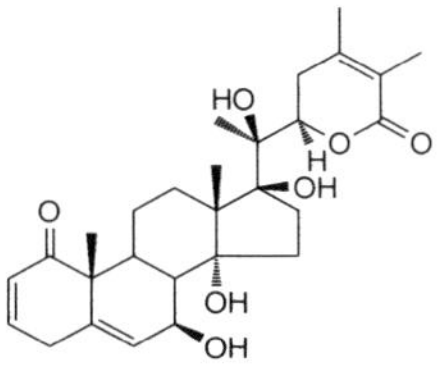

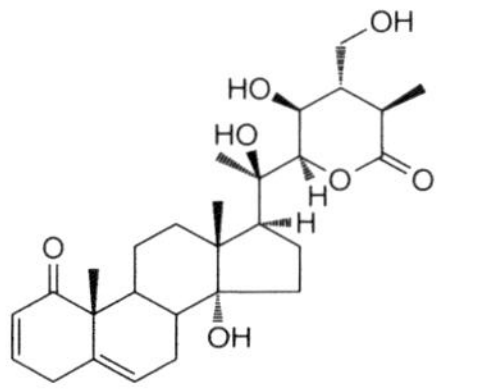

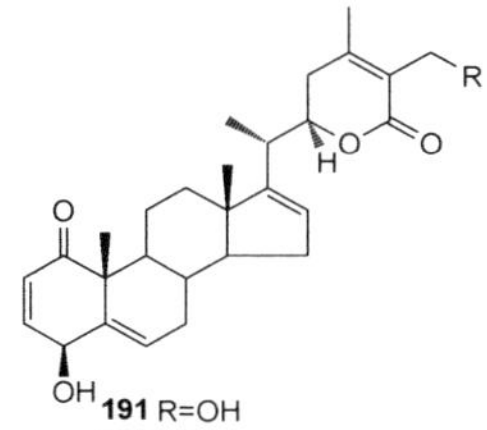

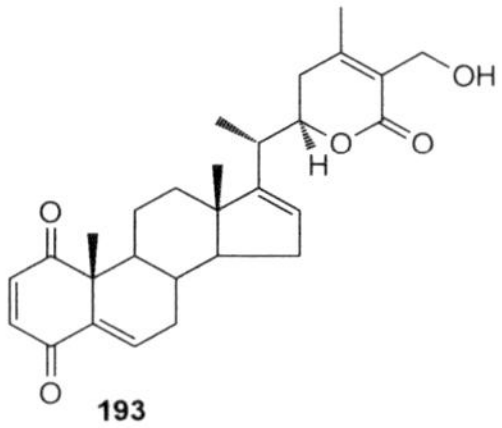

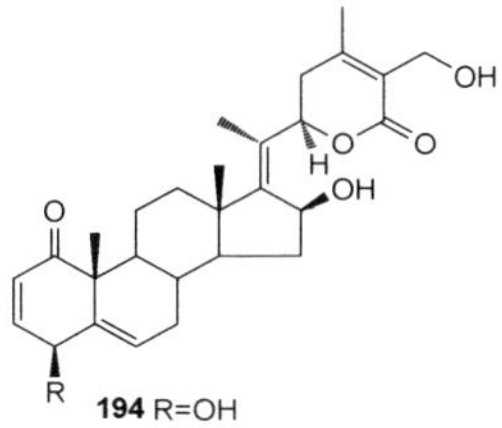

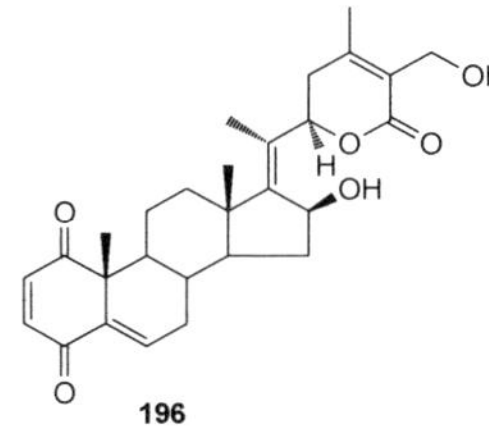

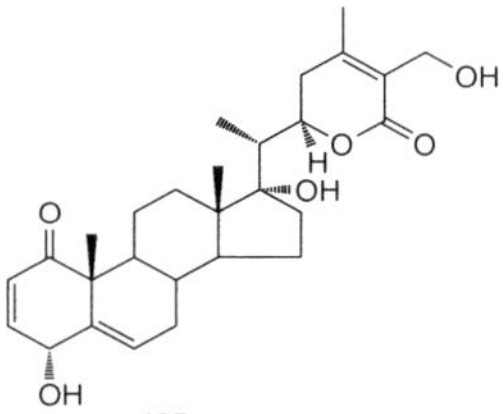

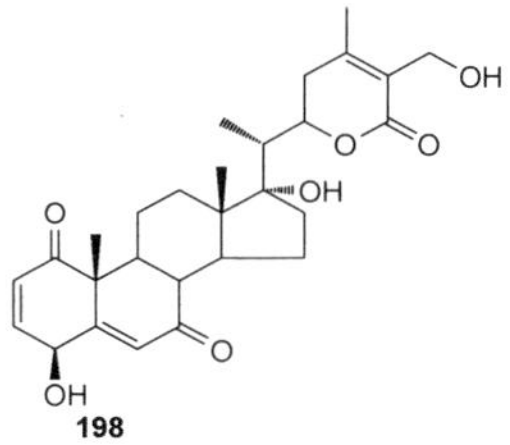

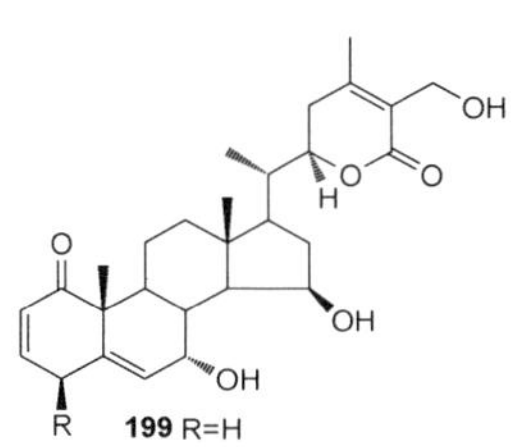

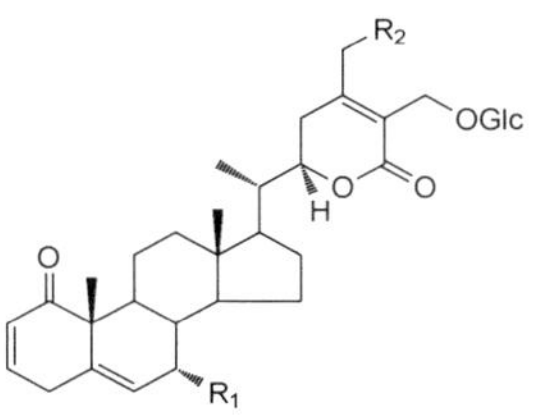

1.1.3 3,5-二烯型（3,5-dien）

在自然界中，2,5-二烯-1-one 基团在酸性环境中能够共轭生成 3,5-二烯-1。目前公开发表的该类化合物有：withacoagulins B、F (**203**、**204**)[80]，ajugin A (**205**)[102]，13β-hydroxymethylsubtriflora-lactone E (**206**)[103]，daturametelin I (**207**)[96]，(22*R*)-27-hydroxy-7α-methoxy-1-oxowitha-3,5,24-trienolide (**208**)[104]，(22*R*)-27-hydroxy-7α-methoxy-1-oxowitha-3,5,24-trienolide-27-*O*-β-D-glucopyranoside (**209**)[104,105]，daturafoliside I (**210**)[244]，ajugin E (**211**)[80,106]，witha-coagulin C (**212**)[80]，withacoagulide B [(14*R*,15*R*,17*S*,20*S*,22*R*)-14,15,17,20-tetrahydroxy-1-oxowitha-3,5,24-trienolide] (**213**)[81]，withacoa-gulin A (**214**)[80]，withacoagulin I (**215**)[77]，withanolide I (**216**)[17,80,359]，27-hydroxywithanolide I (**217**)[17]，withanolide K (**218**)[17,80,359]，14,15β-epoxywithanolide I (**219**)，17β-hydroxywithanolide K (**220**)[107]，7β-hydroxy-17-epi-withanolide K (**221**)[304]，baimantuoluoline V (**222**)[346]，daturmetelide Q (**223**)[345]。在这 21 个化合物中，8 个化合物的侧链为 17α-构型(**211~214**、**219~221**)，另外，化合物 **219** 为目前为止报道的唯一含有 14β,15β-环氧型结构的化合物。结构图如图 1.6 所示。

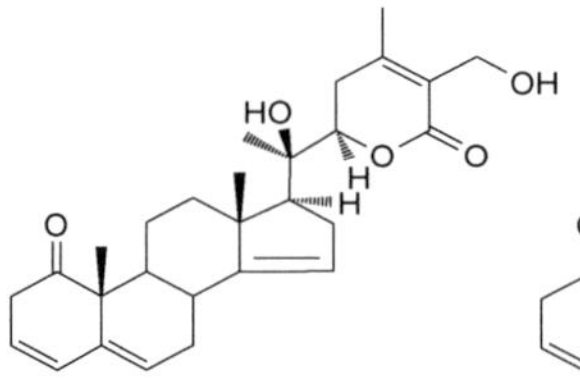

203

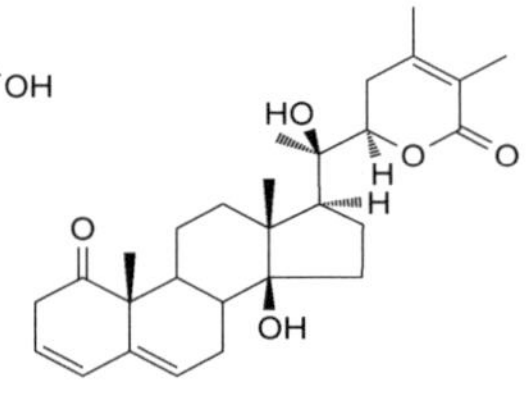

204

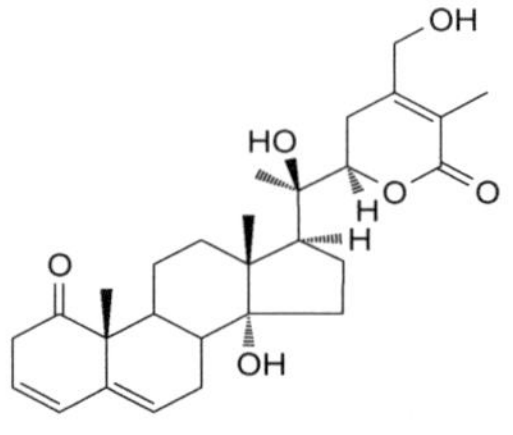

205

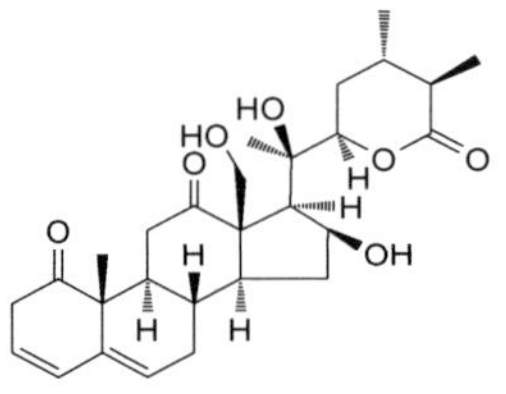

206

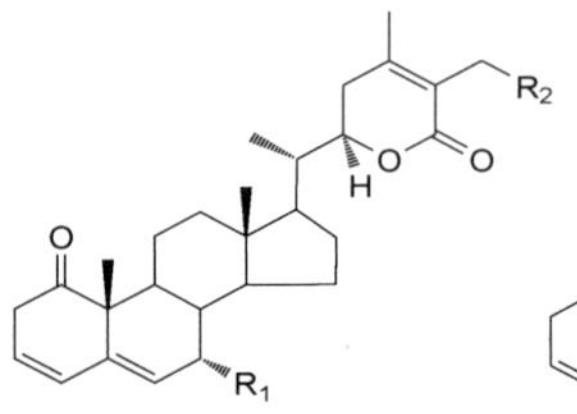

207 R$_1$=OH, R$_2$=OGlc
208 R$_1$=OCH$_3$, R$_2$=OH
209 R$_1$=OCH$_3$, R$_2$=OGlc

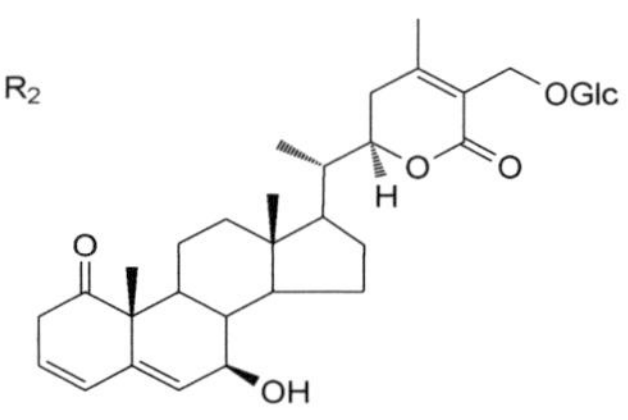

210

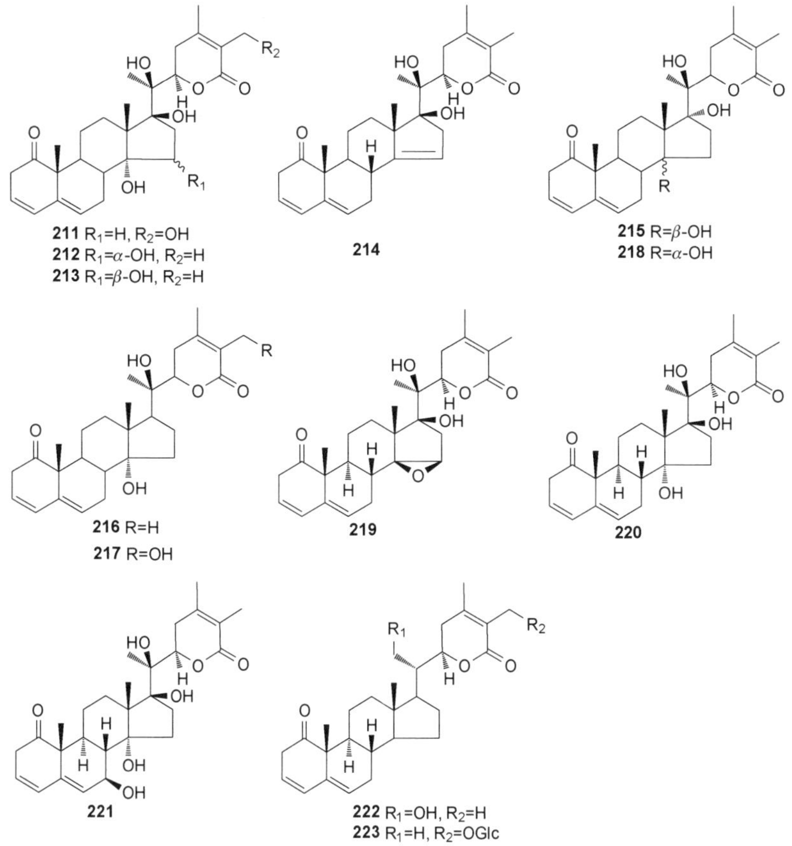

图 1.6　3,5-二烯型醉茄内酯化学结构式

1.1.4　5-烯型（5-ene）

A/B 环中仅 C-5 位存在双键的醉茄内酯在植物中存在颇多，现已发现此类化合物 88 个，分别为：ajugin B (**224**)[81,102], ajugin F (**225**)[106], dmetelin A (**226**)[82], 27-hydroxy-1-oxowitha-5,14,24-trienolide (**227**)[109], ajugin D (**228**)[98], 1α,14α-dihydroxywitha-5,24-dienolide (**229**)[21,110], 2,3-dihydro-3β-O-sulfonylphysachenolide D (**230**)[74], coagulin P (**231**)[111], coagulin O (**232**)[112], (20R,22R)-20,27-dihydroxy-1-oxowitha-5,24-dienolide-3β-(O-β-D-glucopyranoside) (**233**), (20R,22R)-14α,20,27-trihydroxy-1-oxowitha-5,24-dienolide-3β-(O-β-D-glucopyranoside) (**234**)[113], cilistols Y、W (**235**、**236**)[114], $3\beta,17\beta,20$-trihy-droxy-1-oxo-(20*R*,22*R*)-witha-5,14,24-trienolide (**237**)[115], coagulin L (**238**)[116], $3\beta,14\alpha,17\beta,20,28$-pentahydroxy-1-oxo-(20*R*,22*R*)-witha-5,24-dienolide (**239**)[117], coagulansin B (**240**)[60], daturafolisides F~H (**241**~**243**)[244], $3\beta,20\alpha_F$-dihydroxy-1-oxo-20*R*,22*R*-witha-5,24-dienolide (**244**)[108], $3\beta,14\alpha,20\alpha_F,27$-tetrahydroxy-1-oxo-20*R*,22*R*-witha-5,24-dienolide (**245**)[93], daturametelin E (**246**)[95], (20*R*,22*R*)-1α-acetoxy-14α,20-dihy-droxywitha-5,24-dienolide-3β-(*O*-β-D-glucopyranoside) (**247**), (20*S*, 22*R*)-1α-acetoxy-27-hydroxywitha-5,24-dienolide-3β-(O-β-D-glucopyra-noside) (**248**)[113], coagulin Q (**249**)[111], cilistols T、J、I (**250**~**252**)[114], dunawithanines G、H (**253**、**254**)[119], 3-*O*-[β-D-glucopyranosyl (1→6)-β-D-glucopyranosyl]-(20*S*,22*R*)-1α,3β-dihydroxywitha-5,24-dienolide (**255**)[59], withanoside Ⅶ (**256**)[120], daturafolisides A~E (**257**~**261**)[244], baimantuoluoline K (**262**)[105], withanosides Ⅳ ~ Ⅵ (**263**~**265**)[120], withanosides Ⅷ、Ⅸ、Ⅺ (**266**、**267**、**269**)[121], withanoside X (**268**)[121,122], physagulin D (1→6)-β-D-glucopyranosyl-(1→4)-β-D-glu-copyranoside (**270**)[123], 27-O-β-D-glucopyranosyl physagulin D (**271**)[123], 1α,3β,20α_F-trihydroxy-20*R*,22*R*-witha-5,24-dienolide (**272**)[108], pubesenolide (**273**)[72], pubescenin (**274**)[52], physalolactone B (**275**)[21,72], 3-monoglucoside (**276**)[21,125], dunawithanine B (**277**)[126], dunawithanine A (**278**)[126], physagulin D (**279**)[16,123], daturataturin B (**280**)[91], (20*S*, 22*R*)-3β,14α,17β,20α_F-tetrahydroxy-1-oxo-witha-5,24-dienolide (**281**)[128], physanolide (**282**)[39], 2,3-dihydro-5,6-desoxywithaferin A [4β,27-dihy-droxy-1-oxo-22*R*-witha-5,24-dienolide] (**283**)[65], eburneolin A (**284**)[314], plantagiolides M、N (**285**、**286**)[315], physapubescin E (**287**), physapu-bsides A、B (**288**、**289**), 26*S*/*R*-physapubescin F (**290**), 26*S*/*R*-physapu-bside C (**291**), (20*S*,22*R*,24*R*,25*S*,26*R*)-22,26-epoxy-24,26-dimethoxy-1α,3β,25-trihydroxyergost-5-ene 3-*O*-[β-D-glucopyranosyl(1 → 6)]-β-D-glucopyranoside (**292**), (20*S*,22*R*,24*R*,25*S*,26*R*)-22,26-epoxy-24,26-dimethoxy-1*α*,3*β*,25-trihydroxyergost-5-ene (**293**)[311], daturafolisides N~Q、T、U (**294~299**)[331], (20*S*,22*R*)-3*β*-[(*O*-*β*-D-glucopyranosyl-(1→6)-*β*-D-glucopyranosyl) oxy]-27-[(*O*-*β*-D-glucopyranosyl-(1→2)-*β*-D-glucopyranosyl)oxy]-1*α*-hydroxywitha-5,24(25)-dienolide (**300**)[347], wadpressine (**301**)[348], daturmetelides K~N、E、I (**302~307**)[345], baimantuoluolines W、X (**308**、**309**)[346], baimantuoluoside J (**310**)[346], 2,3-epoxywithaphysanolide (**311**)[39]。值得注意的是，截至目前所发现的此类化合物的 C-14 位均为 14*α*-构型。其苷元所连的糖亦多与常见的葡萄糖有所不同，如化合物 **253**、**301** 所连接的糖为 *β*-D-葡萄糖-(1→4)-*α*-L-鼠李糖，化合物 **254** 所连接的糖为 *β*-D-葡萄糖-(1→3)-*β*-D-木糖[(1→4)-*β*-D-木糖]，而 **282** 的 C-4 被酮基氧化取代也是极其少见的。化合物结构如图 1.7 所示。

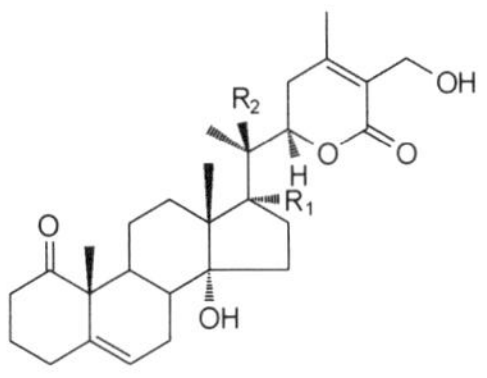

224 R_1=H, R_2=OH
225 R_1=OH, R_2=H

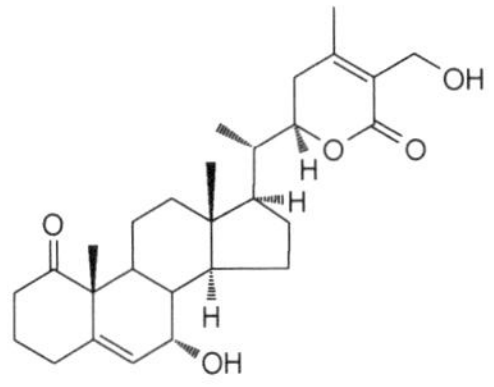

226

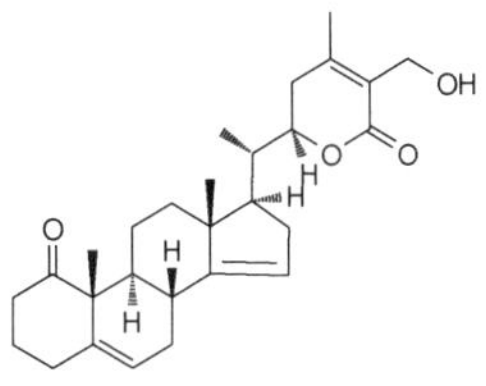

227

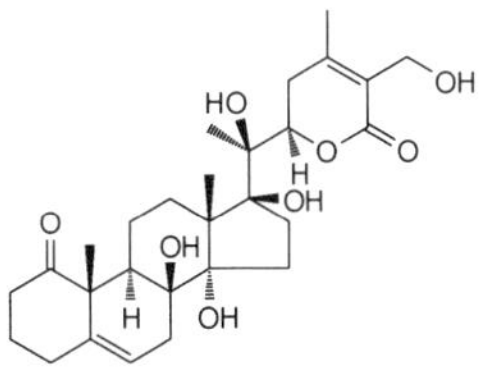

228

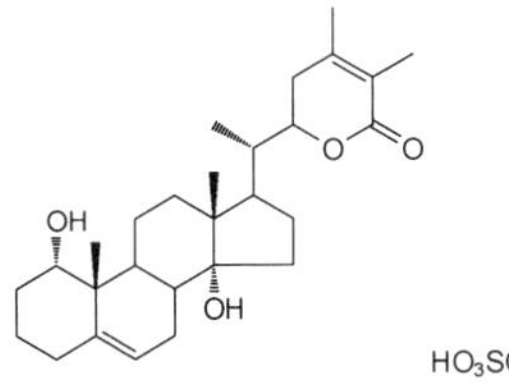

229

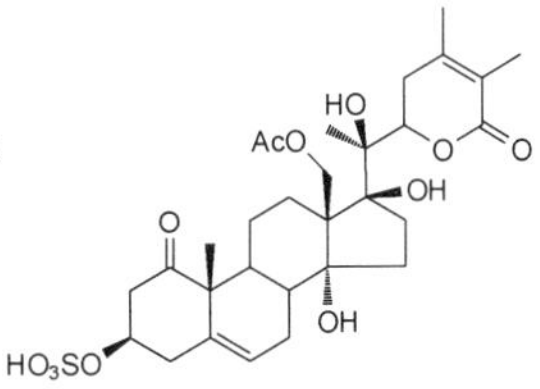

230

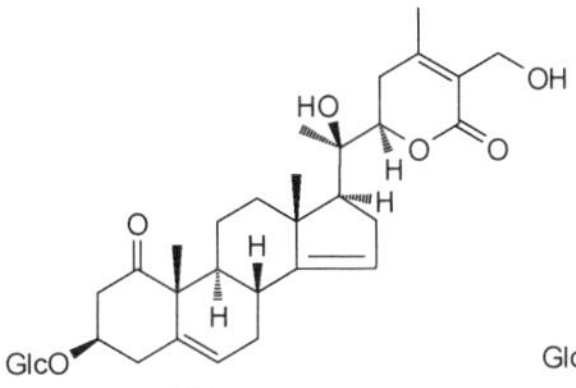

231

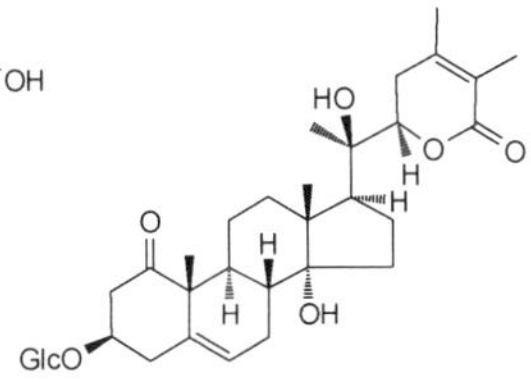

232

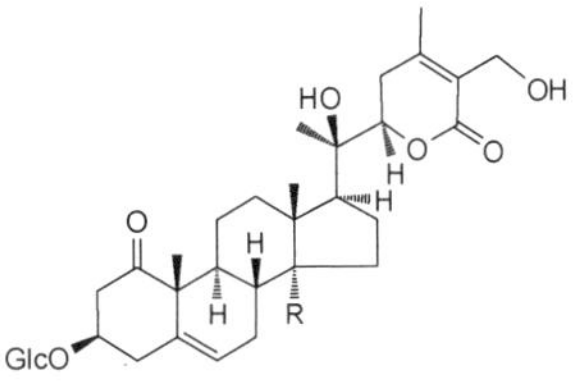

233 R=H
234 R=OH

图 1.7

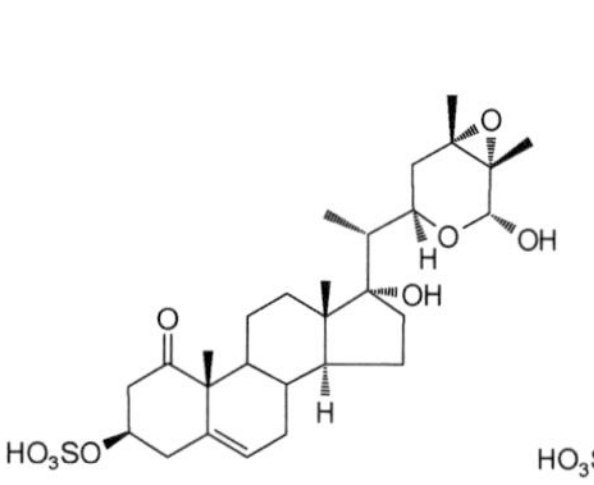

235

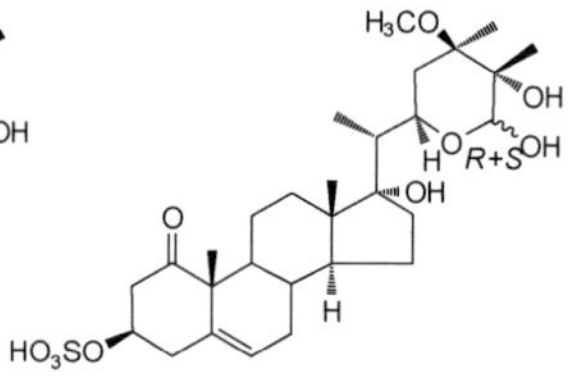

236

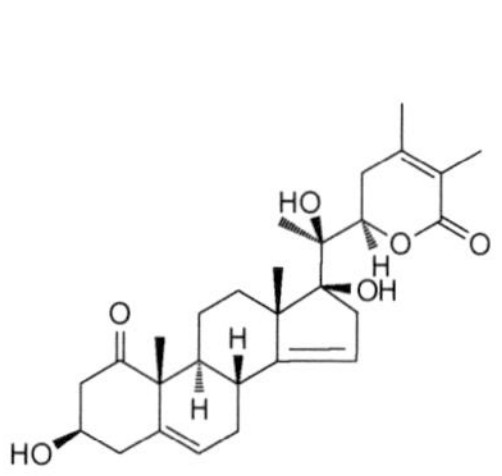

237

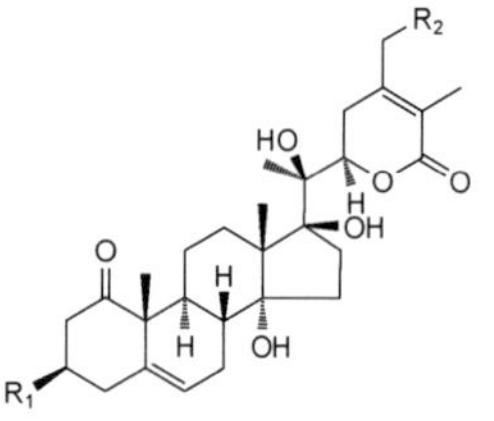

238 R₁=O-β-D-Glc, R₂=H
239 R₁=R₂=OH

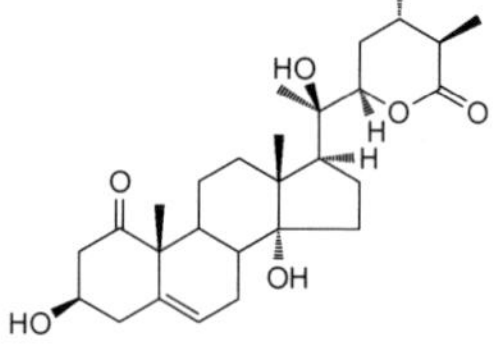

240

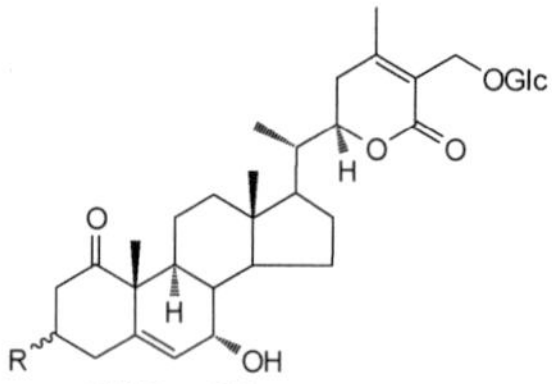

241 R=α-OH
242 R=β-OCH₃
243 R=β-BuO

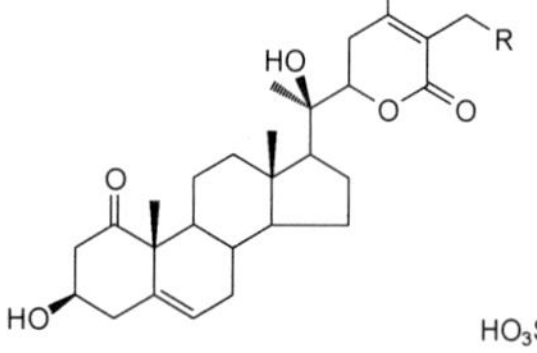

244 R=H
245 14α-OH, R=OH

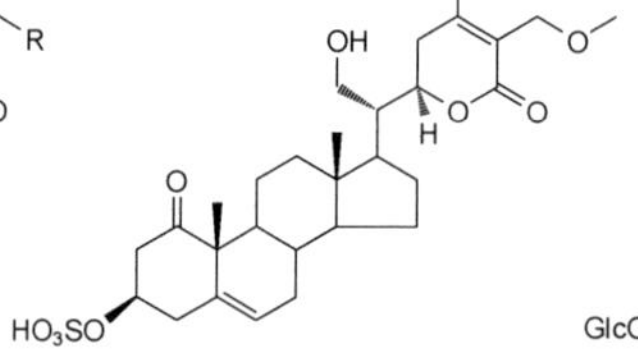

246

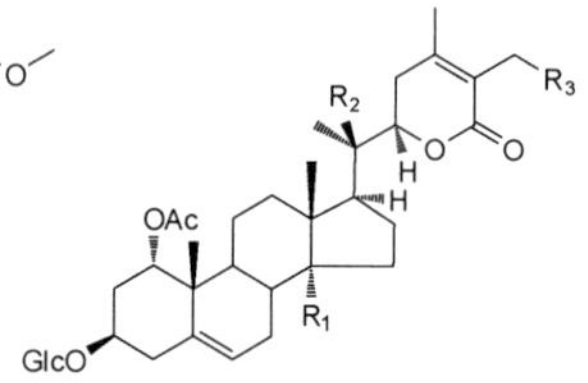

247 R₁=R₂=OH, R₃=H
248 R₁=R₂=H, R₃=OH

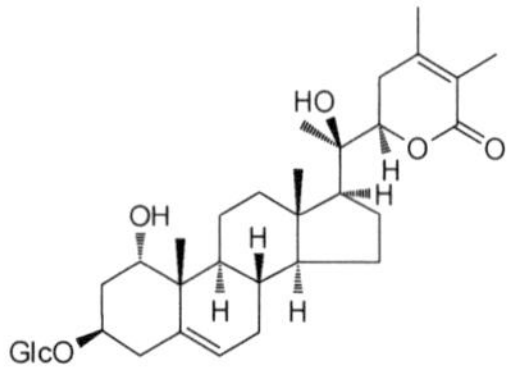

249

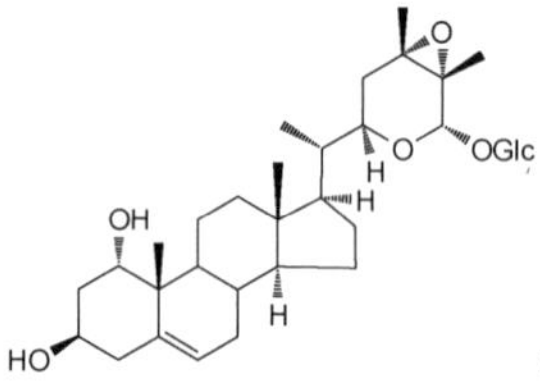

250

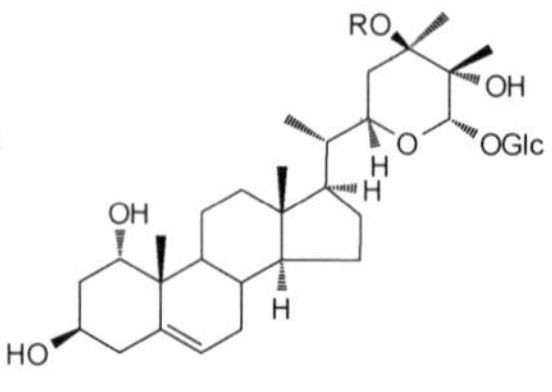

251 R=H
252 R=CH₃

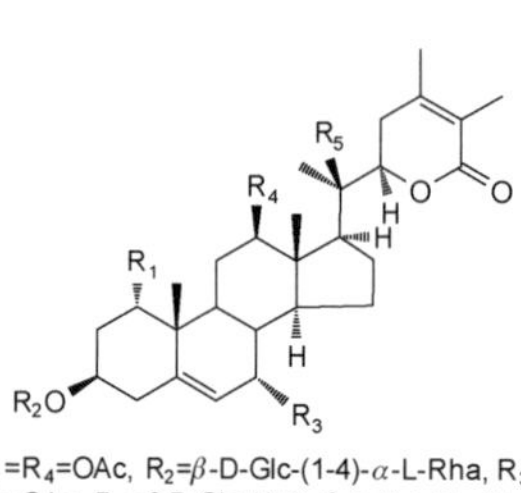

253 R₁=R₄=OAc, R₂=β-D-Glc-(1-4)-α-L-Rha, R₃=H, R₅=OH
254 R₁=OAc, R₂=β-D-Glc-(1-3)-β-D-Xyl, R₃=H, R₄=R₅=OH
(1-4)-β-D-Xyl
255 R₁=OH, R₂=β-D-Glc-(1-6)-β-D-Glc, R₃=R₄=R₅=H
256 R₁=R₃=OH, R₂=β-D-Glc-(1-6)-β-D-Glc, R₄=R₅=H

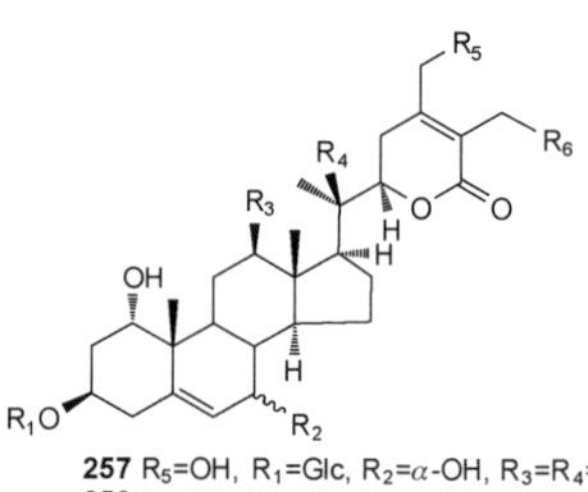

257 R₅=OH, R₁=Glc, R₂=α-OH, R₃=R₄=R₆=H
258 R₅=OH, R₁=Glc, R₂=α-OMe, R₃=R₄=R₆=H
259 R₆=OH, R₁=Glc, R₂=β-OH, R₃=R₄=R₅=H
260 R₁=Glc, R₂=β-OH, R₃=R₄=R₅=H, R₆=O-Glc
261 R₆=OH, R₁=Glc, R₂=β-Bu-O, R₃=R₄=R₅=H
262 R₆=OH, R₁=R₃=R₄=R₅=H, R₂=α-OH

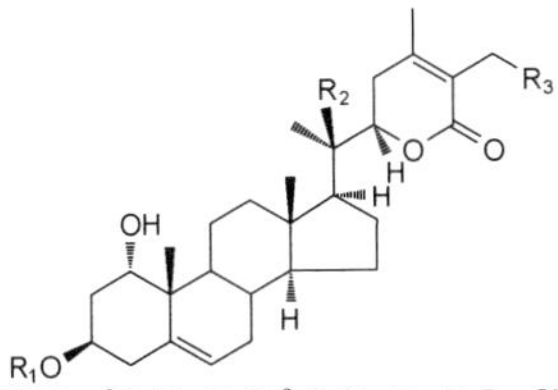

263 R₁=β-D-Glc-(1-6)-β-D-Glc, R₂=H, R₃=OH
264 R₁=β-D-Glc-(1-6)-β-D-Glc, R₂=R₃=H
265 R₁=β-D-Glc-(1-6)-β-D-Glc, R₂=OH, R₃=H
266 R₁=β-D-Glc-(1-6)-β-D-Glc, R₂=H, R₃=O-β-D-Glc
267 R₁=β-D-Glc-(1-6)-β-D-Glc, R₂=H, R₃=O-β-D-Glc-(1-6)-β-D-Glc
268 R₁=β-D-Glc, R₂=H, R₃=O-β-D-Glc
269 R₁=β-D-Glc, R₂=R₃=OH
270 R₁=β-D-Glc-(1-6)-β-D-Glc-(1-4)-β-D-Glc, R₂=H, R₃=OH
271 R₁=β-D-Glc, R₂=H, R₃=O-β-D-Glc

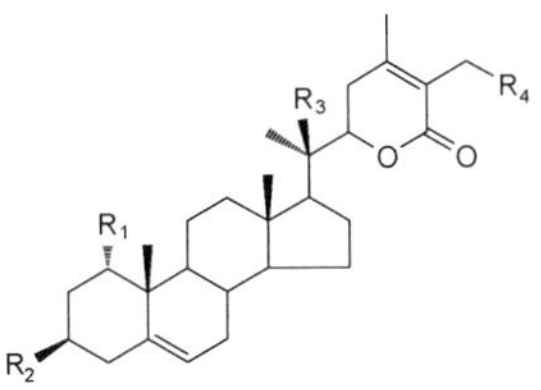

272 R₁=R₂=R₃=OH, R₄=H
273 R₁=R₂=R₄=OH, R₃=H
275 R₁=OAc, R₂=R₃=OH, R₄=H
276 R₁=OAc, R₂=OGlc, R₃=OH, R₄=H
277 R₁=OAc, R₂=OGlc-Glc, R₃=OH, R₄=H
278 R₁=OAc, R₂=OGlc-Glc, R₃=OH, R₄=H
　　　　　|
　　　　Glc

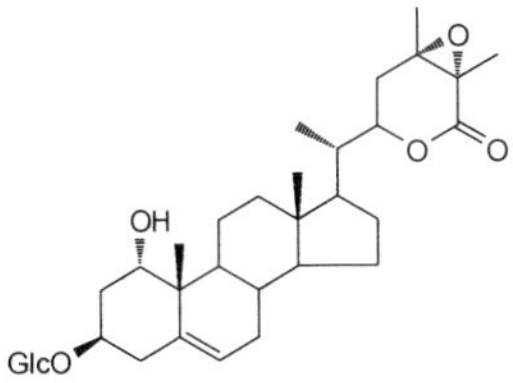

274　**279**　**280**

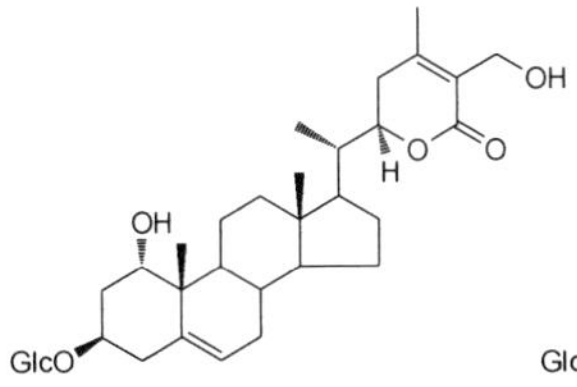

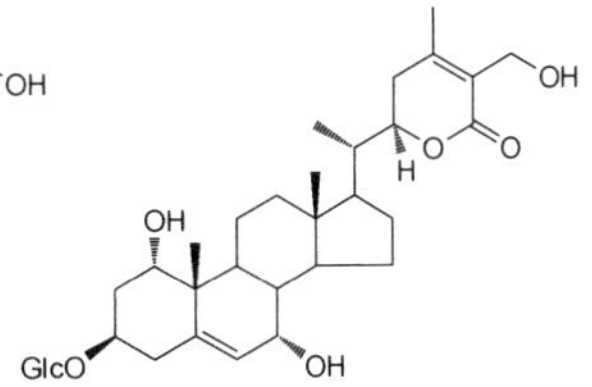

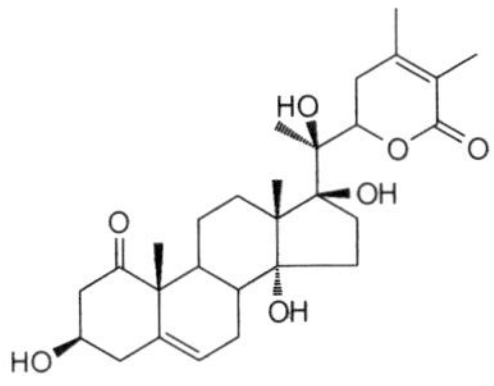

281　**282**　**283**

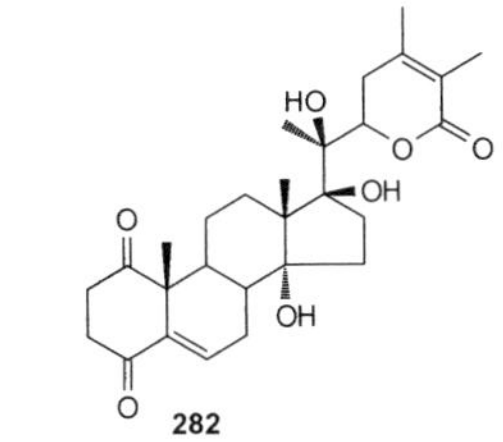

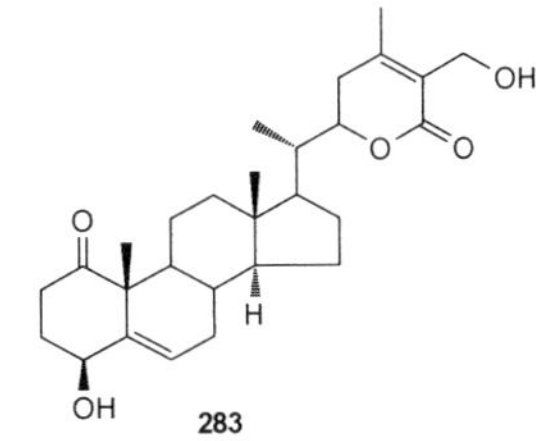

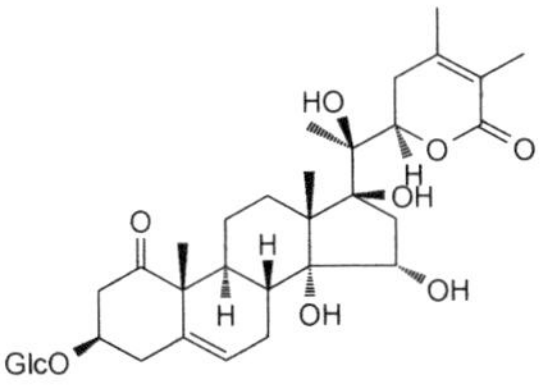

284　**285** R=H **286** R=Glc　**287** R=H **288** R=β-D-Glc **289** R=β-D-Glc-(1-6)-β-D-Glc

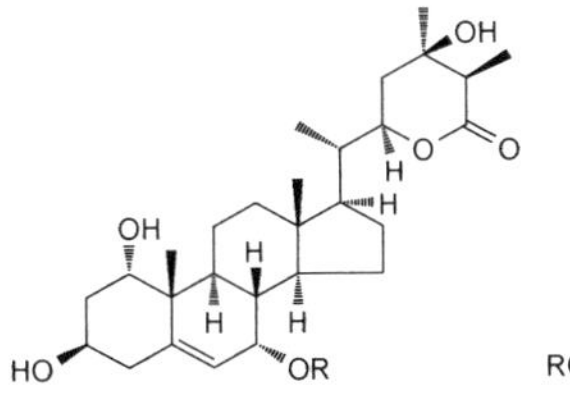

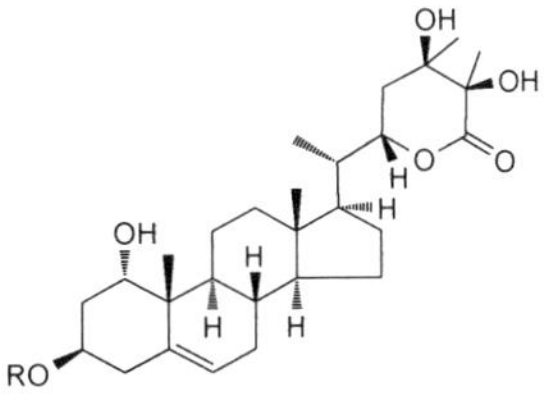

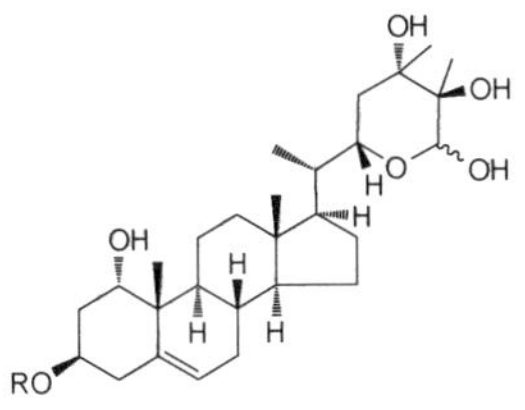

290 R=H (26α-OH)
　　　R=H (26β-OH)
291 R=β-D-Glc-(1-6)-β-D-Glc (26α-OH)
　　　R=β-D-Glc-(1-6)-β-D-Glc (26β-OH)

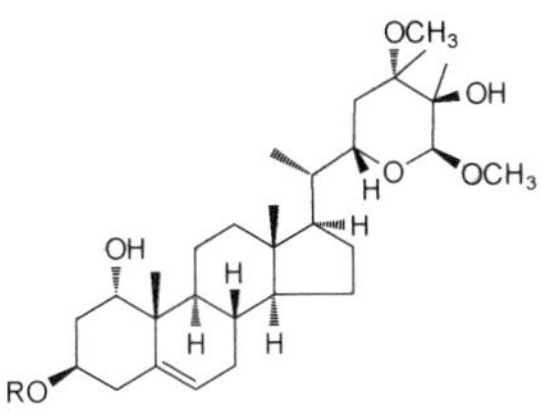

292 R=β-D-Glc-(1-6)-β-D-Glc
293 R=H

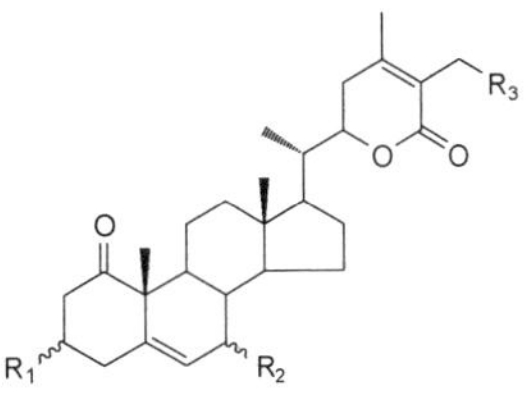

294 R₁=β-OH, R₂=α-OH, R₃=OGlc
295 R₁=β-EtO, R₂=α-OH, R₃=OH
296 R₁=R₂=β-OH, R₃=OGlc
297 R₁=α-OH, R₂=H, R₃=OGlc

图 1.7

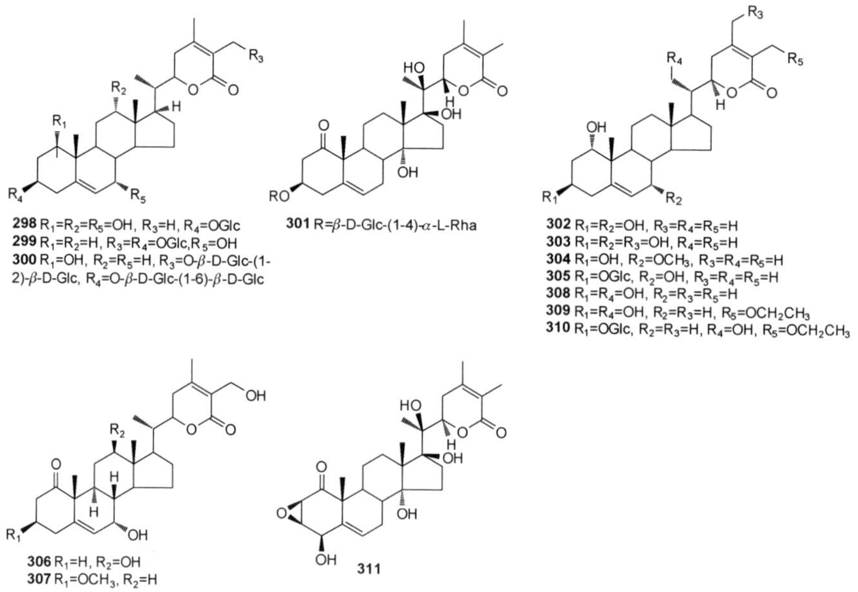

298 R_1=R_2=R_5=OH, R_3=H, R_4=OGlc
299 R_1=R_2=H, R_3=R_4=OGlc, R_5=OH
300 R_1=OH, R_2=R_5=H, R_3=O-β-D-Glc-(1-2)-β-D-Glc, R_4=O-β-D-Glc-(1-6)-β-D-Glc

301 R=β-D-Glc-(1-4)-α-L-Rha

302 R_1=R_2=OH, R_3=R_4=R_5=H
303 R_1=R_2=R_3=OH, R_4=R_5=H
304 R_1=OH, R_2=OCH_3, R_3=R_4=R_5=H
305 R_1=OGlc, R_2=OH, R_3=R_4=R_5=H
308 R_1=R_4=OH, R_2=R_3=R_5=H
309 R_1=R_4=OH, R_2=R_3=H, R_5=OCH_2CH_3
310 R_1=OGlc, R_2=R_3=H, R_4=OH, R_5=OCH_2CH_3

306 R_1=H, R_2=OH
307 R_1=OCH_3, R_2=H

311

图 1.7　5-烯型醉茄内酯化学结构式

1.1.5　6α,7α-环氧型（6α,7α-epoxides）

目前已公开发表的 6α,7α-环氧型醉茄内酯有 71 种，其中，A/B 环最常见的结构是 5α-羟基-2-烯-1-酮，占此类型化合物的 70%。推测此结构形成的原因是通过 5-烯醉茄内酯 Δ5-烯迁移至 Δ6-烯，同时 C-5 位羟基化，C-6 位与 C-7 位环氧化。具有 6α,7α-环氧基团的化合物有：plantagiolide F (**312**)[129], plantagiolide J (**313**)[150], chantriolides A、B (**314**、**315**)[130,150], chantriolide C (**316**)[131], plantagiolides A~E (**317~321**)[132], exodeconolide C (**322**)[133], baimantuoluosides A~C (**323~325**)[134], 6α,7α-epoxy-1-oxo-5α,12α,17α-trihydroxy-witha-2,24-dienolide (**326**)[135], (+)-6α,7α-epoxy-5α-hydroxy-1-oxowitha-2,24-dienolide (**327**)[136], withametelin E (**328**)[134,137,138], 16α-acetoxyhyoscyamilactol (**329**)[139], 14α,17β-dihydroxywithanolide R (**330**)[140], baimantuoluoline A (**331**)[141], iso-withanone [6α,7α-

epoxy-5α,17β-dihydroxy-1-oxowitha-2,24-dienolide] (**332**)[142,152],
exodeconolides A、B (**333**、**334**)[133], 16β-acetoxy-6α,7α-epoxy-5α-
hydroxy-1-oxowitha-2,17(20),24-trienolide (**335**)[143], 12-deoxywithas-
tramonolide (**336**)[134,144], 15β-hydroxynicandrin B [5α,12α,15β-trihy-
droxy-6α,7α-epoxy-1-oxo-22R-witha-2,24-dienolide] (**337**)[145], nic-2
(**338**)[17,360], withanolide R (**339**)[90], nic-3/hyoscyamilactol (**340**) [21,83,139,227],
nic-7 (**341**)[21,195], nicalbin A (**342**)[148], daturalactone D/4 (**343**)[21,154,139],
daturalactone B、daturalactone C (**344**、**345**)[21], plantagiolide I (**346**)[150],
14α-hydroxyixocarpanolide (**347**)[41], vamonolide (**348**)[149], ixocar-
panolide (**349**)[41,50,354], nic-2 lactone (**350**)[17,52], 6α,7α-epoxy-3β,5α,
20β-trihydroxy-1-oxowitha-24-enolide (**351**)[2], 2,3-dihydro-3β-hydroxy
withanone (**352**), 2,3-dihydrowithanone-3β-O-sulfate (**353**)[30], withano-
sides Ⅰ、Ⅱ (**354**、**355**)[120], withanoside Ⅲ (**356**)[120,138,151], 6α,7α-
epoxy-1α,3β,5α-trihydroxy-witha-24-enolide (**357**)[152], withanolide B/
lycium substance B (**358**)[153-155], 27-hydroxywithanolide B [(20R,
22R)-6a,7a-epoxy-5a,27-dihydroxy-1-oxowitha-2,24-dienolide (**359**)[53],
withanolide A 5,20α(R)-dihydroxy-6α,7α-epoxy-1-oxo-(5α) witha-2,
24-dienolide (**360**)[156,158-160], nicandrin B/withaferoxolide (**361**)[145,161],
withastramonolide (**362**)[134,154], withanicandrin (**363**)[154,161], withanone
(**364**)[17,26,135,163], 14α-hydroxywithanone (**365**)[163], 14β-hydroxywithanone
(**366**)[163,164], withanolide T (**367**)[17], nicaphysalins T、nicaphysalins U、
nicaphysalins S (**368~370**)[316], nicanlodes G~M (**371~377**)[317],
plantagiolides K~L (**378**、**379**)[315], dioscorolides A~B (**380**、**381**)[323],
baimantuoluoline O (**382**)[346], **374~377** 根据原文献[317]氢谱和碳谱数
据可知 R₂ 与 R₃ 顺序有误, 正确结构如图 1.8 所示。

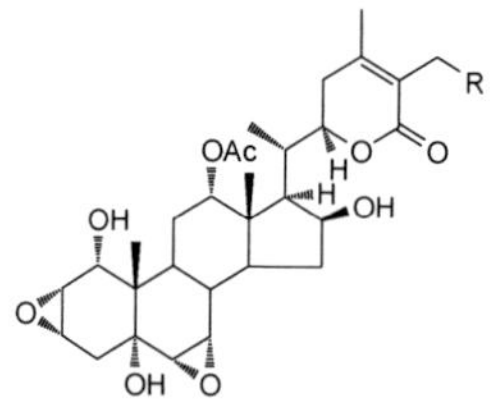

312 R=OH
313 R=O-β-D-Glc

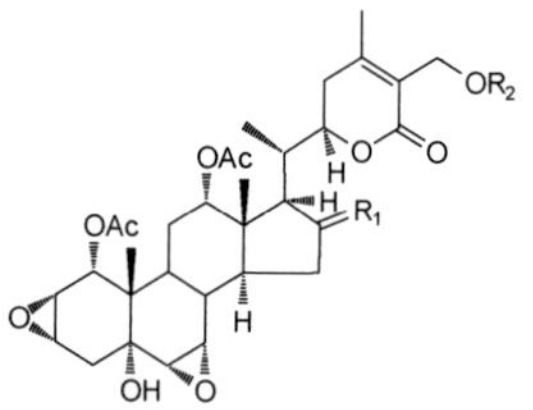

314 R₁=O, R₂=β-D-Glc
315 R₁=α-H,β-OH, R₂=β-D-Glc
316 R₁=H,H, R₂=β-D-Glc
317 R₁=O, R₂=H
318 R₁=β-OH,α-H, R₂=H
319 R₁=H,H, R₂=H

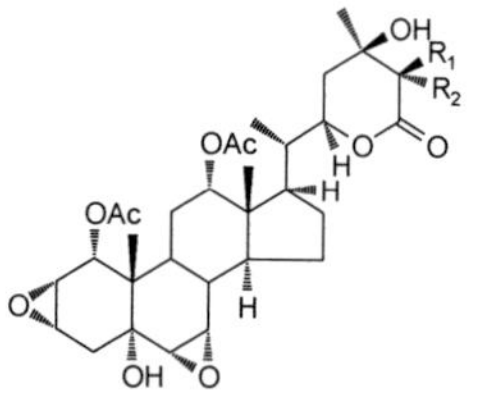

320 R₁=CH₃, R₂=H
321 R₁=OH,R₂=CH₃

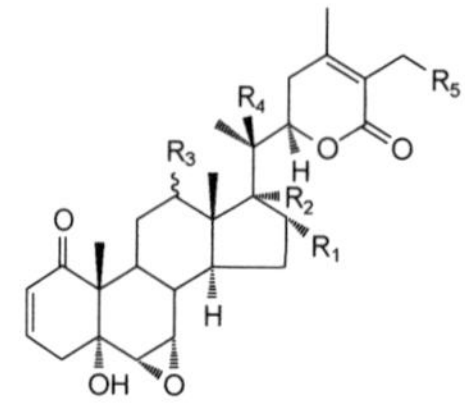

322 R₁=R₂=OH, R₃=R₄=R₅=H
323 R₁=R₂=R₄=H, R₃=β-OH, R₅=O-β-D-Glc
324 R₁=R₂=R₄=H, R₃=α-OH, R₅=O-β-D-Glc
325 R₁=R₂=R₃=R₄=H, R₅=O-β-D-Glc
326 R₁=R₄=R₅=H, R₂=OH, R₃=α-OH
327 R₁=R₂=R₃=R₄=H, R₅=CH₃
328 R₁=R₂=R₄=H, R₃=β-OH, R₅=OH

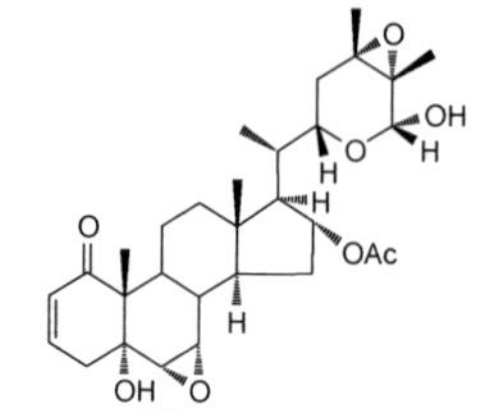

329

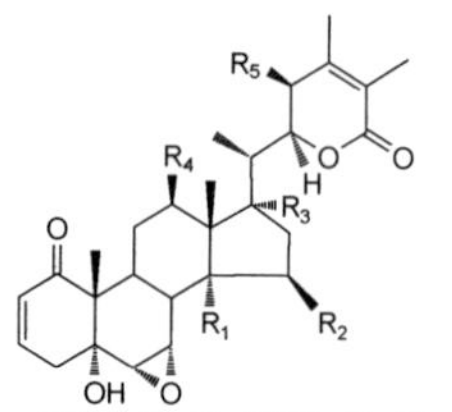

330 R₁=R₃=R₅=OH, R₂=R₄=H
331 R₁=R₃=R₅=H, R₂=R₄=OH

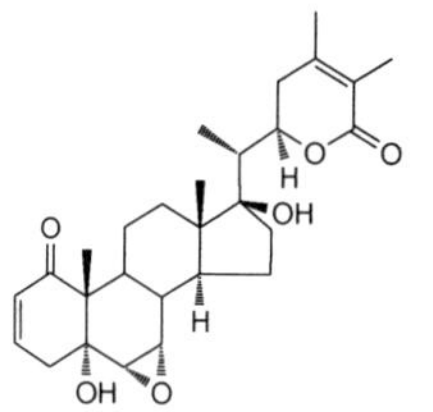

332

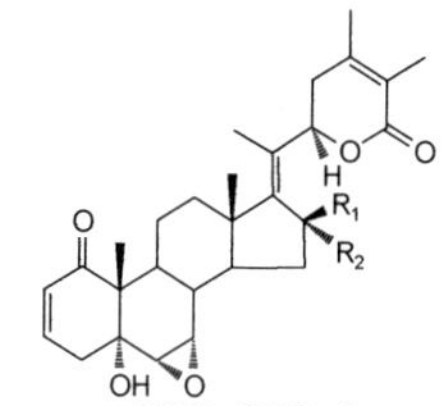

333 R₁=OH, R₂=H
334 R₁=H, R₂=OH
335 R₁=OAc,R₂=H

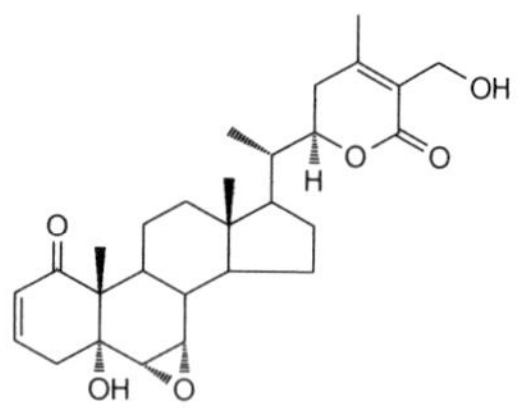

336

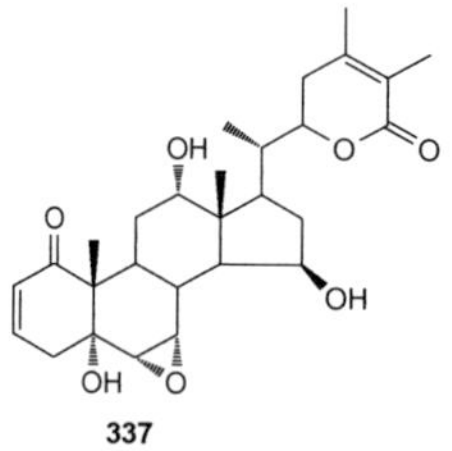

337

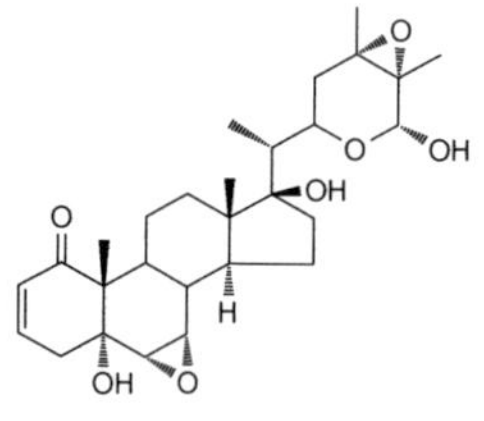

338

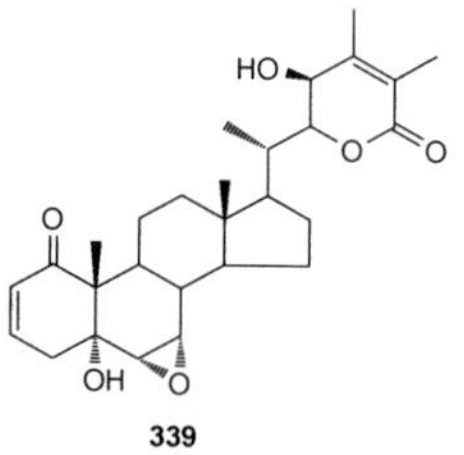

339

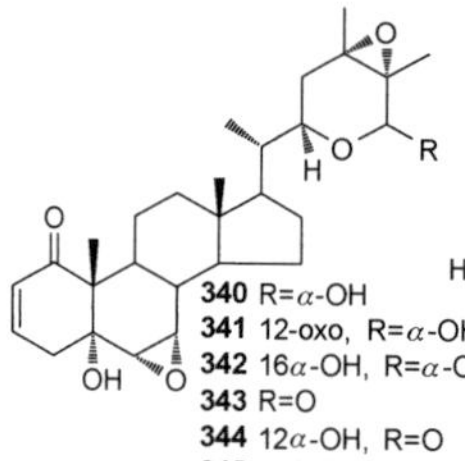

340 R=α-OH
341 12-oxo, R=α-OH
342 16α-OH, R=α-OH
343 R=O
344 12α-OH, R=O
345 12β-OH, R=O

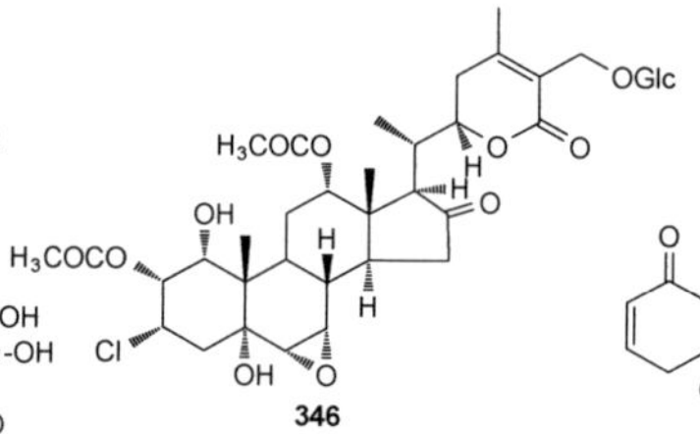

346

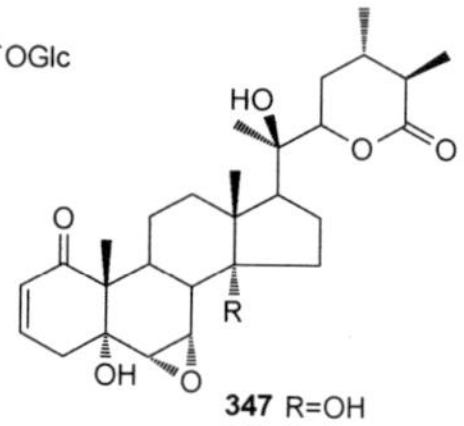

347 R=OH
349 R=H

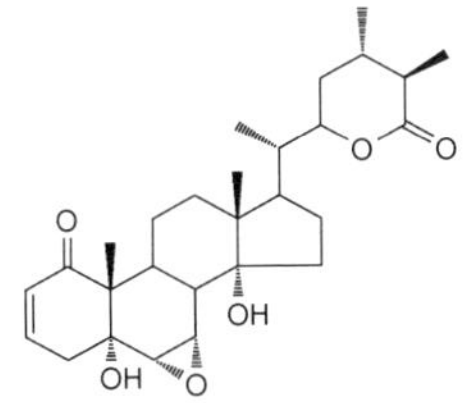

348

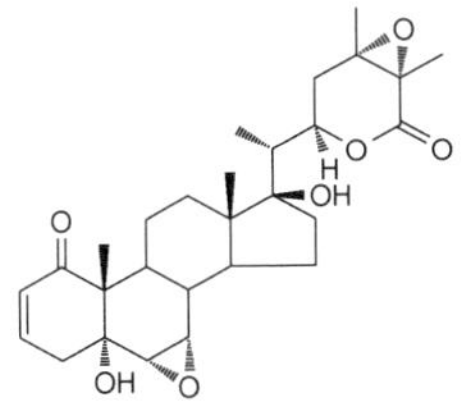

350

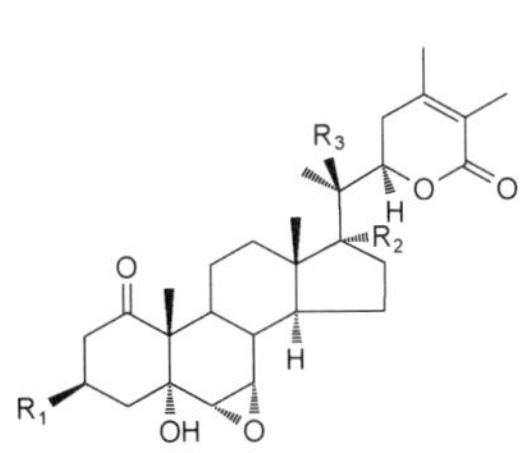

351 R₁=R₃=OH, R₂=H
352 R₁=R₂=OH, R₃=H
353 R₁=OSO₃H, R₂=OH, R₃=H

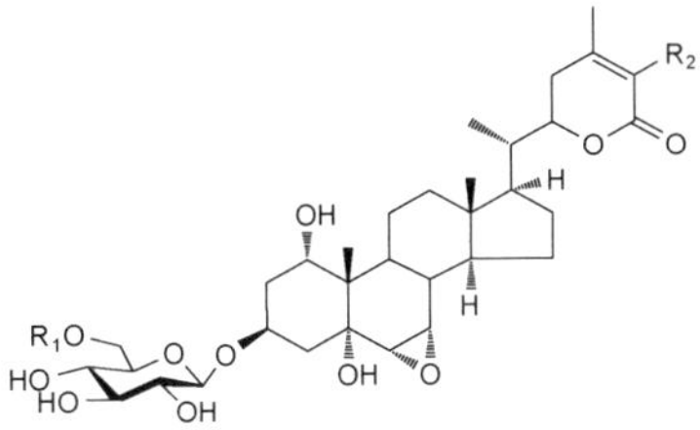

354 R₁=H, R₂=CH₃
355 R₁=Glc, R₂=CH₃
356 R₁=H, R₂=CH₂OH

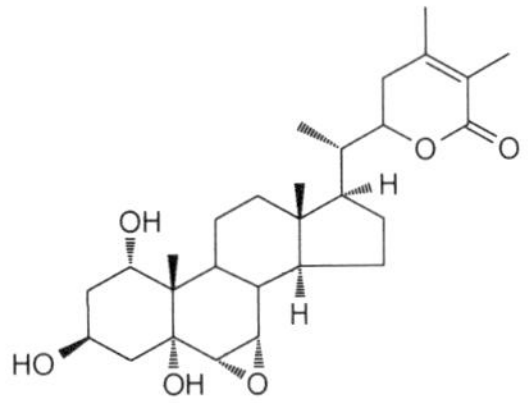

357

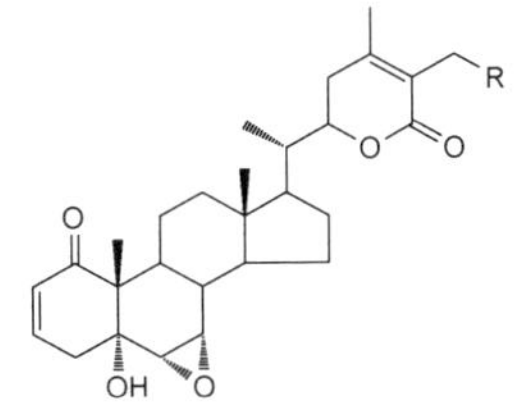

358 R=H
359 R=OH

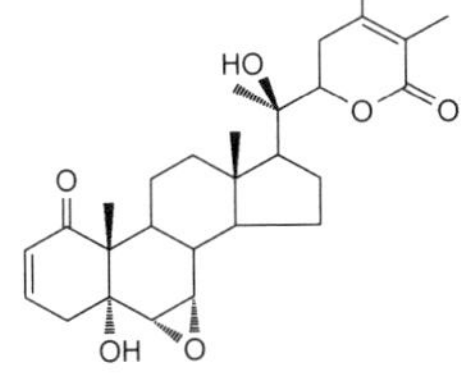

360

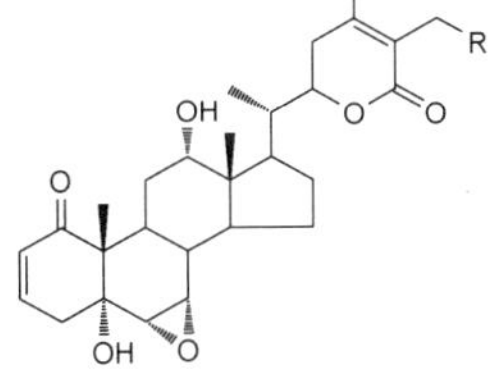

361 R=H
362 R=OH

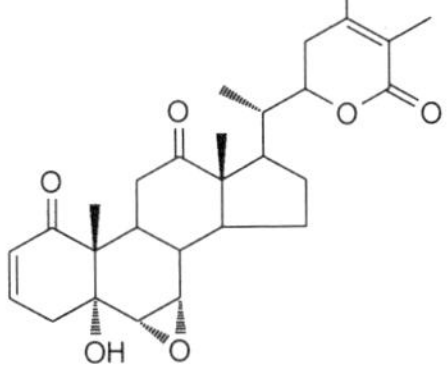

363

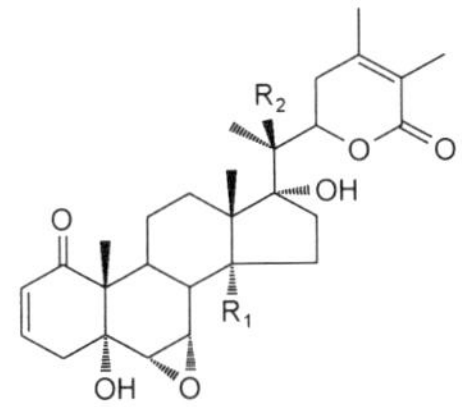

364 R₁=R₂=H
365 R₁=OH, R₂=H
367 R₁=H, R₂=OH

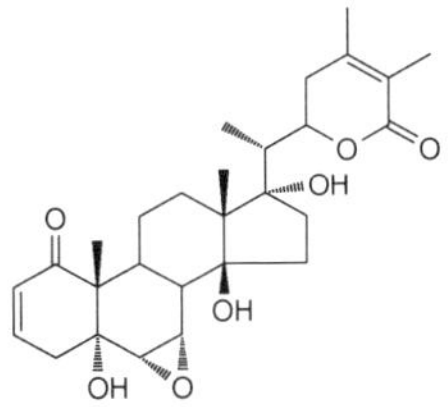

366

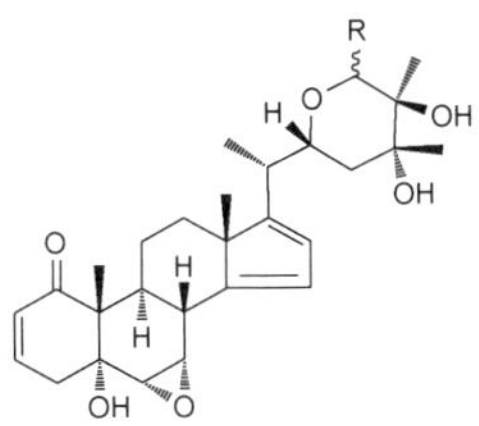

368 R=α-OH
R=β-OH

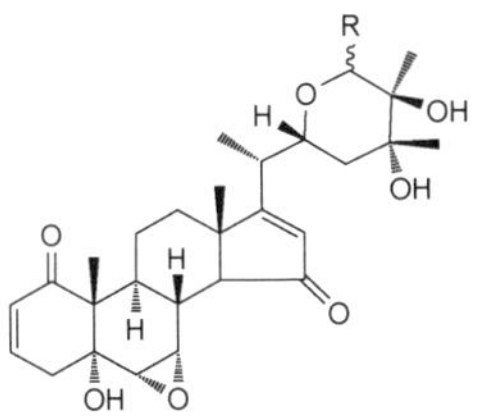

369 R=α-OH
R=β-OH

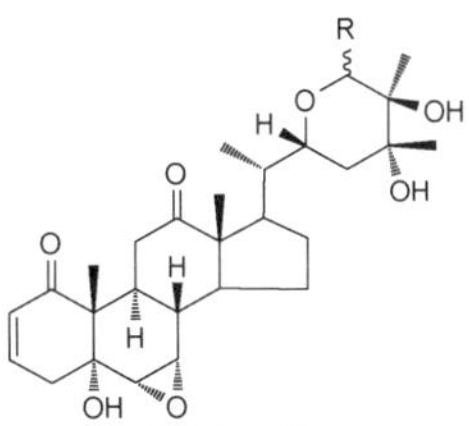

370 R=α-OH
R=β-OH

图 1.8

371 R_1=β-OH, R_2=R_3=H
372 R_1=H, R_2=β-OH, R_3=CH_3
373 R_1=α-OH, R_2=H, R_3=CH_3

374 R_1=H, R_2=OCH_3, R_3=CH_3
375 R_1=β-OH, R_2=H, R_3=CH_3
376 R_1=α-OH, R_2=H, R_3=CH_3
377 R_1=R_2=H, R_3=CH_2OH

378 R=Ac
379 R=H

380

381

382

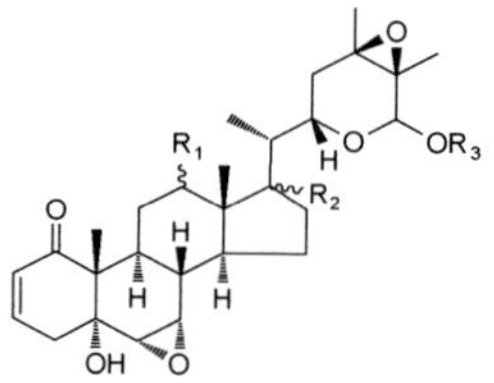

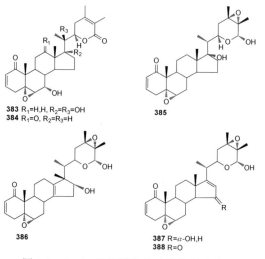

图 1.8 6α,7α-环氧型醉茄内酯化学结构式

1.1.6 5α,6α-环氧型（5α,6α-epoxides）

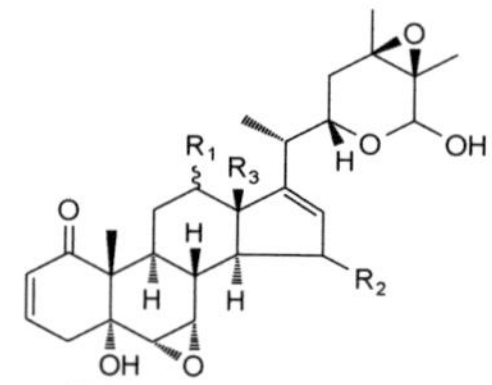

5α,6α-环氧型醉茄内酯数目要远少于 5β,6β-环氧型醉茄内酯，目前仅见报道 6 种。根据 C-17 侧链的方向，又可分为三种，即①17β-侧链，如 withanolide Y (**383**)[71], daturolactone 7 (**384**)[165], cilistepoxide (**385**)[75]；②17α-侧链，如 salpichrolide N (**386**)[166]；③16-烯基团，如 salpichrolide L (**387**)[166], salpichrolide D (**388**)[167]，其结构如图 1.9 所示。

383 R_1=H,H, R_2=R_3=OH
384 R_1=O, R_2=R_3=H

385

386

387 R=α-OH,H
388 R=O

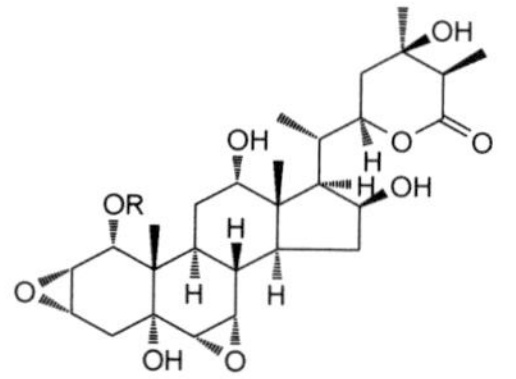

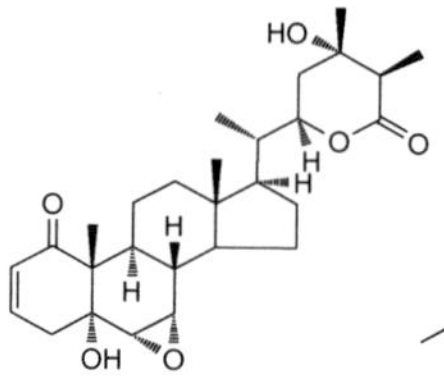

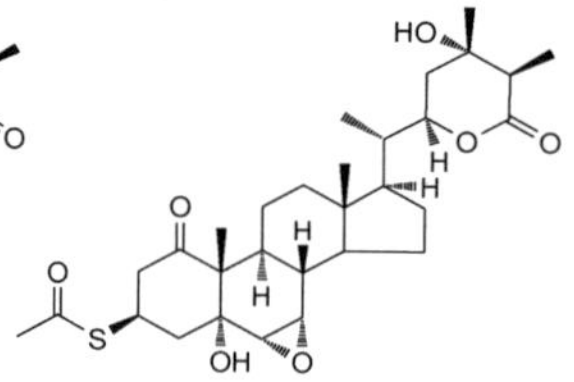

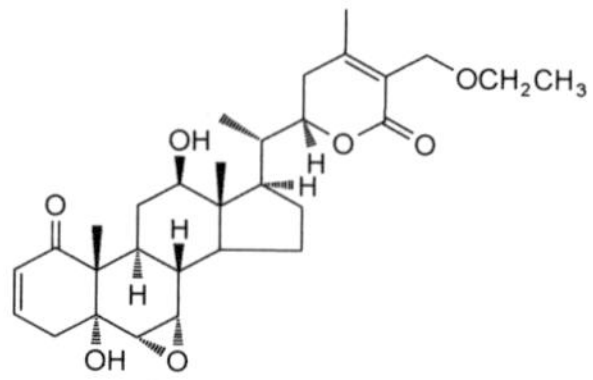

图 1.9 5α,6α-环氧型醉茄内酯化学结构式

1.1.7　6β,7β-环氧型（6β,7β-epoxides）

6β,7β-环氧型是一类极其罕见的结构，目前为止仅见 2 种该类型醉茄内酯公开报道，即 6β,7β-epoxy-14α-hydroxywithanone (**389**)[21] 和 withasomnilide (**390**)[73]，结构见图 1.10。这两种化合物均是从 *Withania somnifera* 分离得到的，其中化合物 **390** 除了具有 6β,7β-环氧基团显著特征，还具有极其罕见的 8β-OH 结构。迄今为止，仅发现了 5 个 C-8 叔碳被氧化的醉茄内酯，即来自 *Withania somnifera* 的 **132~134** 和 **390** 以及来自唇形科 *Ajuga parviflora* 的 **228**。

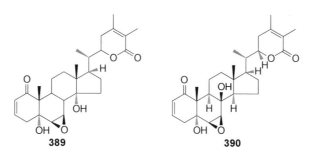

图 1.10　6β,7β-环氧型醉茄内酯化学结构式

1.1.8　多羟基型（polyhydroxy）

醉茄内酯常出现多羟基结构，A/B 环常出现的羟基取代形式有：5α,6β-dihydroxy、5β,6α-dihydroxy、5α,6β,7β-trihydroxy、5α,6β,7α-trihydroxy、5α,6α,7β-trihydroxy、4β,5β,6α-trihydroxy、4β,5α,6β-trihydroxy、3β,4β,5α,6β-tetrahydroxy。C/D 环常见于 C-12，少见于 C-14、C-15、C-16、C-17；侧链常见于 C-21、C-27 位，少见于 C-20、C-28 位。有时结构中的羟基基团会被氯离子取代，造成这一现象的原因可能是由于植物体内存在钠盐[65]。目前已见公开报道的 polyhydroxy 醉茄内酯有 103 种：jaborosalactone 8 (**391**)[168], physagulin L (**392**)[68,361], physagulin K (**393**)[13,68,305,361], physachenolides A、B (**394**、**395**)[11], phyperunolides B、D、C (**396~398**)[31], withaperuvin I (**399**)[12], physachenolide E (**400**)[11], withanolide S (**401**)[79,313,325], withafastuosin F (**402**)[151,169,170], withametelin P (**403**)[171], baimantuoluoline C (**404**)[141], withafastuosin E (**405**)[15,141,151,169], physagulin J (**406**)[13,62,68,172,305], physagulin N* (**407**)[67], (20S,22R)-15α-acetoxy-5α-chloro-6β,14β-dihydroxy-1-oxowitha-2,24-dienolide (**408**)[172,305], baimantuoluoline B (**409**)[141], (20R,22R)-5α,6β,14α,20,27-pentahydroxy-1-oxowitha-24-enolide (**410**)[118], baimantuoluoline F (**411**)[170], physagulin M (**412**)[68,305,361], jaborosalactol 23 (**413**)[233], physagulin I (**414**)[13], physacoztolide A (**415**)[7], physacoztolide B (**416**)[7,62], cilistadiol (**417**)[75], withaperuvin N (**418**)[12], baimantuoluosides E~G (**419~421**)[174], datuarmeteloside H (**422**)[175], coagulin H (**423**)[116], coagulin S (**424**)[176], withametelin H (**425**)[177], withatatulin D (**426**)[170], physagulin B (**427**)[16,305], withanolide S acetate (**428**)[17], 5α-ethoxy-1-oxo-6β,14α,17β,20α_F-tetrahydroxy-20S, 22R-witha-2,24-dienolide (**429**)[108], jaborosalactone D (**430**)[6,178], withaminimin (**431**)[16,68,179], jaborosalactone E (**432**)[6,19,178,180], jaborosalactone F (**433**)[181], 5α,6β,17β,20β-tetrahydroxy-1-oxowitha-2,14, 24-trienolide (**434**), 5α,17β,20β-trihydroxy-6β-acetoxy-1-oxowitha-2,14, 24-trienolide (**435**)[17], withametelin C (**436**)[1,137,151], 4-deoxywitha-peruvin (**437**)[140], 4-deoxyphysalolactone (**438**)[182,188], physagulin O (**439**)[67], daturolactone 5、daturolactone 6 (**440**、**442**)[165], withanolide Z (**441**)[184], baimantuoluoside D (**443**)[174], jaborosalactone C (**444**)[21], withaperuvin B (**445**)[69,185], physalolactone C (**446**)[185], daturameteline K、daturameteline L (**447**、**448**)[186], withangulatin G、withangulatin D (**449**、**450**)[3], 3β,4β,5α,6β,27-pentahydroxy-1-oxowitha-24-enolide (**451**)[25], bracteosin C (**452**)[61], tubocapsenolides F、G (**453**、**454**)[27], 6α-chloro-5β,17α-dihydroxywithaferin A (**455**)[187], tubocapsanolide D (**456**)[27], (20S, 22R)-4β,5β,6α,27-tetrahydroxy-1-oxowitha-2,24-dienolide (**457**)[59], withaperuvin (**458**)[161,188], physalolactone (**459**)[189], (23R)-23-

hydroxyphysalolactone (**460**)[189], chlorohydrin (**461**)[21,110], 4*β*,5*β*,20-trihydroxy-6*α*-chloro-1-oxowitha-2,24-dienolide (**462**)[21,190], jaborosalactone X (**463**)[4], (20*S*,22*R*,24*S*,25*S*,26*R*)-15*α*-acetoxy-6*α*-chloro-22,26:24,25-diepoxy-4*β*,5*β*,26-trihydroxyergost-2-en-1-one (**464**)[308], rel-(20*R*, 22*R*)-16*α*-acetoxy-6*α*-chloro-4*β*,5*β*,20*β*-trihydroxy-1-oxowitha-2,24-dienolide (**465**) [310], physangulatins A~H、J~N (**466~478**)[312], physagulide A、physagulide B、physagulide E~physagulide H (**479~484**)[305], withaneomexolide C、withaneomexolide D (**485、486**)[306], physaperuvin G、physaperuvin J (**487、488**)[313,365], baimantuoluolines L~N、baimantuoluoline P、baimantuoluoline Q (**489~493**)[346]。在此，不得不纠正的是：根据化合物 **424** 的 ^{1}H-NMR 和 ^{13}C-NMR 数据分析，该化合物 C-20 位连接的是甲基而非原文献[176]中的甲氧基，在图 1.11 中已经给出了正确的结构式；化合物 **441** 文献中 ^{13}C-NMR 数据 C-13 化学位移（*δ*）是 4.5，显然有误。

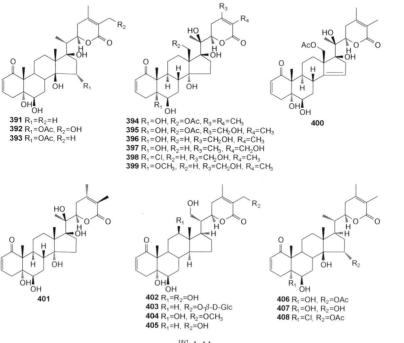

图 1.11

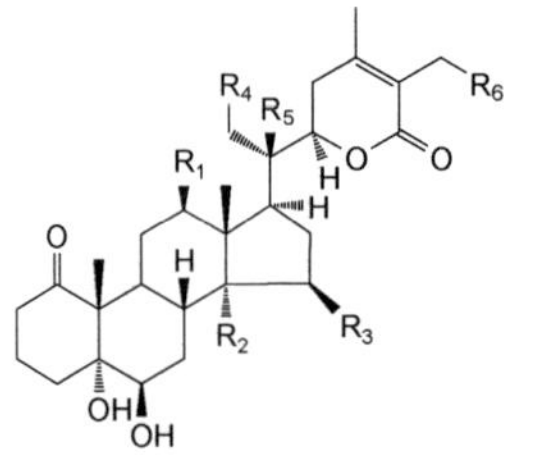

409 R₁=R₂=R₅=R₆=H, R₃=R₄=OH
410 R₁=R₃=R₄=H, R₂=R₅=R₆=OH
411 R₁=R₄=OH, R₂=R₃=R₅=R₆=H

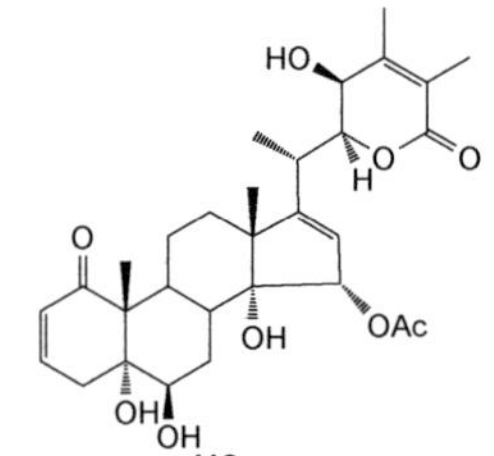

412

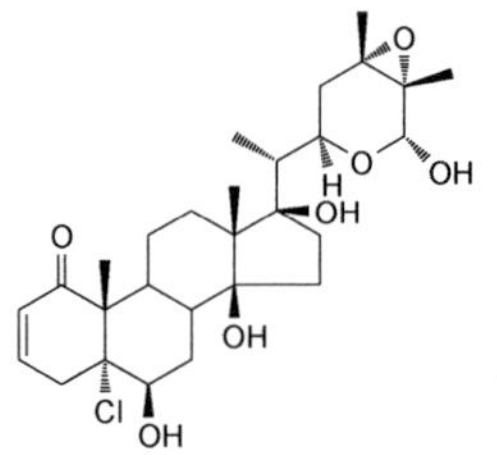

413

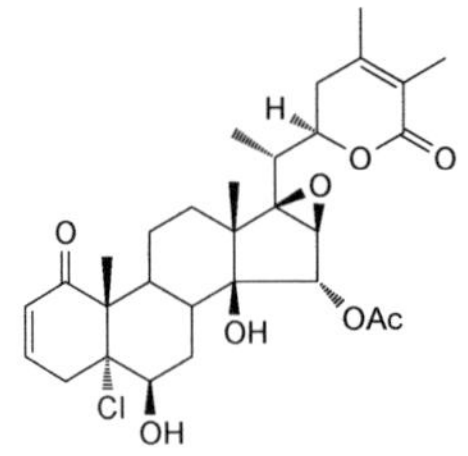

414

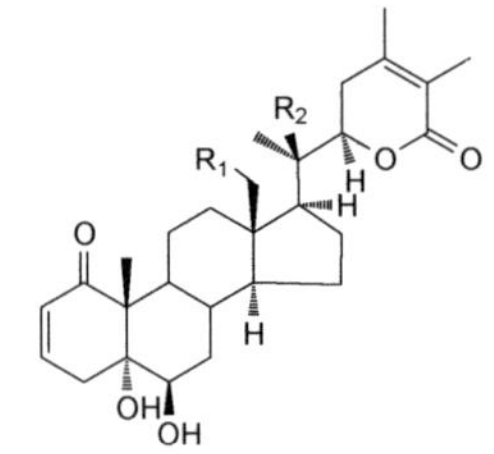

415 R₁=OAc, R₂=OH
416 R₁=R₂=OH

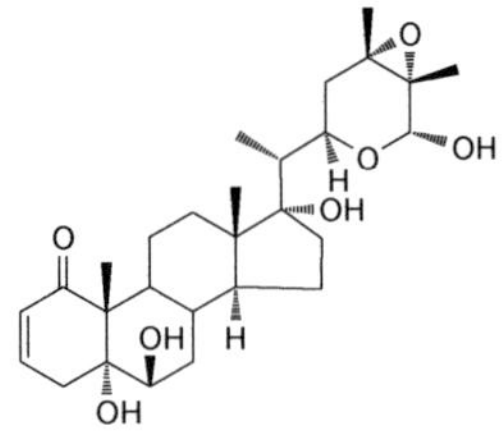

417

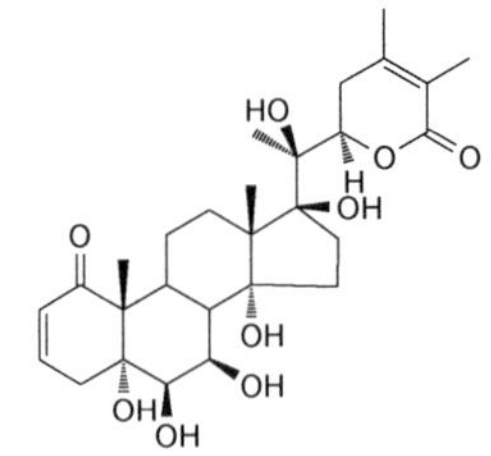

418

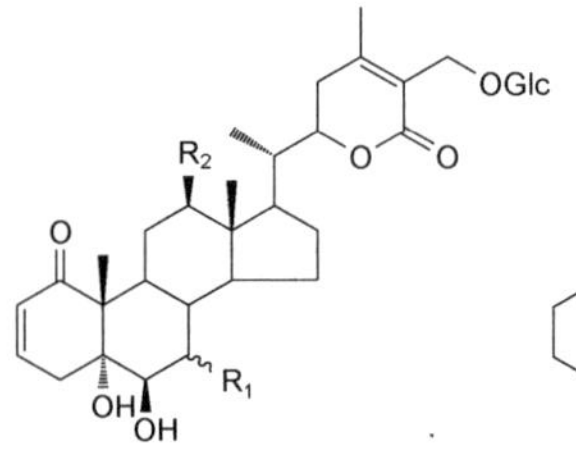

419 R₁=α-OH, R₂=H
420 R₁=α-OH, R₂=OH
421 R₁=R₂=H
422 R₁=H, R₂=OH

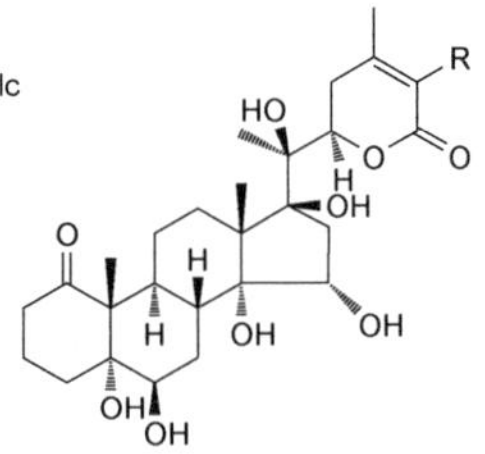

423 R=CH₃, Δ²
424 R=CH₂OH

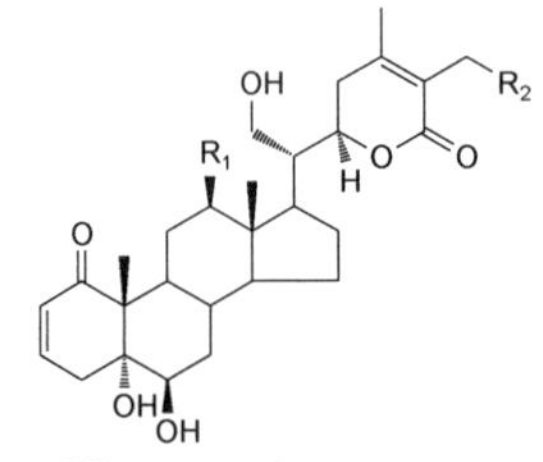

425 R₁=H, R₂=OCH₃
426 R₁=OH, R₂=H

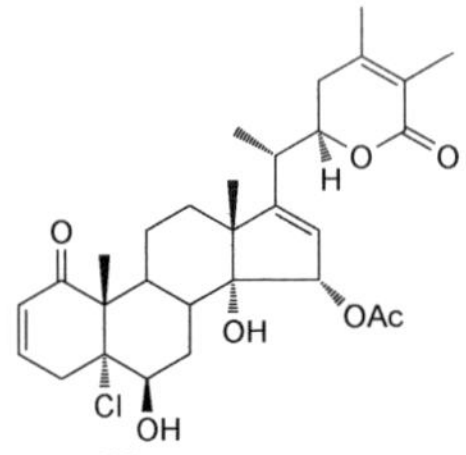

427

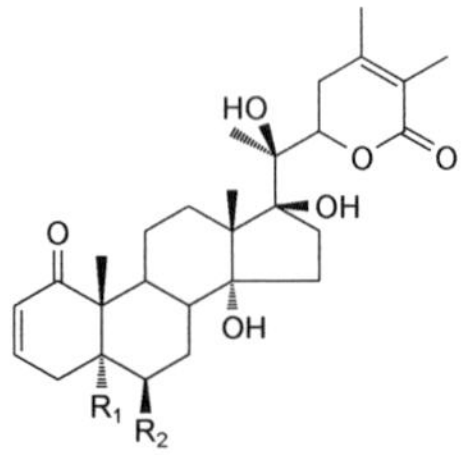

428 R₁=OH, R₂=OAc
429 R₁=OEt, R₂=OH

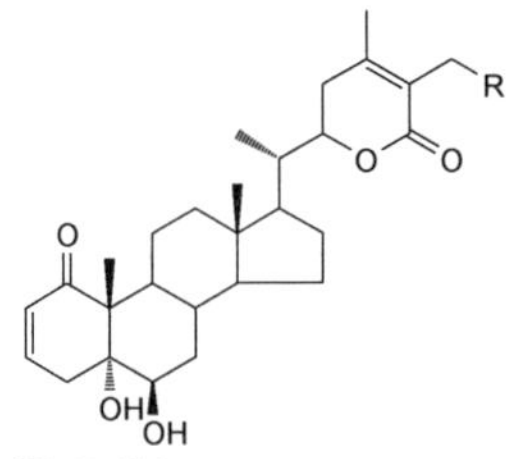

430 R=OH
431 15α-OAc, 14α-OH, Δ¹⁶, R=H

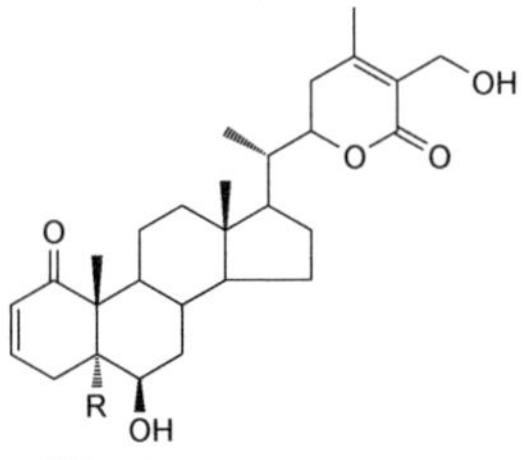

432 R=Cl
433 12α-OH, R=OH

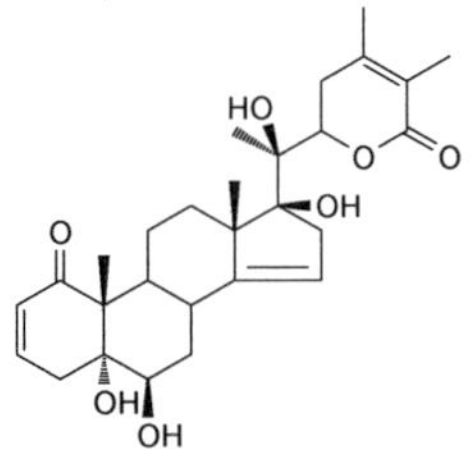

434

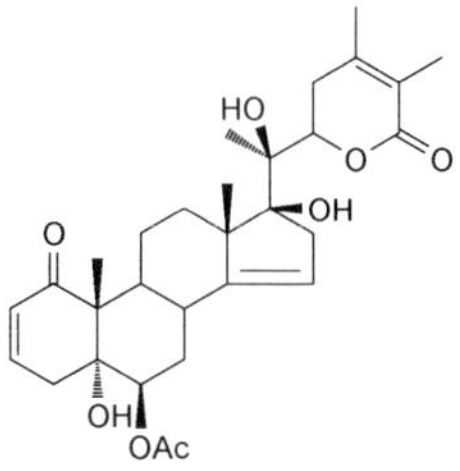

图 1.11

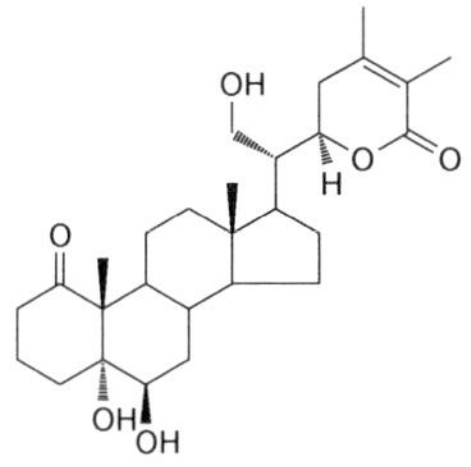

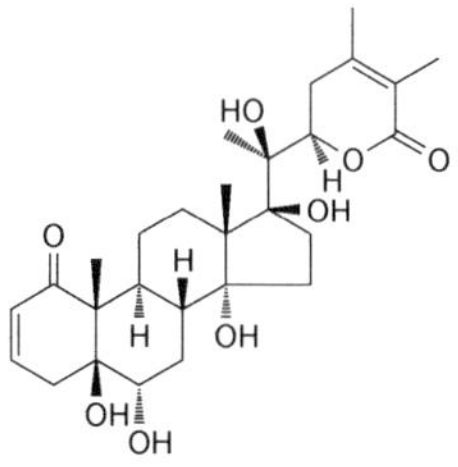

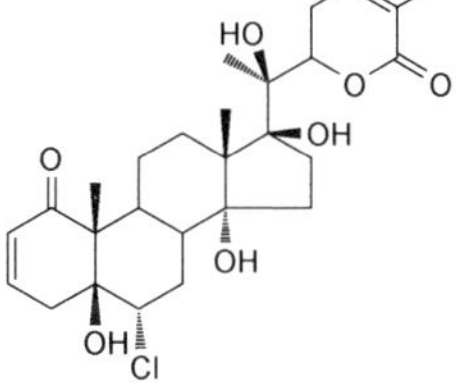

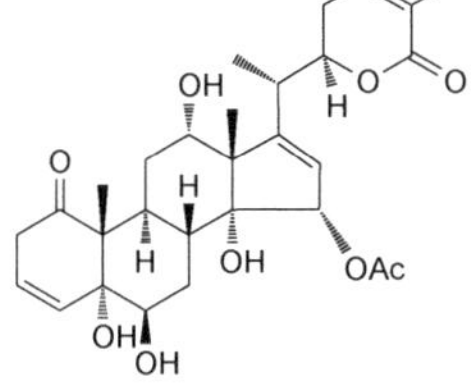

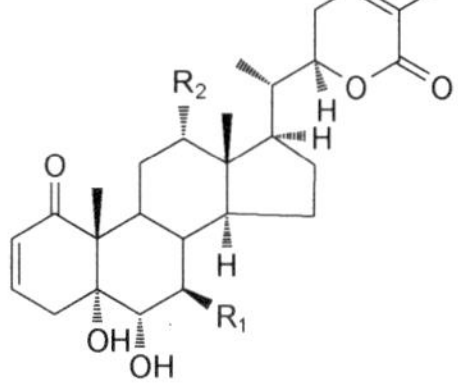

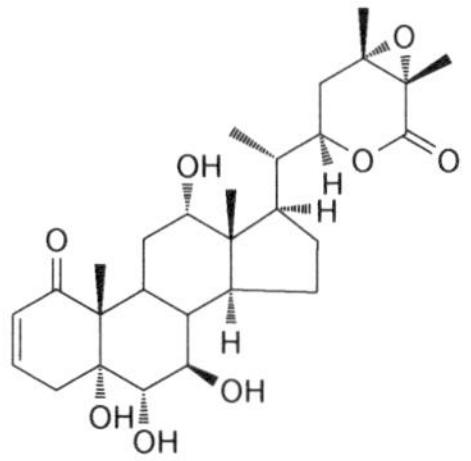

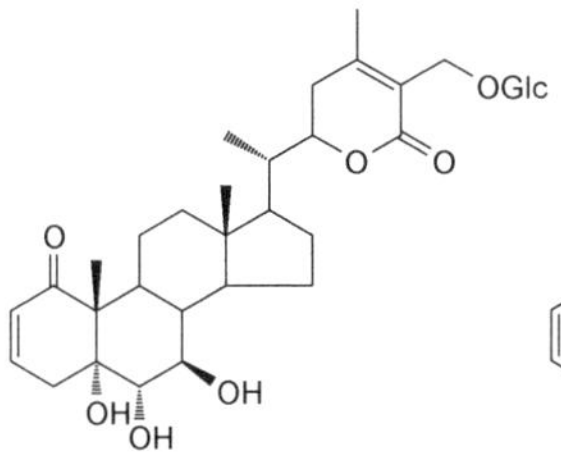

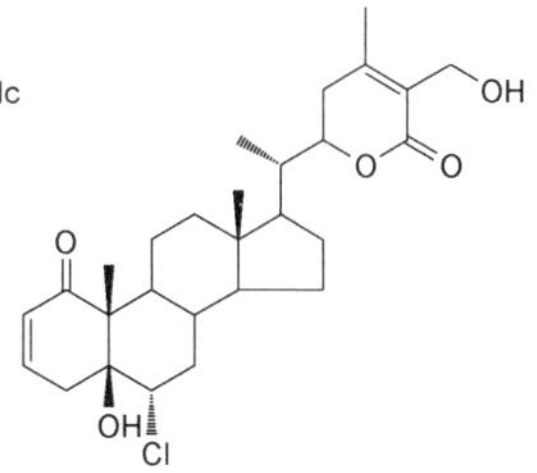

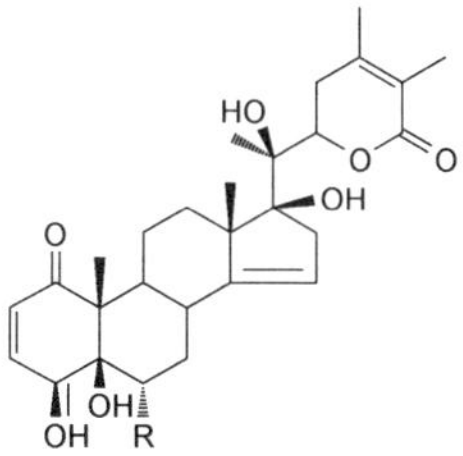

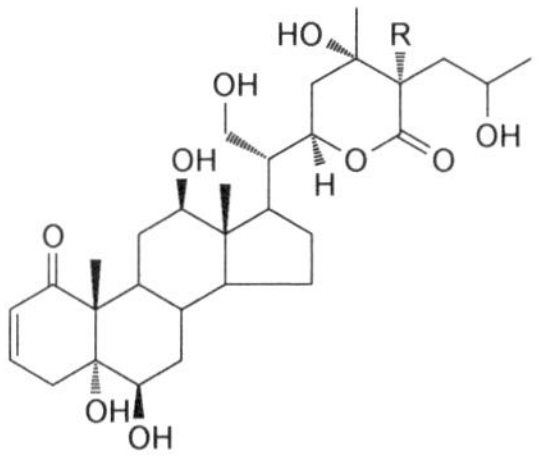

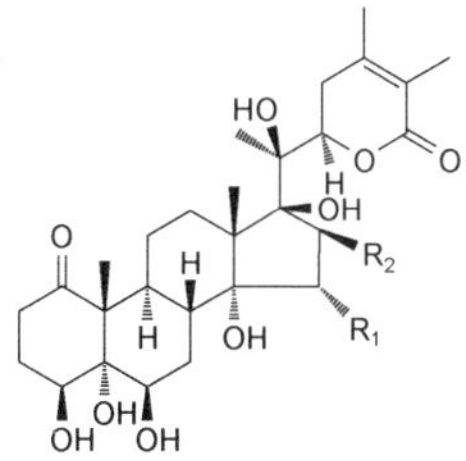

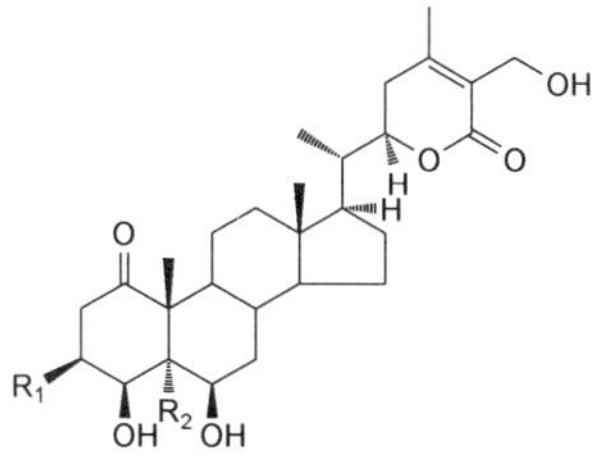

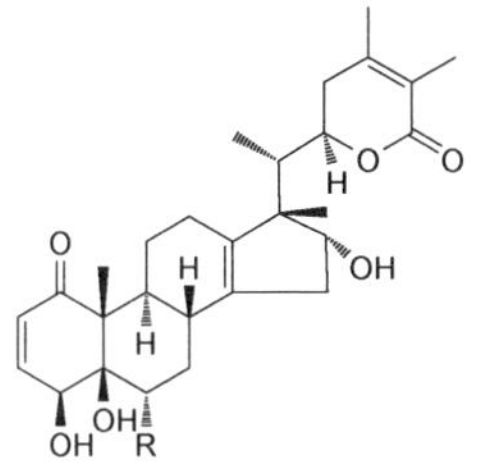

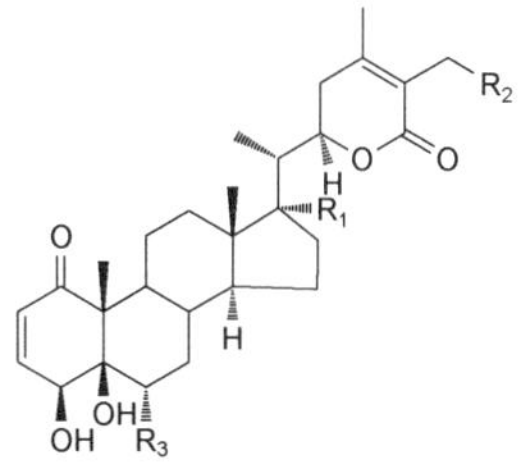

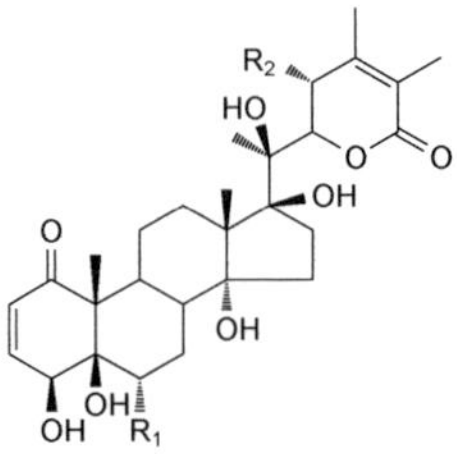

458 R$_1$=OH, R$_2$=H
459 R$_1$=Cl, R$_2$=H
460 R$_1$=Cl, R$_2$=OH

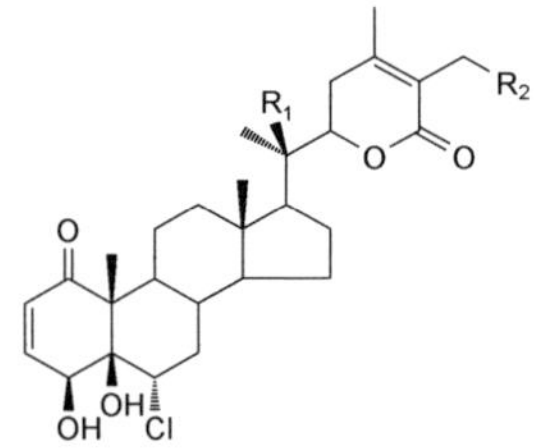

461 R$_1$=H, R$_2$=OH
462 R$_1$=OH, R$_2$=H

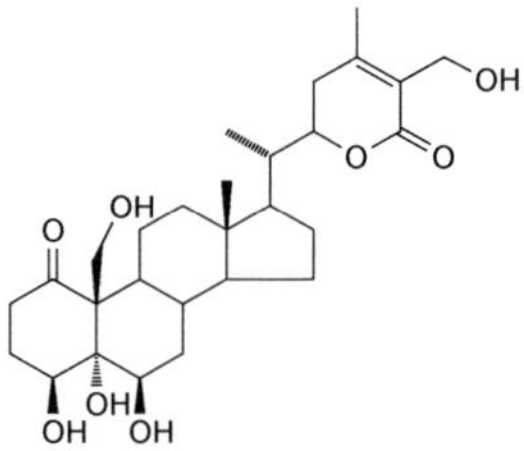

463

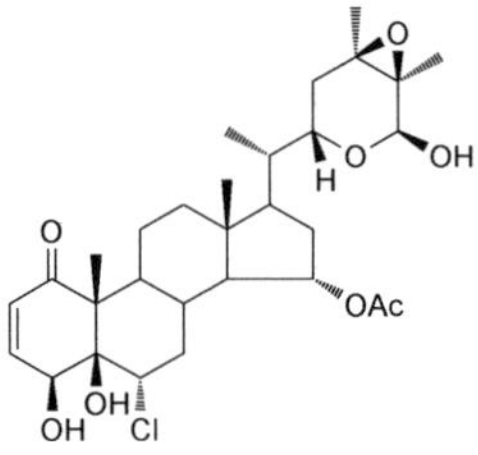

464

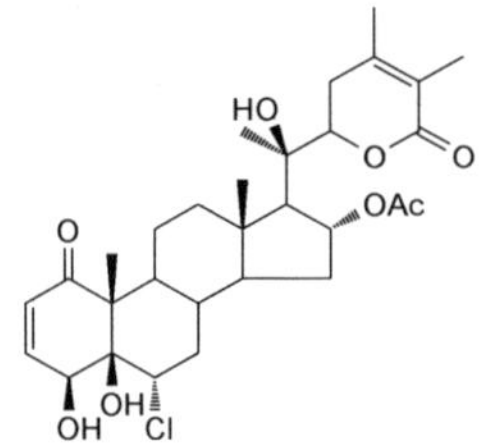

465

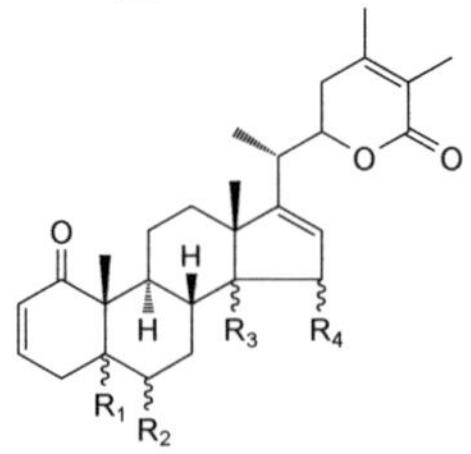

466 R$_1$=R$_4$=α-OH, R$_2$=R$_3$=β-OH
467 R$_1$=α-OH, R$_2$=R$_3$=R$_4$=β-OH
469 R$_1$=R$_3$=β-OH, R$_2$=α-OH, R$_4$=α-OAc
470 R$_1$=α-OH, R$_2$=R$_3$=β-OH, R$_4$=α-OCH$_3$
471 R$_1$=α-OH, R$_2$=R$_3$=β-OH, R$_4$=β-OCH$_3$
473 R$_1$=α-OCH$_3$, R$_2$=R$_3$=β-OH, R$_4$=α-OAc

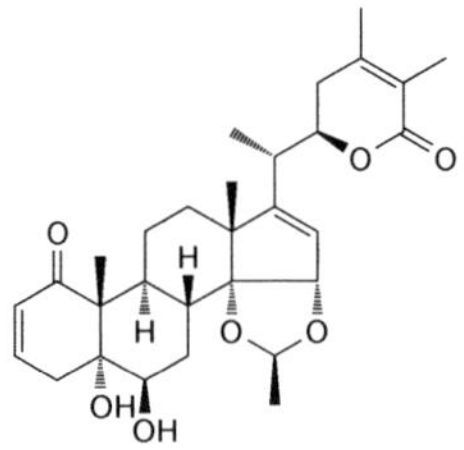

468

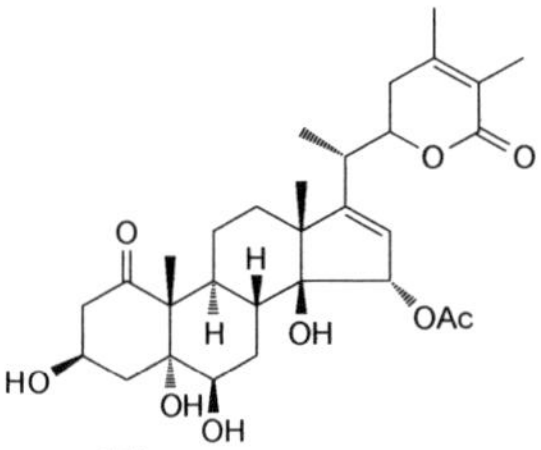

472

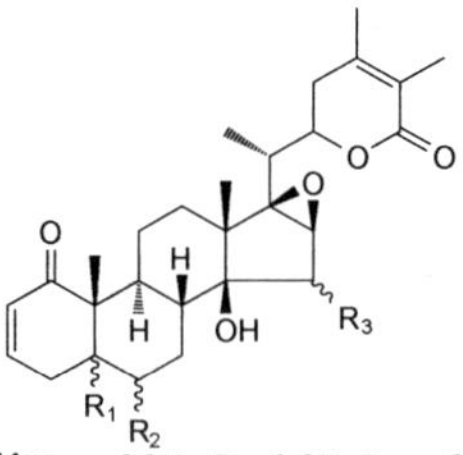

474 R$_1$=α-OCH$_3$, R$_2$=β-OH, R$_3$=α-OAc
476 R$_1$=R$_3$=α-OH, R$_2$=β-OH

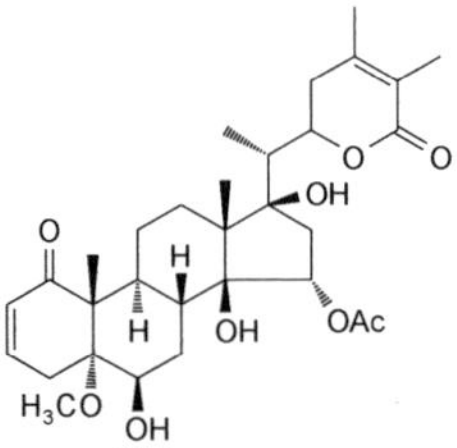

475

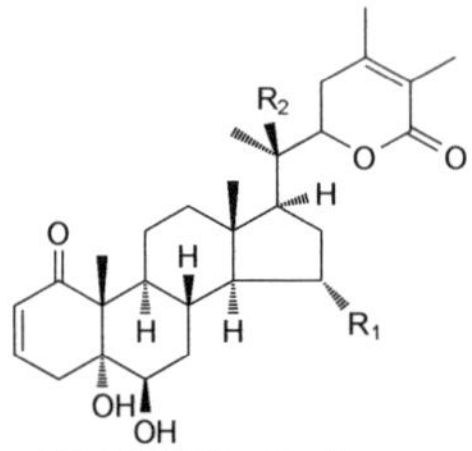

477 R$_1$=α-OAc, R$_2$=H
478 R$_1$=α-OH, R$_2$=OH

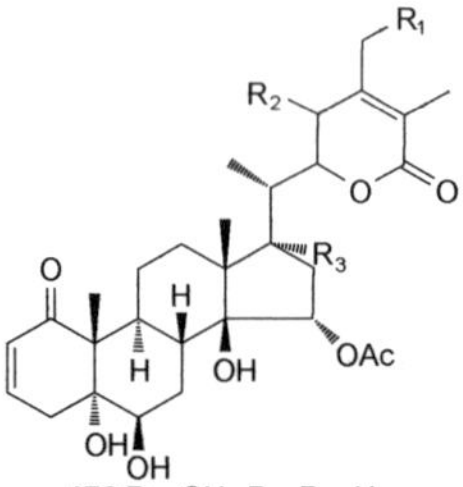

479 R$_1$=OH, R$_2$=R$_3$=H
480 R$_1$=R$_3$=H, R$_2$=OH
481 R$_1$=R$_2$=H, R$_3$=OH

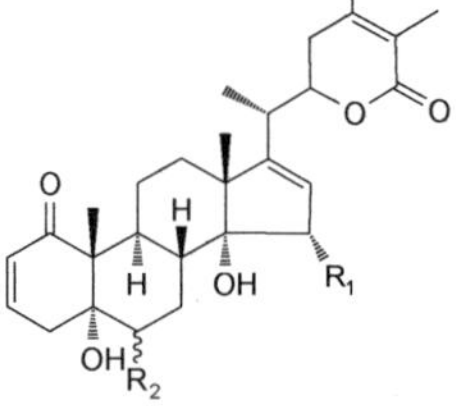

482 R$_1$=OH, R$_2$=β-OH
483 R$_1$=OAc, R$_2$=α-OH

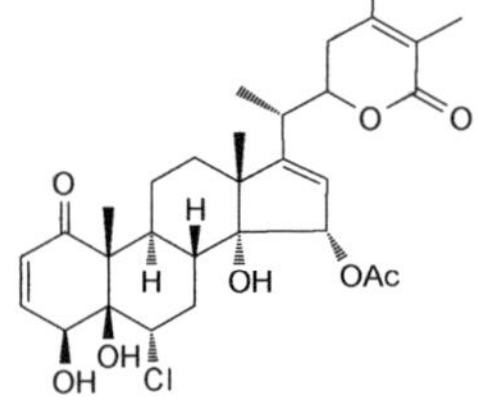

484

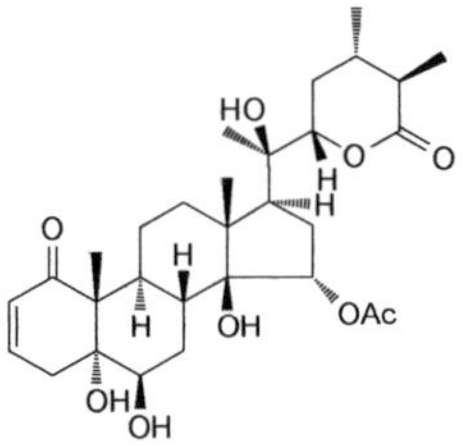

485

486

487

488

489 R_1=β-OH, R_2=α-OH, R_3=R_4=OH
490 R_1=β-OH, R_2=α-OH, R_3=OH, R_4=OCH_2CH_3
491 R_1=α-OH, R_2=β-OH,R_3=OH, R_4=OCH_2CH_3
492 R_1=β-OH, R_2=H, R_3=OH, R_4=OCH_2CH_3, 21β-OH
493 R_1=β-OH, R_2=R_3=H, R_4=OCH_2CH_3, 21β-OH

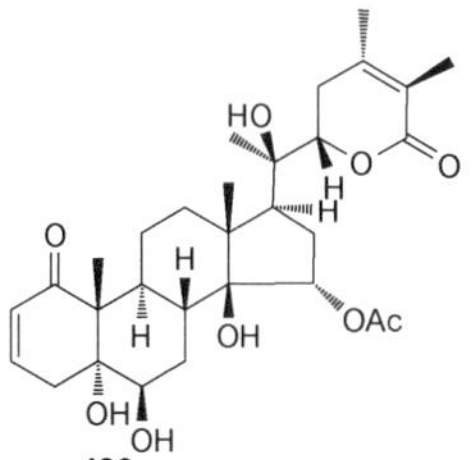

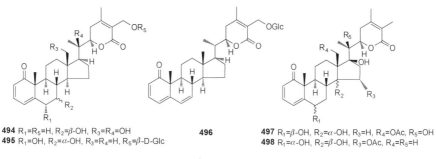

图 1.11　多羟基型醉茄内酯化学结构式

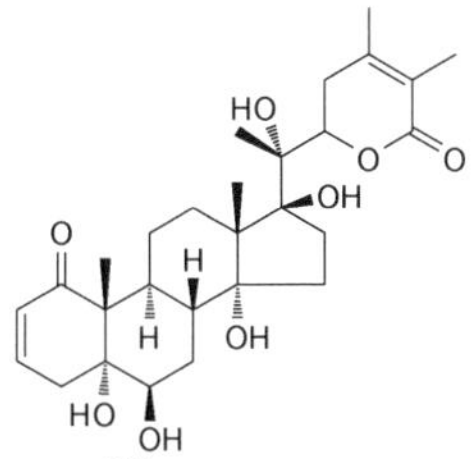

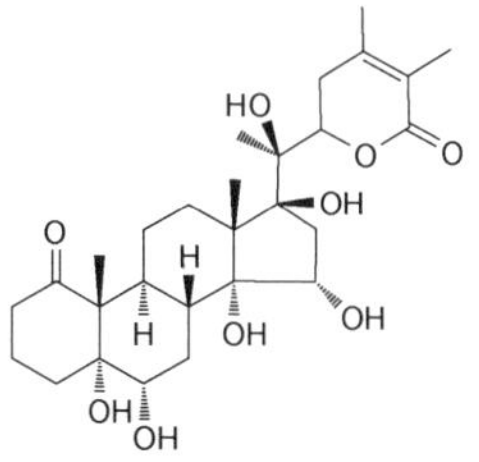

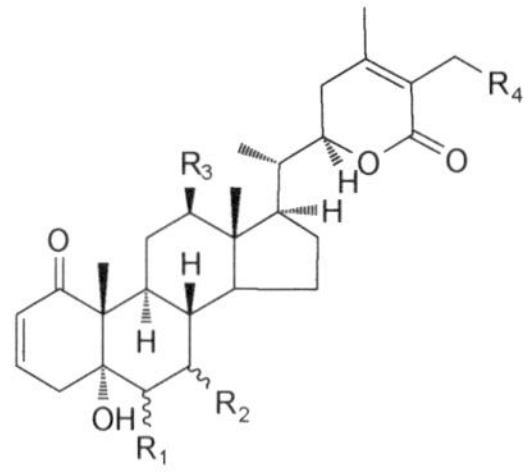

1.1.9　2,4-二烯型（2,4-dien）

目前发现的具有2,4-二烯结构片段的醉茄内酯有16个，分别为：somniwithanolide (**494**)[73], daturametelin J (**495**)[96,244], daturametelin H (**496**)[96], physacoztolide D (**497**)[7], physagulin M*、physagulin L* (**498**、**499**)[67], withaperuvin C (**500**) [194,362], jaborosalactone B (**501**)[191], 6β,20β-dihydroxy-1-oxowitha-2,4,24-trienolide (**502**)[21], jaborosalactol N (**503**)[5,21], baimantuoluoside H* (**504**)[105], daturafoliside S (**505**)[331], baimantuoluoline U (**506**)[346], daturmetelide H、daturmetelide D、daturmetelide C (**507~509**)[345]。结构如图 1.12 所示。

494 R_1=R_5=H, R_2=β-OH, R_3=R_4=OH
495 R_1=OH, R_2=α-OH, R_3=R_4=H, R_5=β-D-Glc

496

497 R_1=β-OH, R_2=α-OH, R_3=H, R_4=OAc, R_5=OH
498 R_1=α-OH, R_2=β-OH, R_3=OAc, R_4=R_5=H

图 1.12

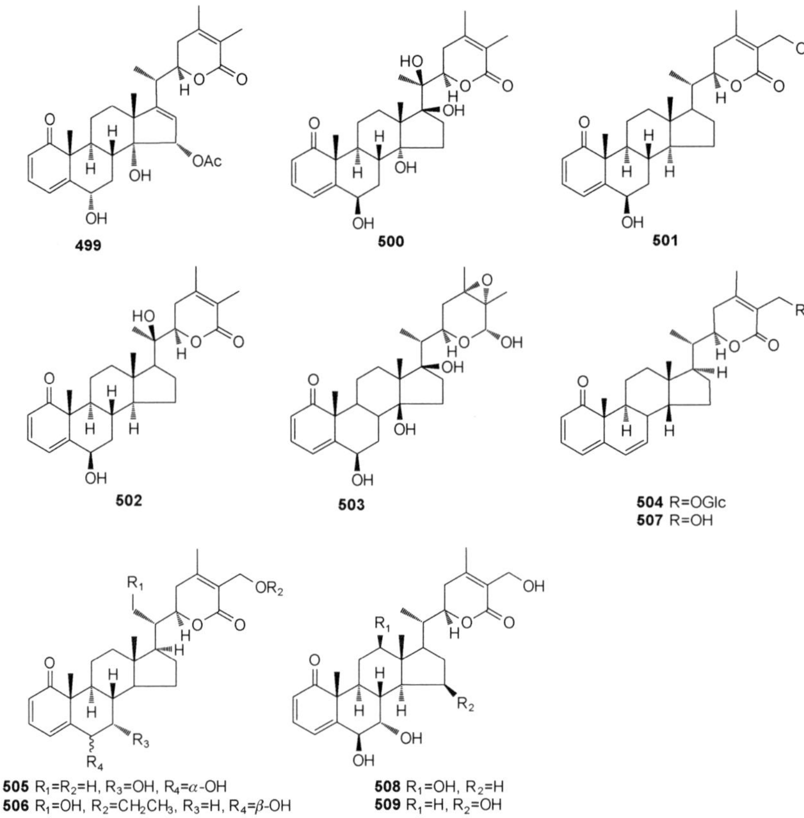

图 1.12　2,4-二烯型醉茄内酯化学结构式

1.2　Ⅱ类醉茄内酯

1.2.1　withaphysalins

　　该类结构首先通过 18-CH$_3$ 氧化形成醇、醛、酸中间体结构，再与 20-OH 形成半缩醛或内酯结构，目前已分离并鉴定出 38 种该类型化合物，且仅在 *physalis*、*vassobia* 和 *acnistus* 属中发现，分别为：physaminimins A~D、E (**510~513**、**517**)[62], withaphysalins R、S (**514**、**515**), 5-*O*-methoxywithaphysalin R (**516**)[193], withaphysalin E (**518**)[194], withaphysalin B (**519**)[196], (17*S*,20*R*,22*R*)-4*β*-acetyloxy-5*β*,6*β*:

18,20-diepoxy-18-hydroxy-1-oxowitha-2,24-dienolide (**520**)[23], withaphysalin F (**521**)[24,200], withaphysalin A (**522**)[193,194,196], withaphysalins G~L (**523~526**、**534**、**535**)[24], withaphysalin D (**527**)[198], withaphysalin M、withaphysalin O、withaphysalin N (**528 ~ 530**)[199], (17*S*, 20*R*,22*R*)-5*β*,6*β*:18,20-diepoxy-4*β*,18-dihydroxy-1-oxowitha-24-enolide (**531**)[200], withaphysalin Q (**532**)[193], (17*S*,20*R*,22*R*,24*S*,25*R*)-4*β*-acetyloxy-5*β*,6*β*:18,20-diepoxy-18-hydroxy-1-oxowitha-2-enolide (**533**)[23], physaminimins G~O (**536~544**)[318], withaphysalin Y、withaphysalin Z (**545**、**546**)[312], rel-(18*R*,22*R*)-5*β*,6*β*:18*β*,20-diepoxy-3*β*,18*α*-dimethoxy-4*β*-hydroxy-1-oxowith-24-enolide (**547**)[310]。结构如图 1.13 所示。

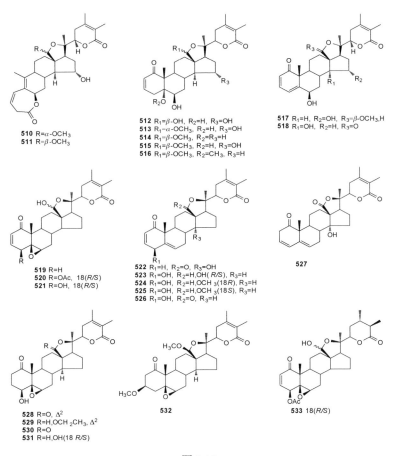

510 R=*α*-OCH₃
511 R=*β*-OCH₃

512 R₁=*β*-OH, R₂=H, R₃=OH
513 R₁=*α*-OCH₃, R₂=H, R₃=OH
514 R₁=*β*-OCH₃, R₂=R₃=H
515 R₁=*β*-OCH₃, R₂=H, R₃=OH
516 R₁=*β*-OCH₃, R₂=CH₃, R₃=H

517 R₁=H, R₂=OH, R₃=*β*-OCH₃,H
518 R₁=OH, R₂=H, R₃=O

519 R=H
520 R=OAc, 18(*R/S*)
521 R=OH, 18(*R/S*)

522 R₁=H, R₂=O, R₃=OH
523 R₁=OH, R₂=H,OH(*R/S*), R₃=H
524 R₁=OH, R₂=H,OCH₃(18*R*), R₃=H
525 R₁=OH, R₂=H,OCH₃(18*S*), R₃=H
526 R₁=OH, R₂=O, R₃=H

527

528 R=O, Δ²
529 R=H,OCH₂CH₃, Δ²
530 R=O
531 R=H,OH(18 *R/S*)

532

533 18(*R/S*)

图 1.13

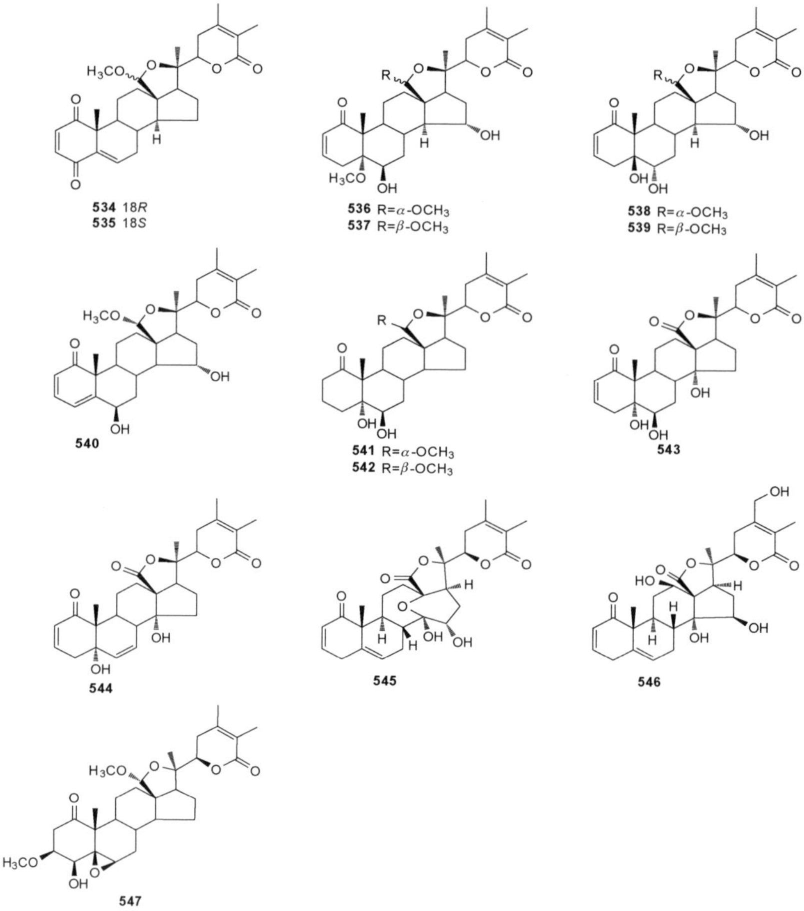

图 1.13　withaphysalins 醉茄内酯化学结构式

1.2.2　withametelins

withametelins 类化合物典型特征是：C-21 与 C-24 形成了醚桥，提供了二环内酯侧链的七碳环，目前发现的此类化合物多数在 C-25 与 C-27 之间形成环外双键。withametelins 型的醉茄内酯首次被报道是在 1987 年，Oshima[194] 从曼陀罗属植物洋金花的叶中分离出来 withametelin (560)。截至目前，尽管有些此类化合物被命名为 witha-fastuosins、daturametelins 及 baimantuoluolines，但 withametelins 类醉茄内酯的来源仅限于曼陀罗属，这也许可以作为曼陀罗属植物化学分类学的特征之一。目前已分离鉴定出这类化合物有 31 种，分别为：1,10-seco-withametelin B (**548**)，12β-hydroxy-1,10-seco-withametelin B (**549**)，withametelin I (**550**)[171]，daturalicin (**551**)[201]，withametelin N (**552**)[171]，withafastuosin C (**553**)[177]，withametelin K (**554**)[171]，withametelin B (**555**)[144]，witharifeen (**556**)[201]，withametelinol (**557**)[202]，withametelinone (**558**)[202]，withametelin L (**559**)[171,204]，withametelin (**560**)[1,206]，withawrightolide (**561**)[204]，withametelin G (**562**)[170]，withametelin J (**563**)[171]，withametelin O (**564**)[171,204]，daturametelin D (**565**)[95]，daturametelin G (**566**)[21]，withametelinol B (**567**)[205]，withametelin M (**568**)[171]，isowithametelin (**569**)[206]，withametelinol A (**570**)[205]，daturacin (**571**)[207]，daturametelin F (**572**)[95]，daturamalakoside A (**573**)[87]，baimantuoluoline D、baimantuoluoline E (**574**、**575**)[170]，baimantuoluoline S、baimantuoluoline R、baimantuoluoline T (**576~578**)[346]。结构如图 1.14 所示。

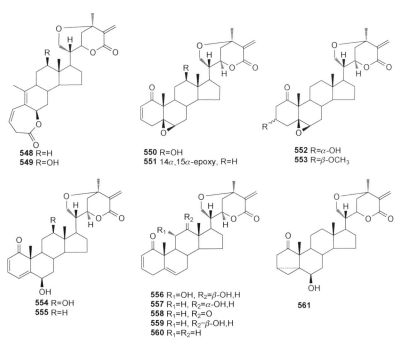

548 R=H
549 R=OH

550 R=OH
551 14α,15α-epoxy, R=H

552 R=α-OH
553 R=β-OCH$_3$

554 R=OH
555 R=H

556 R$_1$=OH, R$_2$=β-OH,H
557 R$_1$=H, R$_2$=α-OH,H
558 R$_1$=H, R$_2$=O
559 R$_1$=H, R$_2$=β-OH,H
560 R$_1$=R$_2$=H

561

图 1.14

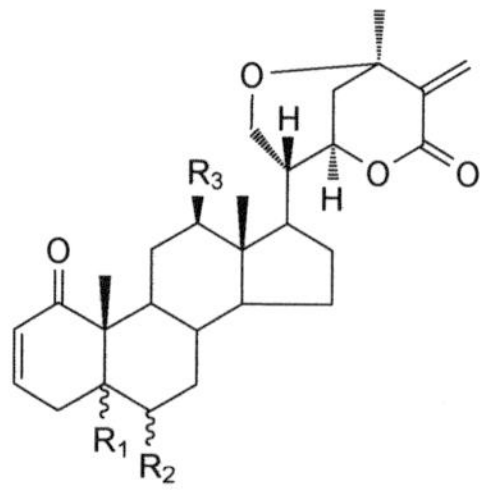

562 R₁=α-OH, R₂=β-OH, R₃=H
563 R₁=α-OH, R₂=β-OH, R₃=OH
564 R₁=β-OH, R₂=α-OH, R₃=H

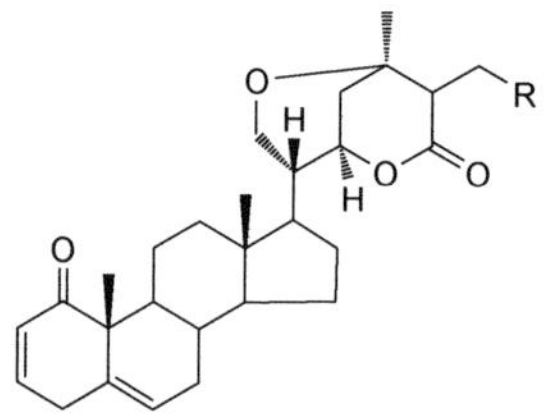

565 R=OCH₃
566 R=OGlc

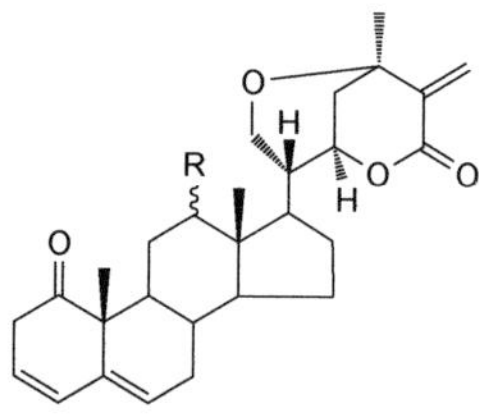

567 R=α-OH
568 R=β-OH
569 R=H

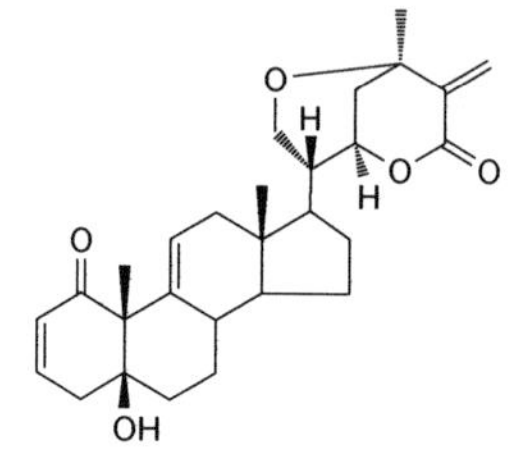

570

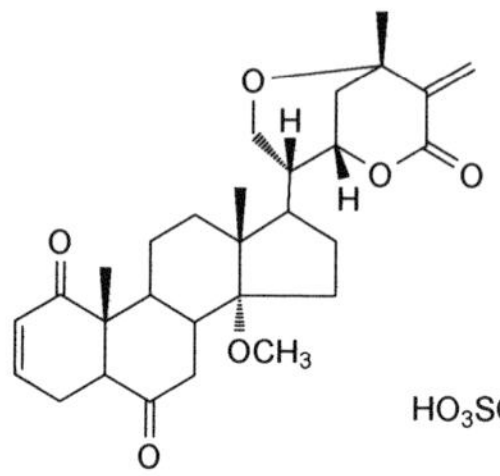

571

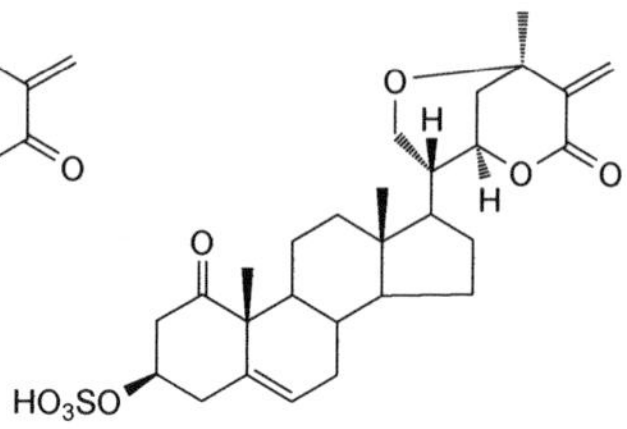

572

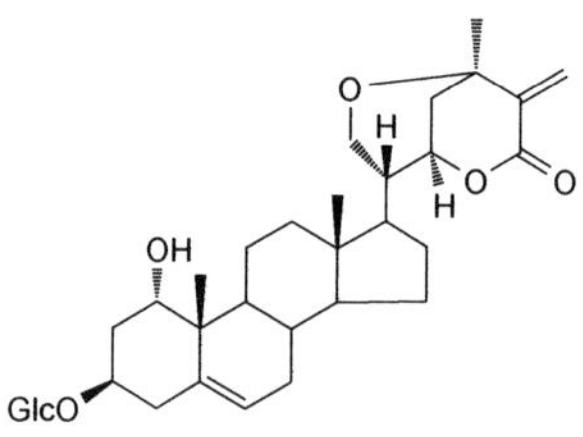

573

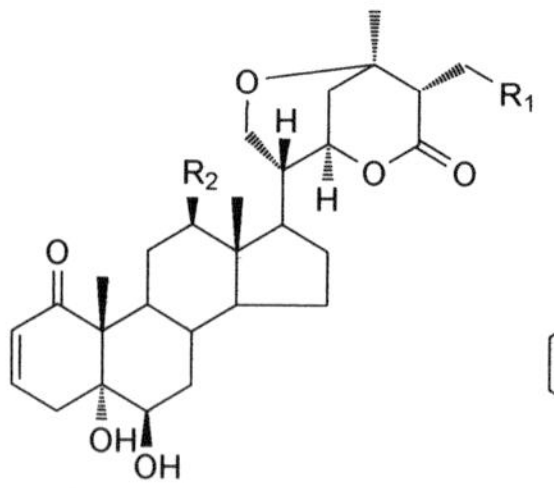

574 R₁=OCH₃, R₂=OH
575 R₁=R₂=OH
576 R₁=OCH₂CH₃, R₂=H

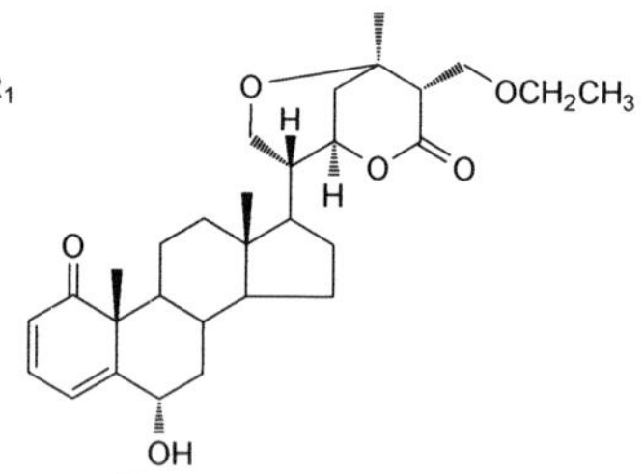

577

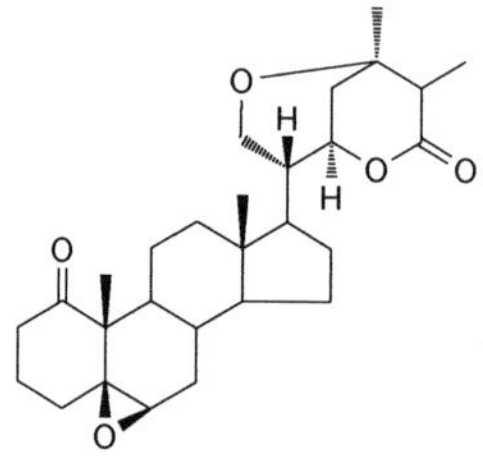

578

图 1.14　withametelins 醉茄内酯化学结构式

1.2.3　acnistins

　　该类化合物结构特征是 C-21 与内酯环 E 环形成双环结构，与 withametelins 具有相似之处，但是 C-21 是通过 C—C 键直接连接内酯环上的 C-24。推测 21,24-键是通过在 C-21 上拥有一个易离去基团的醉茄内酯上发生 SN₂ 型反应形成的。具有这种特征结构的化合物有：acnistin J (**579**)[211]，acnistin A (**580**)[208-210]，acnistin E (**581**)[208,209]，acnistin I (**582**)[211]，acnistin K (**583**)[212]，17-epiacnistin-A (**584**)[213]，acnistin L/anomanolide A (**585**)[27,212]，4-O-acetyl-acnistin L (**586**)[212]，anomanolide C (**587**)[27]，isotubocaposides A~C (**588~590**)[214]，ano-manolides B、D~F (**591~594**)[27]，mandragorolide A (**595**)[215]，acnistin B (**596**)[209,216]，acnistin C、acnistin D (**597**、**598**)[209]，acnistin G、acnistin H (**599**、**600**)[245]。22 种此类化合物的结构如图 1.15 所示。

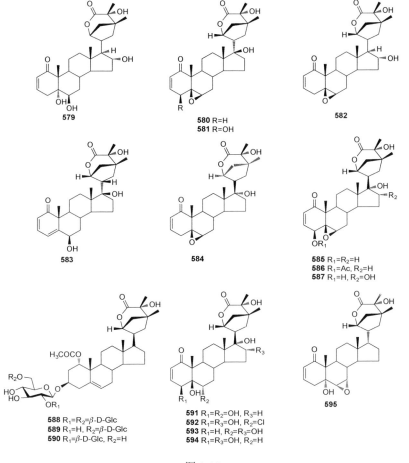

图 1.15

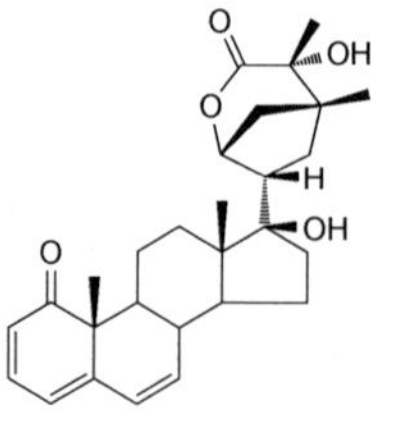

图 1.15　acnistins 醉茄内酯化学结构式

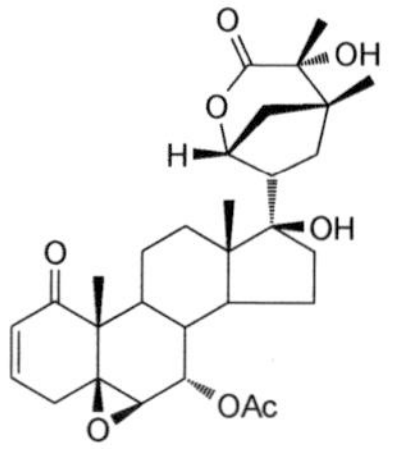

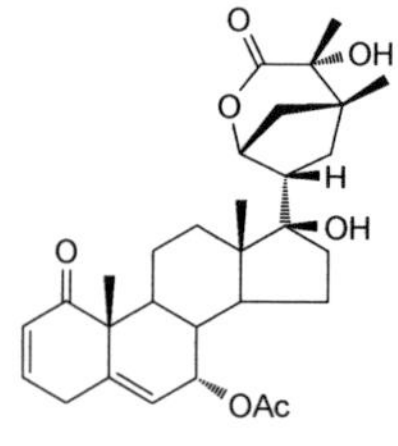

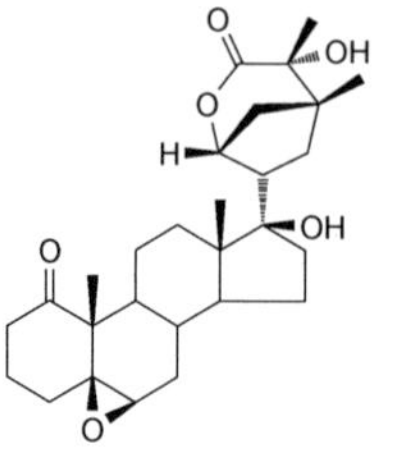

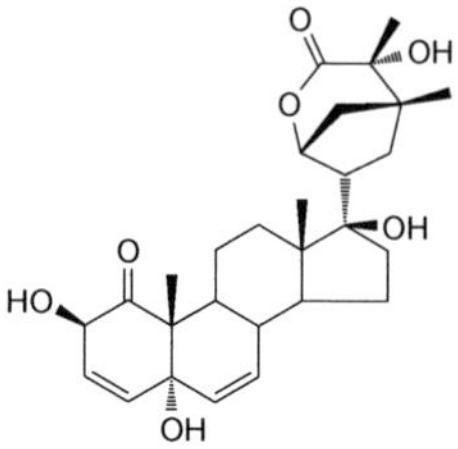

1.2.4　芳香环型（aromatic ring）

目前报道的芳香环型醉茄内酯存在两种芳香环结构：一种是 D 环结合 C-18 形成的六元芳香环；另一种是 A 环失去 C-10 上的角甲基形成芳香环。现已发现 24 种 D 环为芳香环的醉茄内酯，分别为：nicandrenone/nic-1 (**601**)[17,217,218], nicandrenolactone/nic-1-lactone (**602**)[219], salpichrolide G (**603**)[220], salpichrolide A [(20*S*,22*R*,24*S*, 25*S*,26*R*)-5,6α:22,26:24,25-triepoxy-26-hydroxy-17 (13→18)abeo-5α-ergosta-2,13,15,17-tetraen-1-one] (**604**)[221], salpichrolide H、salpichrolide I (**605**、**606**)[220], salpichrolide M、salpichrolide J、salpichrolide K (**607~609**)[166], (20*S*,22*R*,24*S*,25*S*)-5,6α:22,26:24,25-triepoxy-17 (13→18)abeo-5α-ergosta-2,13,15,17-tetraen-1,26-dione (**610**)[221], (20*S*,22*R*,24*S*,25*S*)-5α-hydroxy-17(13→18)abeo-6α-chloro-13,15,17, 24-tetraen-1,26-dione (**611**) [221], salpichrolide B、salpichrolide C (**612**、**613**)[167], nicaphysalin Q、nicaphysalin P、nicaphysalin O、 nicaphysalin R (**614~617**)[316], nicanlodes A~F (**618~623**)[317], salpichrolide V (**624**)[319]。A 环为芳香烃的醉茄内酯仅有 4 种，分别为：withalongolide K (**625**)[29]，(20S,22R)-1,6β,27-trihydroxy-19-norwitha-1,3,5(10),24-tetraenolide (**626**)[222]，jaborosalactone 7 (**627**)[168]，daturafoliside J (**628**)[331]。结构如图 1.16 所示。

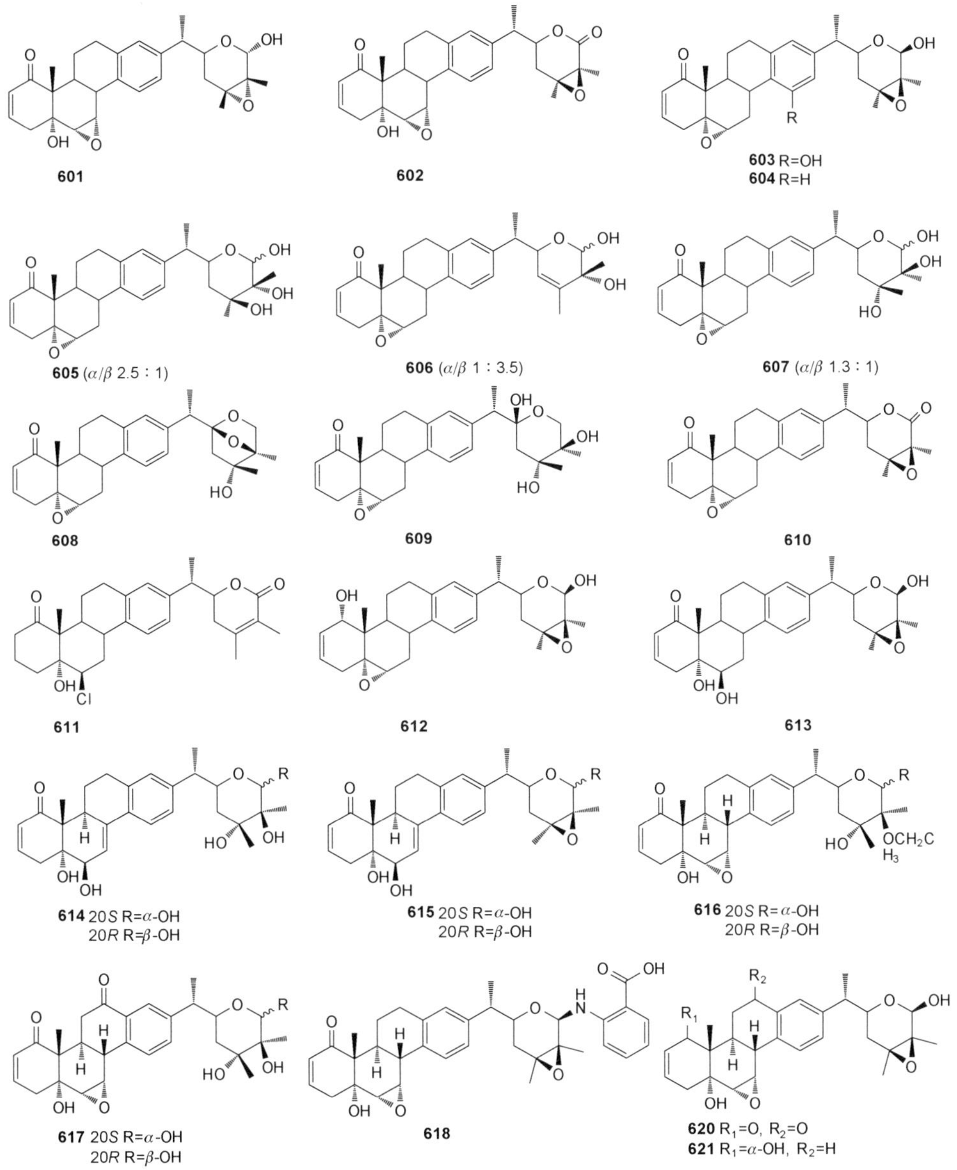

图 1.16

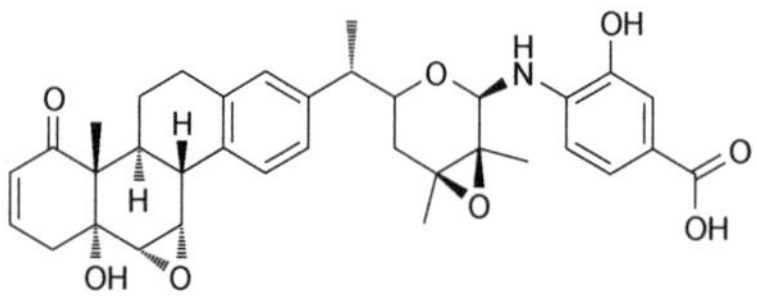

619

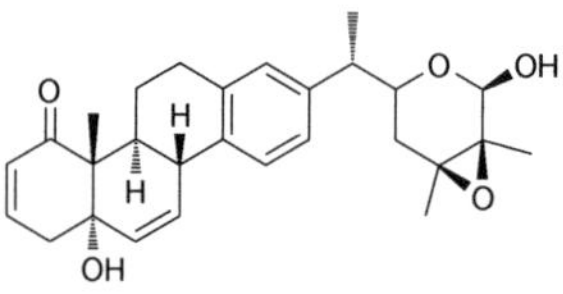

622

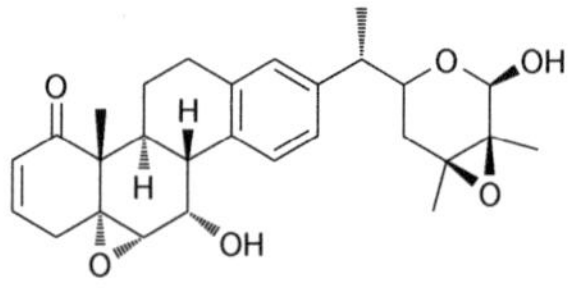

623

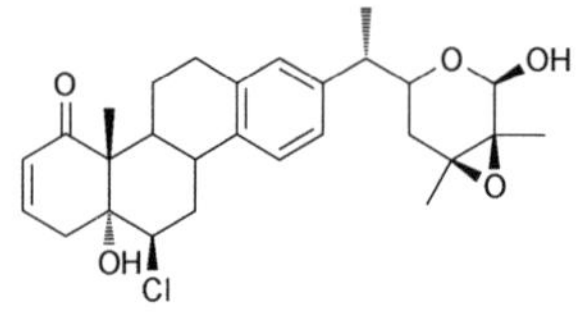

624

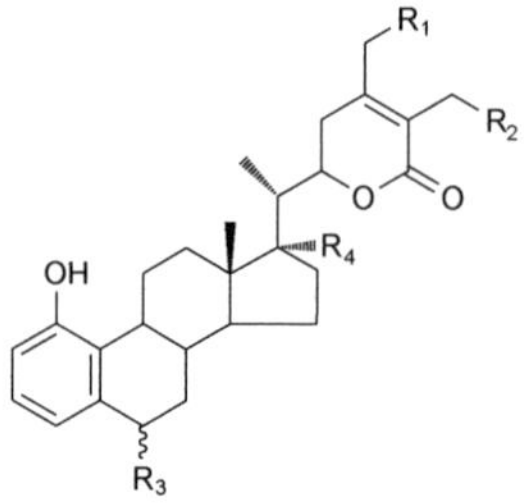

625 R_1=OGlc, R_2=R_4=H, R_3=α-OH
626 R_1=R_4=H, R_2=OH, R_3=β-OH
627 R_1=H, R_2=R_4=OH, R_3=β-OH

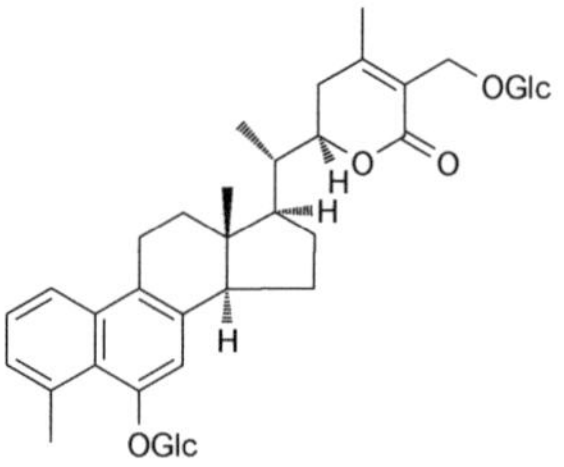

628

图 1.16　芳香环型醉茄内酯化学结构式

1.2.5　14*α*,20*α*-环氧型（14*α*,20*α*-epoxides）

C-14 和 C-20 间的 *α*-醚桥是 14*α*,20*α*-环氧型化合物的标志性结构。含此类特征结构的化合物共有 17 种：coagulin[17*β*,27-dihydroxy-14,20-epoxide-1-oxo-(22*R*)-witha-3,5,24-trienolide] (**629**)[223], coagulin E (**630**)[224], coagulin F (**631**)[225], 17*β*-hydroxy-14,20-epoxy-1-oxo-[22*R*]-witha-3,5,24-trienolide (**632**)[226], coagulins B~D (**633~635**)[224], coagulin G (**636**)[225], 28-hydroxy-14,20-epoxy-1-oxo-(22*R*)-witha-2,5,24-trienolide (**637**)[115], coagulin I (**638**)[116], coagulin M (**639**)[112], coagulin J、coagulin K (**640**、**641**)[116], coagulin N (**642**)[112], coagulin R (**643**)[111], 17*β*-hydroxy-14,20-epoxy-1-oxo-[22*R*]-3*β*-[*O*-*β*-D-glucopyranosyl]-witha-5,24-dienolide (**644**)[228], withacoagulin J (**645**)[349]。结构如图 1.17 所示。

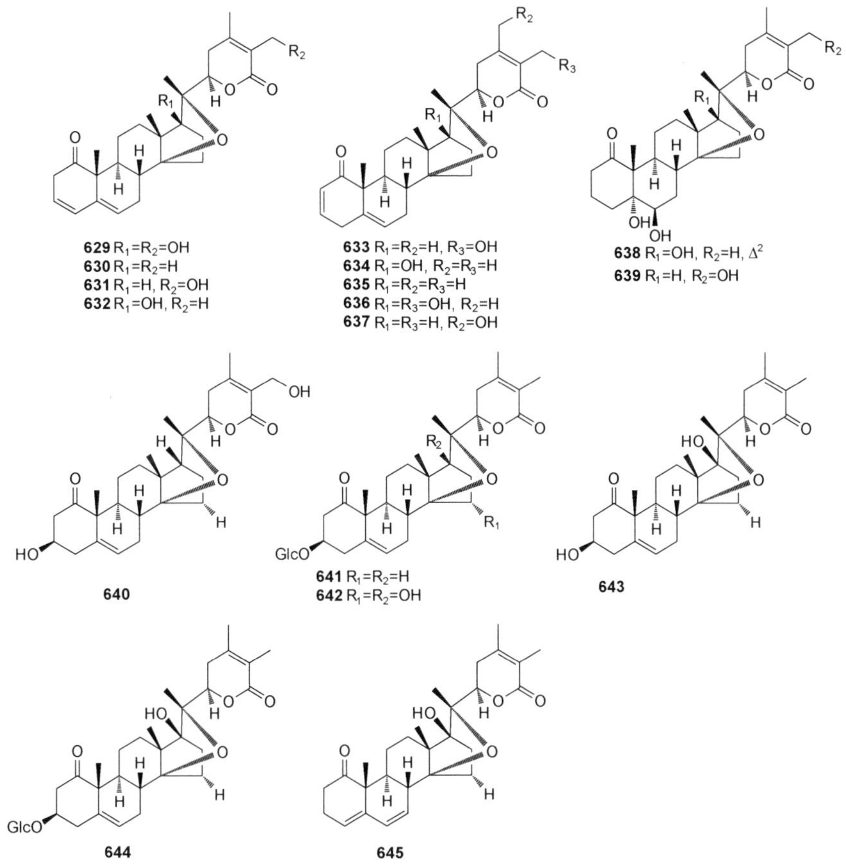

629 R₁=R₂=OH
630 R₁=R₂=H
631 R₁=H, R₂=OH
632 R₁=OH, R₂=H

633 R₁=R₂=H, R₃=OH
634 R₁=OH, R₂=R₃=H
635 R₂=R₃=H
636 R₁=R₃=OH, R₂=H
637 R₁=R₃=H, R₂=OH

638 R₁=OH, R₂=H, Δ²
639 R₁=H, R₂=OH

640

641 R₁=R₂=H
642 R₁=R₂=OH

643

644

645

图 1.17   14α,20α-环氧型醉茄内酯化学结构式

1.2.6   sativolides

sativolides 型醉茄内酯的特点是 C、D 环上方具有一个额外的六元半缩酮环结构，形成这一结构的条件是前体结构必须含有 12-C═O 和 21-OH。虽然 21-氧化取代型的醉茄内酯较常见，但 sativolides 类型的都是 C-21 与侧链形成额外环[19]，与 D 环形成醉茄内酯衍生物，如 acnistins、withajardins 和 withametelins，却是很少见的。目前发现的该类化合物仅 9 种，均来自 *Jaborosa* 属，此类化合物可能是 *Jaborosa* 属的特征性成分，分别为：jaborosalactone 45 (**646**)，jaborosalactone 46 (**647**)[89]，jaborosalactone 37 (**648**)[230]， jaborosalactone S (**649**)[89,231], jaborosalactone 38 (**650**)[89,232], 12-*O*-methyljaborosalactone 38 (**651**)[232], jaborosalactone 39 (**652**)[89,232], jaborosalactone R (**653**)[89,231], jaborosalactone T (**654**)[231]。结构如图 1.18 所示。

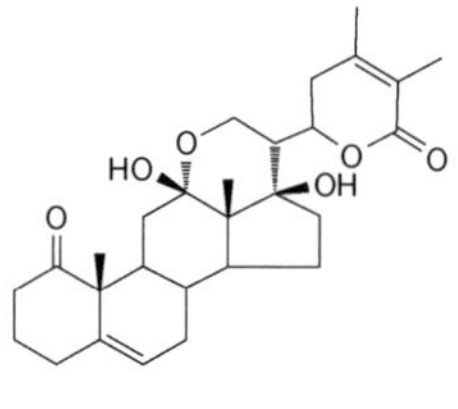

646 Δ²
647 Δ³

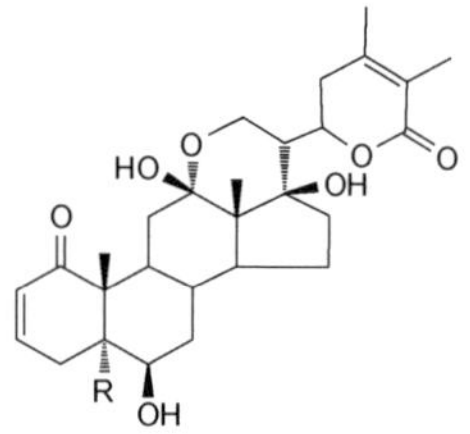

648 R=Cl
649 R=OH
653 R=H, Δ⁴

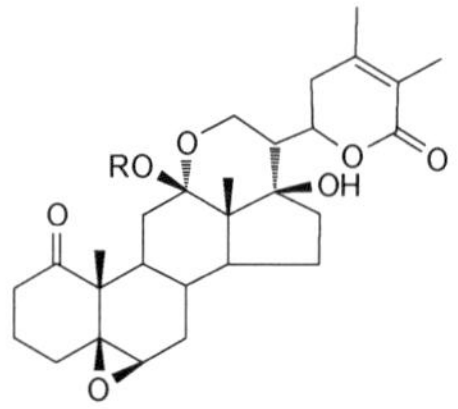

650 R=H, Δ²
651 R=CH₃, Δ²
652 R=H

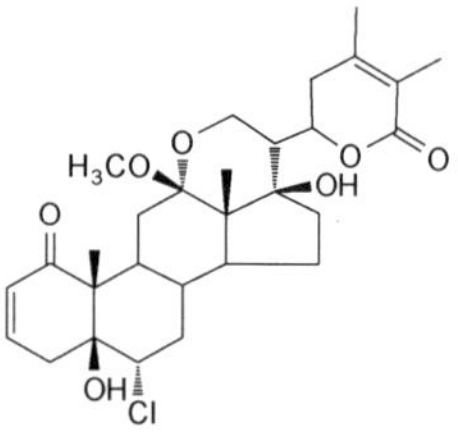

654

图 1.18 sativolides 型醉茄内酯化学结构式

1.2.7 降莰烷型（norbornanes）

该类型醉茄内酯 D 环甾体母核上具有一个新的结构，是源于 C-15 和 C-21 间的碳碳连接闭合形成新环。目前仅发现 5 种该类型醉茄内酯，均来自 *jaborsa bergii* 地上部分，分别为 jaborosalactols 18~21,23 (**655~659**)[233]，其结构如图 1.19 所示。

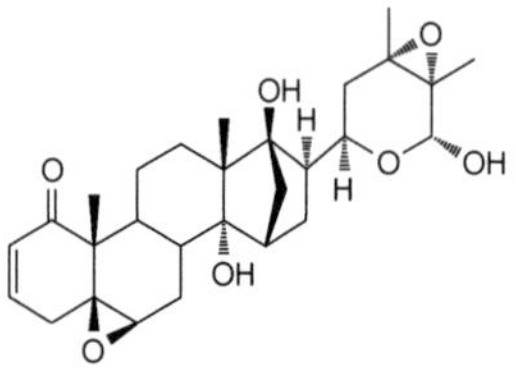

655

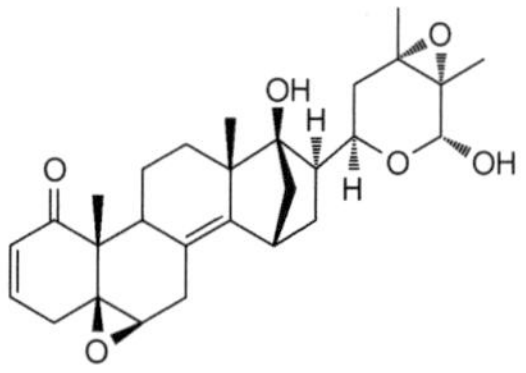

656

657 R=OH
658 R=Cl

659

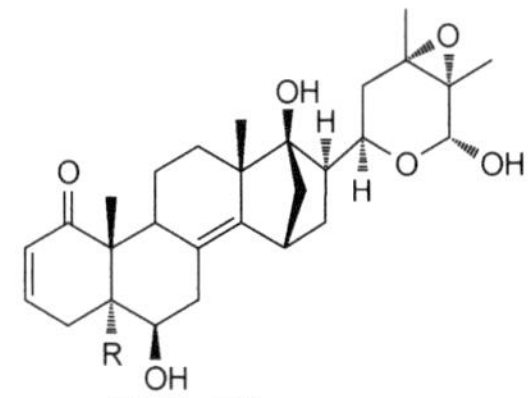

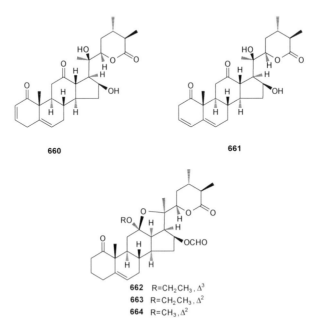

图 1.19　norbornanes 型醉茄内酯化学结构式

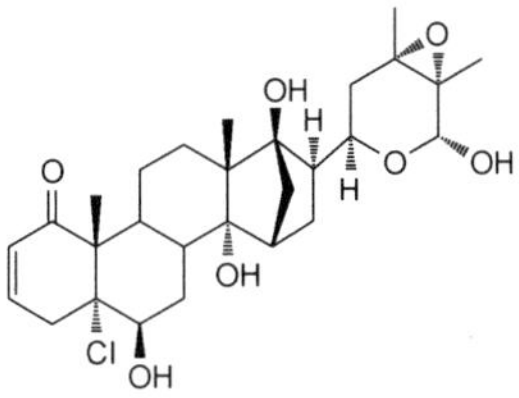

1.2.8　subtriflora-δ-lactones

这类化合物的典型特征是缺少常见的 18-CH_3 的 C-27 骨架化合物，仅在 2003 年报道过从 *deprea subtriflora* 分离到此类化合物 5 个，包括：subtrifloralactones D、E (**660**、**661**)[234], subtrifloralactones H~J (**662~664**)[234]，后期并未见关于此类型化合物的分离更新，结构如图 1.20 所示。

660

661

662　R=CH_2CH_3, Δ^3
663　R=CH_2CH_3, Δ^2
664　R=CH_3, Δ^2

图 1.20　subtriflora-δ-lactones 型醉茄内酯化学结构式

1.2.9 spiranoid-δ-lactones

该型醉茄内酯均具有一个由甾体母核 C-12 和侧链 C-22 形成的醚桥,可能来自 I 型未改变骨架的醉茄内酯,由 C-22 位双氧化底物提供 δ-内酯和半缩醛后,与 12-酮基发生环化形成特殊醚桥。该型醉茄内酯仅有 6 种,且均来自 *jaborosa* 属:jaborosalactones 26~30 (**665~669**)[230], jaborosalactone 43 (**670**)[85],其结构如图 1.21 所示。

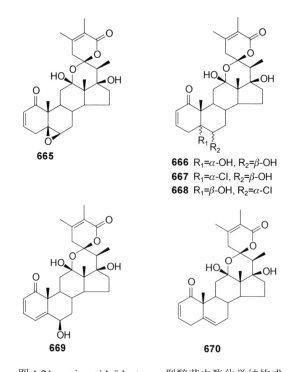

图 1.21 spiranoid-δ-lactones 型醉茄内酯化学结构式

1.2.10 withajardins

此型的醉茄内酯也是目前发现数量较少的一类,其典型特征是 C-21 与 C-25 直接结合,形成一个具有六元碳环的双环内酯侧链。10 种该类化合物分别为:withajardin F、withajardin I (**671**、**672**)[211], tubonolide A (**673**)[27], tuboanosides A、B (**674、675**)[235], withajardin A、withajardin D、withajardin C (**676、677、679**)[236], withajardin B (**678**)[236,237], withajardin E (**680**)[237]。结构如图 1.22 所示。

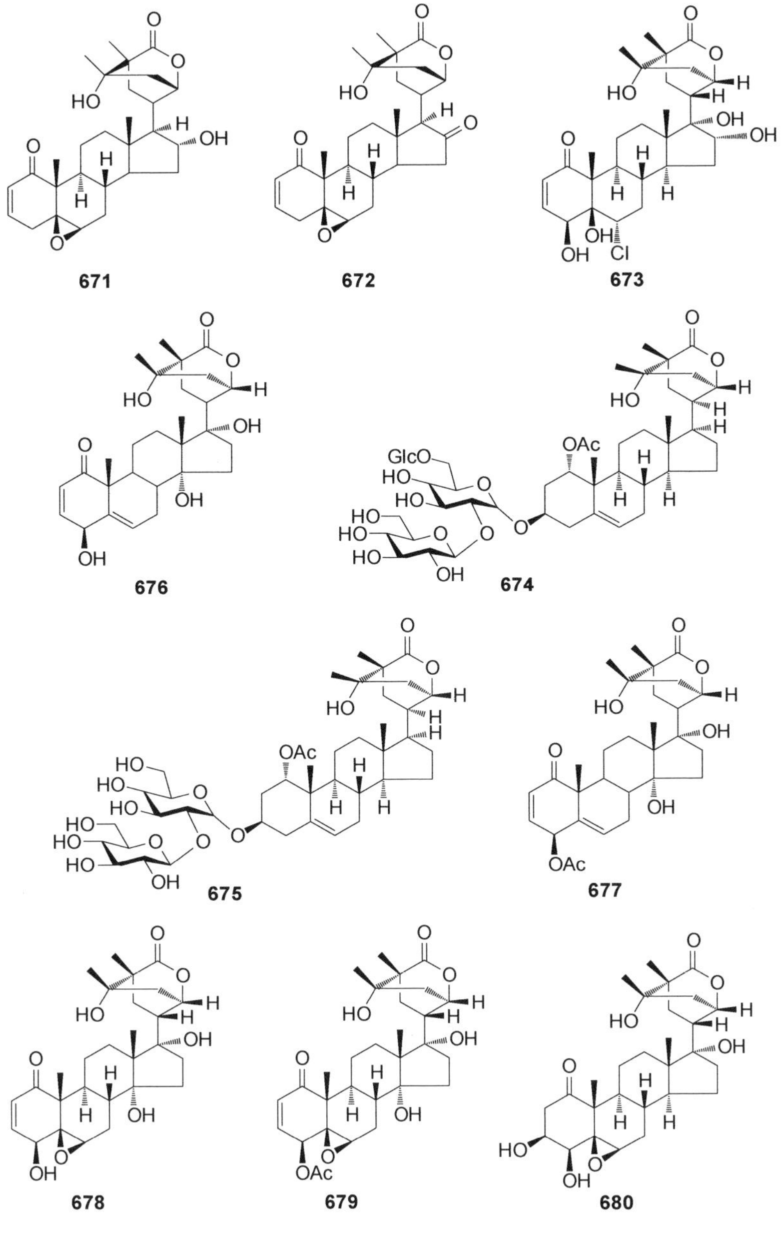

图 1.22　withajardins 型醉茄内酯化学结构式

1.3 其他类醉茄内酯

醉茄内酯结构种类繁多且变化复杂，除了上述类型外，还有许多其他类型化合物在此期间被分离并鉴定出来。2,6-dien：daturmetelides J、S (**681**、**682**)[345]，withacoagin (**697**)[155]，5α,17α-dihydroxy-1-oxo-22R-witha-2,6,24-trienolide (**698**)[48]；3,5-cyclopropane：cilistol p (**683**)[238,363]，cilistol pm、cilistol pl、cilistol u (**684~686**)[238]，physacoztolide F (**704**)[74]，eburneolin B (**714**)[314]；special epoxides：(20S,22R)-3α,6α-epoxy-4β,5β,27-trihydroxy-1-oxowitha-24-enolide (**687**)[121]，withaphysanolide A (**689**)[239]，5,7α-epoxy-6α,20α-dihydroxy-1-oxowitha-2,24-dienolide (**692**)[143]，nicalbin B (**693**)[148]，withaperuvin D、withaperuvin F (**709**、**710**)[69]，taccalonolide Q (**711**)[246]，taccalonolide Y (**712**)[247]，trichoside A (**715**)[321]，daturafolisides L、M (**721**、**722**)[331]；4-ene：paraminabeolide A、paraminabeolide B (**694**、**695**)[242]，withasomidienone [27-hydroxy-3-oxo-(22R)-witha-1,4,24-trienolide] (**696**)[223]，14α,20β-dihydroxy-1-oxowitha-4,6,24-trienolide (**702**)，17α-hydroxy-1-oxowitha-4,6,24-trienolide (**703**)[21]，sinubrasolide L (**713**)[320]，dmetelin B (**718**)[82]，sinubrasolide D (**720**)[329]，daturafoliside R (**723**)[331]，daturmetelide A、daturmetelide B、daturmetelide T、daturmetelide U、daturmetelide O、daturmetelide V、daturmetelide W (**725~731**)[345]；$\Delta^{5,10}$：withalongolides L~N (**699~701**)[29]；five-membered ring A：20β-hydroxy-4-nor-1-oxowitha-2,5,24-trienolide (**705**)[21]，withalongolide F (**706**)[29]，4-nor-5β-formyl-6β-hydroxy-1-oxowitha-24-enolide (**707**)[21]，trichoside B (**716**)[321]；seven-membered ring A：daturafoliside K (**719**)[331]，baimantuoluoline G (**724**)[192]；

others：jaborosalactone 31 (**688**)[230]，ashwagandhanolide (**690**)[240]，

thiowithanolide (**691**)[241]，withaperuvin H (**708**)[197]，physapubescin

G (**717**)[311]，结构如图 1.23 所示。值得一提的是，在这些变化多

样的醉茄内酯中，A 环出现了 5 元和 7 元的较大变化。A 环出现

5 元结构主要是由于：在酸性条件下，醉茄内酯 A 环发生频哪醇

(pinacol)重排反应，消除 C-4，生成不对称 5 元环酮[21]。2018 年，

研究者[331]解释了像 **719** 这种 A 环出现 7 元环的可能生物途径，

如图 1.24 所示。

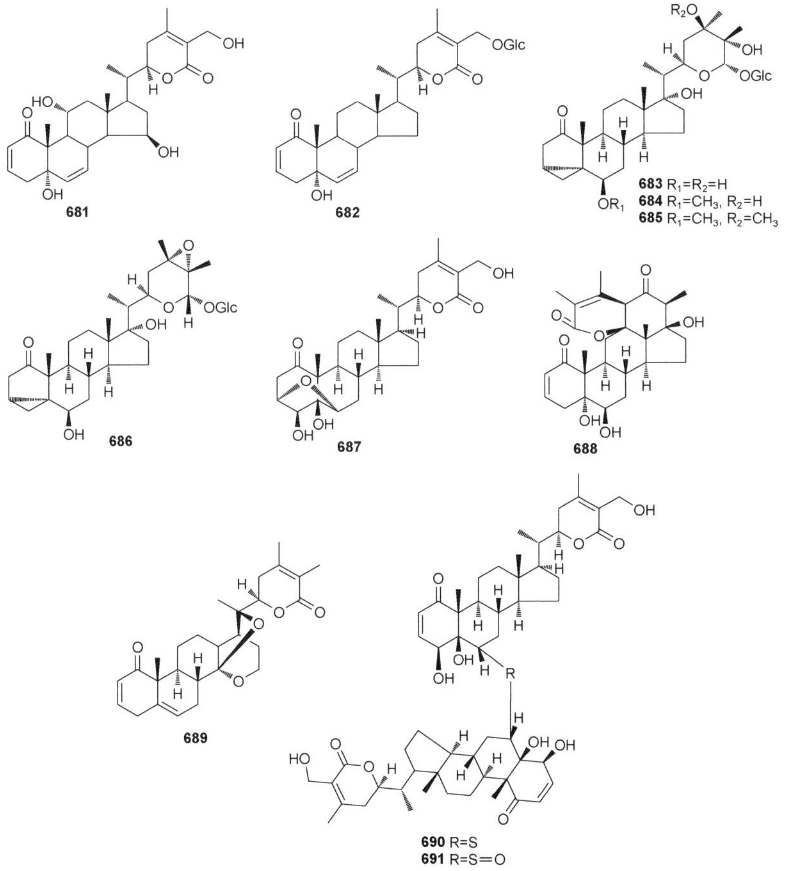

图 1.23

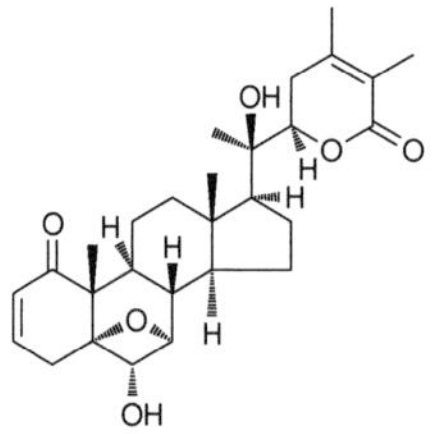

692

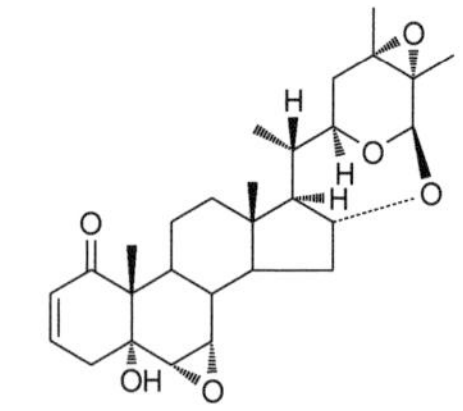

693

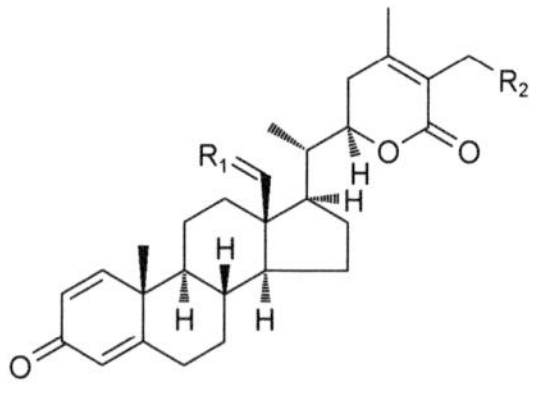

694 R₁=O, R₂=H
696 R₁=H, R₂=OH

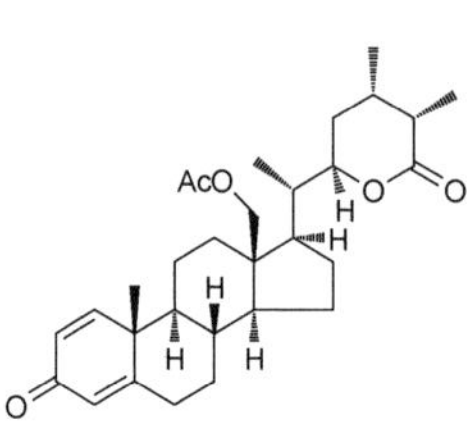

695

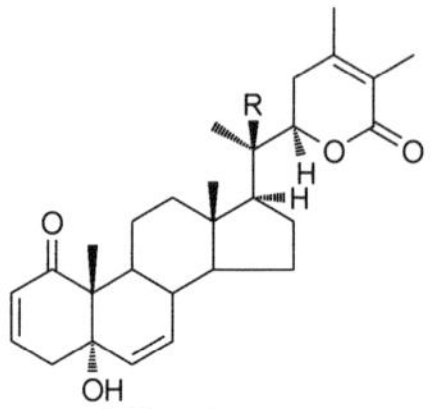

697 R=OH
698 17α-OH, R=H

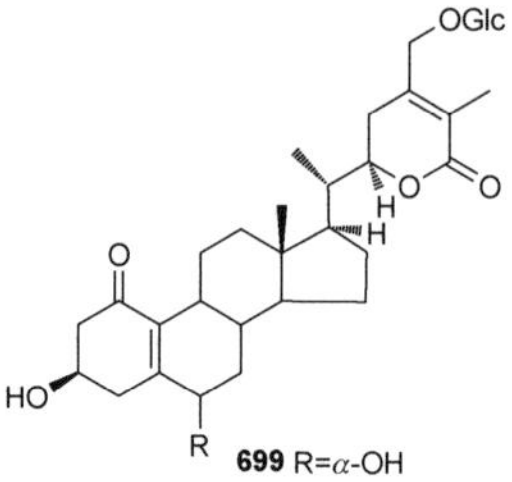

699 R=α-OH
700 R=H

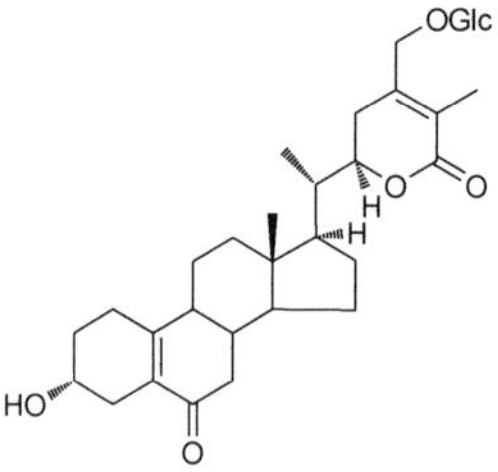

701

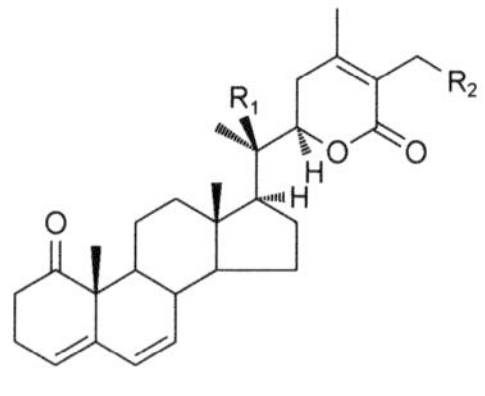

702 14α-OH, R₁=OH, R₂=H
703 17α-OH, R₁=R₂=H
727 3β-OH, R₁=H, R₂=OGlc
728 3α-OH, R₁=H, R₂=OGlc

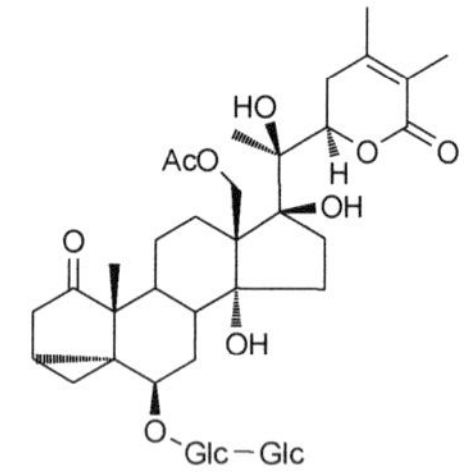

704

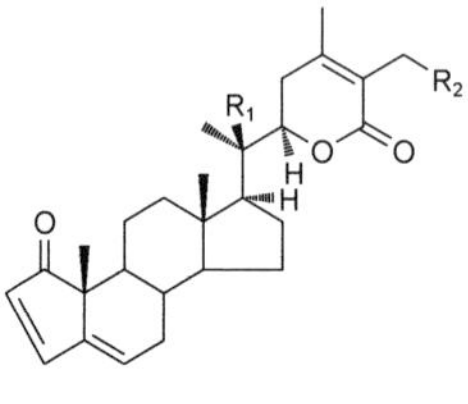

705 R₁=OH, R₂=H
706 R₁=H, R₂=OH

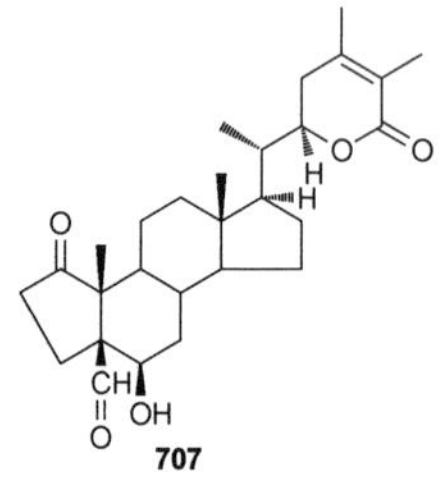

707

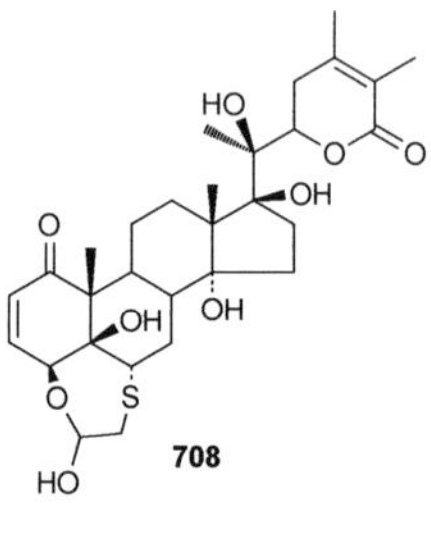

708

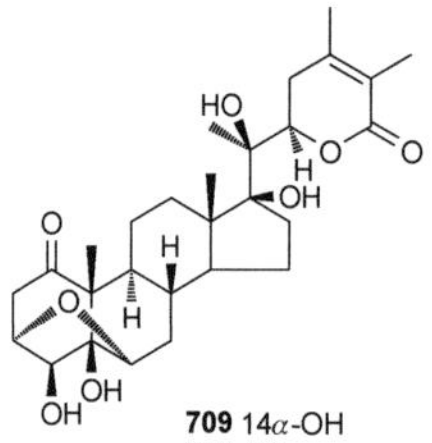

709 14α-OH
710 Δ¹⁴

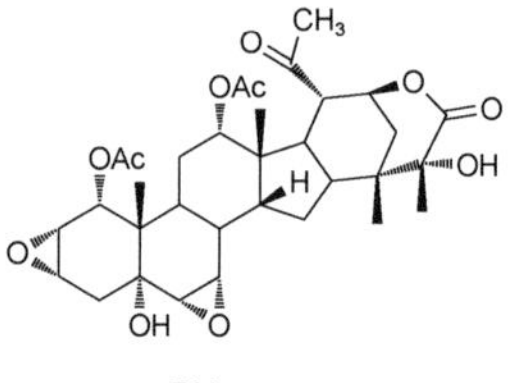

711

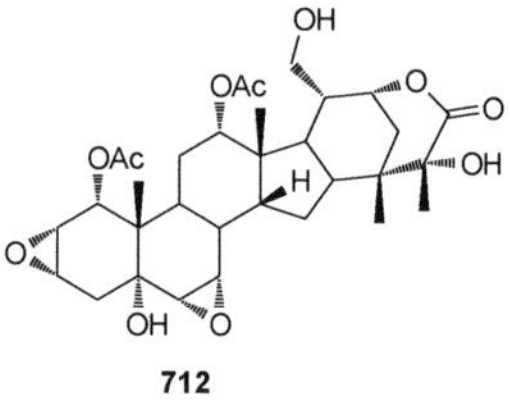

712

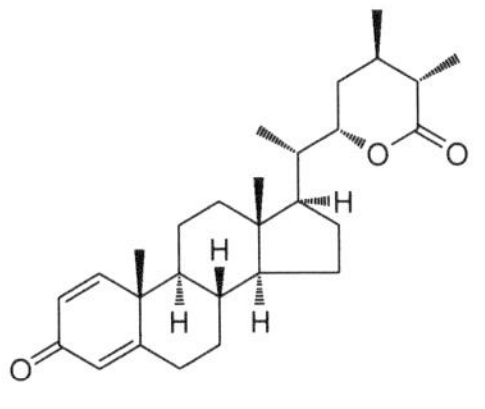

图 1.23 其他类化学结构式

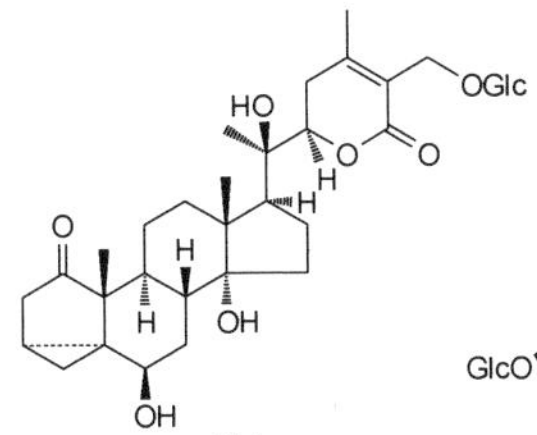

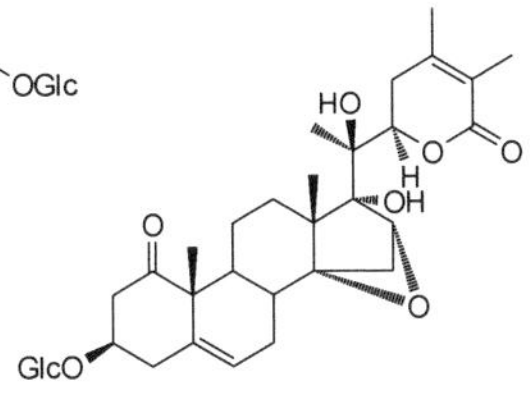

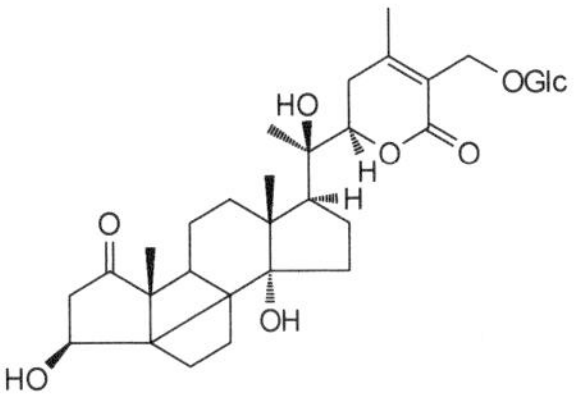

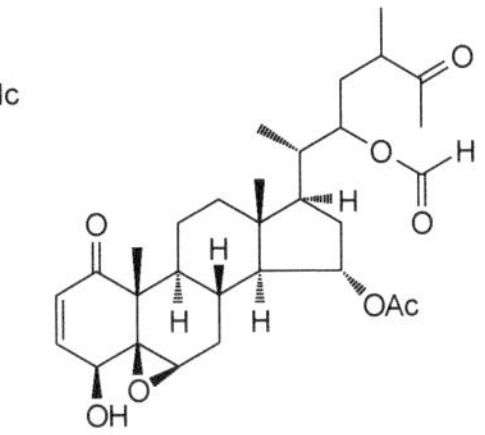

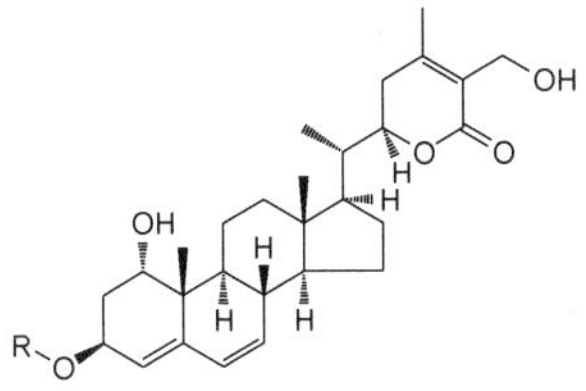

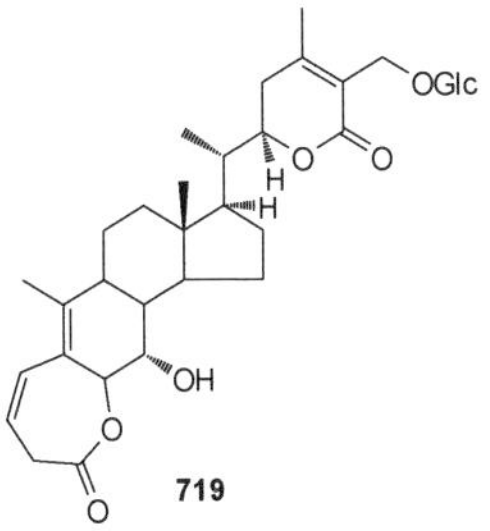

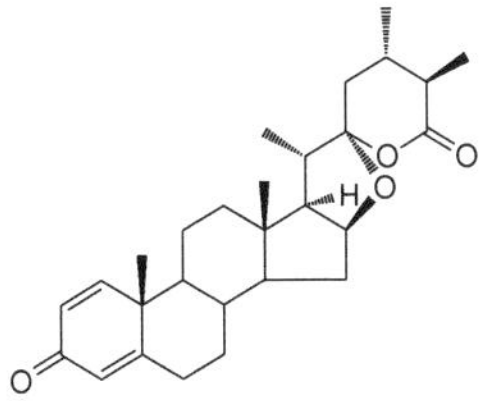

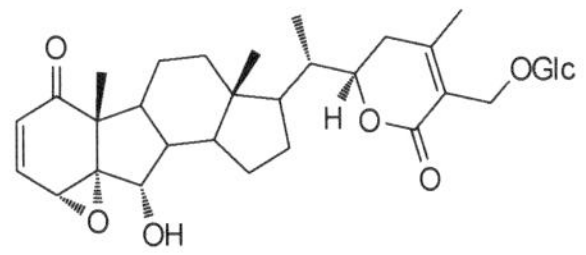

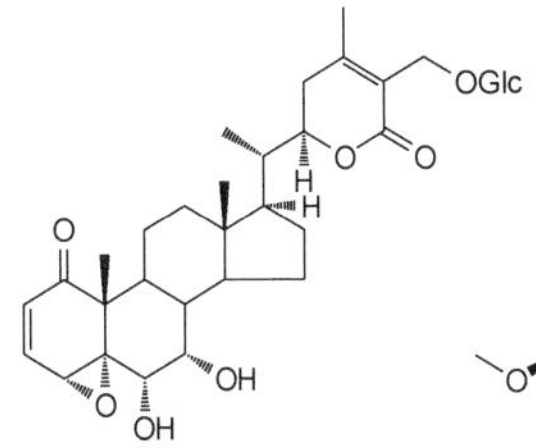

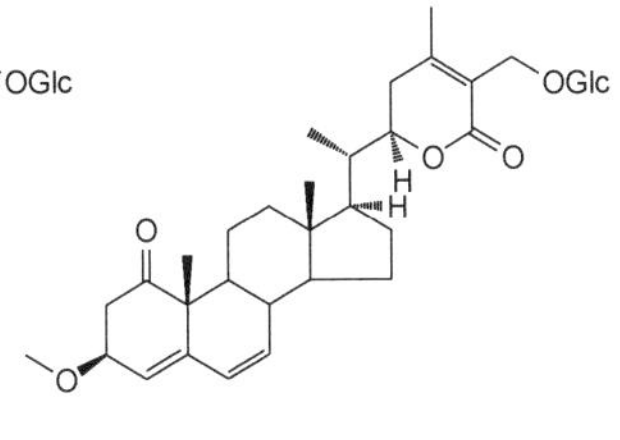

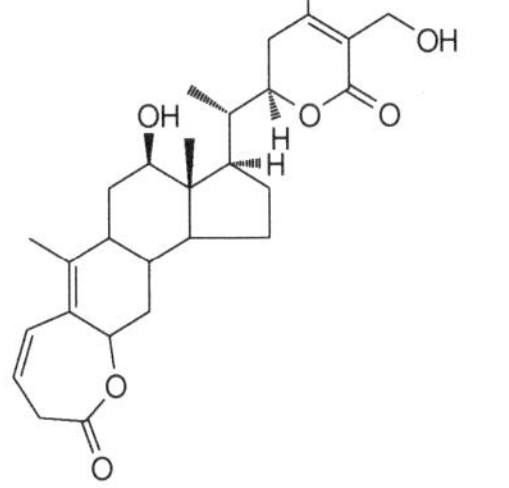

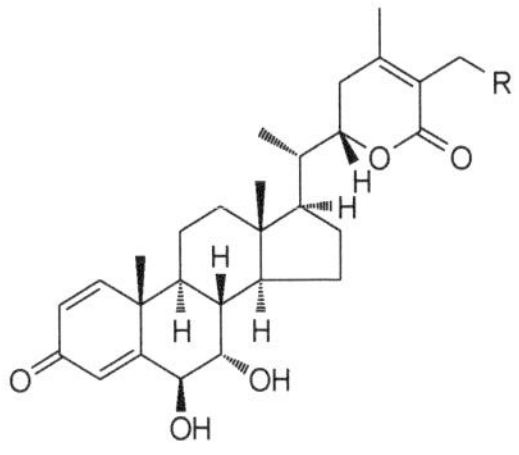

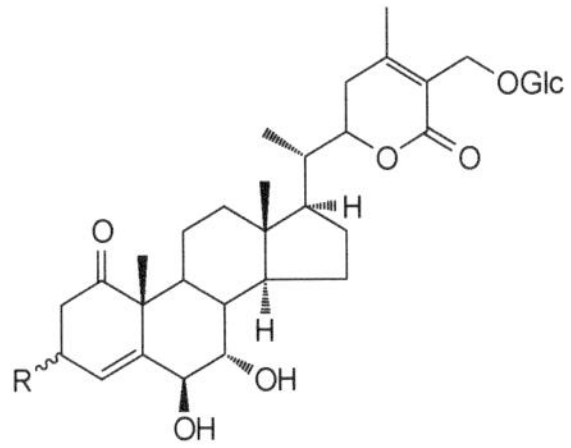

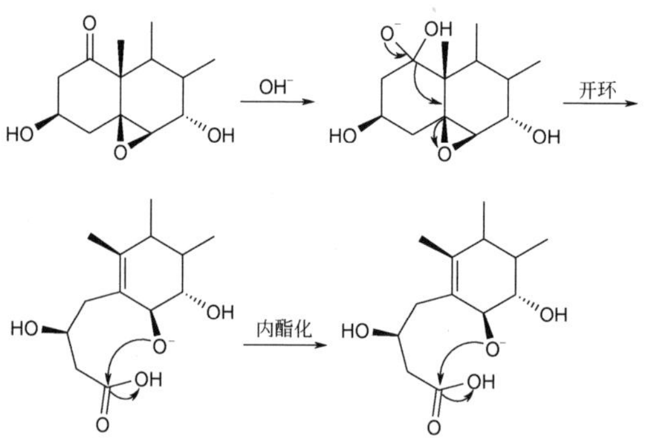

图 1.24 daturafoliside K 可能的生物合成途径

第 2 章

醉茄内酯的波谱学规律研究

经系统的文献查阅和梳理，作者对 2019 年 12 月 31 日前已有文献报道的 731 个醉茄内酯类化合物进行统计，并将分散在文献中的碳谱数据按照化合物结构分类分别整理归纳。由于早期发现的化合物并未进行碳谱检测，且后人未再次得到，或分离得到后亦未检测碳谱等原因，导致部分化合物的数据无法获取，故共计收集了 662 个醉茄内酯类化合物的碳谱数据。环 A/B 结构变化多样导致 I 类醉茄内酯数量占全部类型的 69.6%，远远超过 II 类数量（23.4%），因此，本章将对 I 类醉茄内酯的紫外光谱（UV）、红外光谱（IR）、质谱（MS）、核磁共振氢谱（^{1}H-NMR）以及碳谱（^{13}C-NMR）方面的波谱学特征展开详细讨论。

2.1 UV 和 IR

UV 在确定醉茄内酯分子中的共轭体系、发色团等方面具有独到之处。对于含有 $α, β$-不饱和 $δ$-内酯（$α, β$-unsaturated $δ$-lactone）或 1-酮-2-烯（1-oxo-2-ene）发色团的常见类型醉茄内酯（**189**、**401**等），UV 在 225nm 左右处有最大吸收，因此其可作为该类型的高效液相色谱分析的特征检测波长，如图 2.1 所示。共轭效应和取代基是影响醉茄内酯紫外吸收光谱的两大主要因素。π电子共轭体系的增大，导致π→π*跃迁所需能量降低，λ_{max}红移，最大紫外吸收出现在 222~320nm 处，例如含有芳香环（**607**、**609** 等）或含有 1-酮-2,4-二烯（1-oxo-2,4-dien）结构的内酯（**494**、**554** 等），见表 2.1。

表 2.1　具有特征基团的醉茄内酯 UV 光谱数据

特征基团	化合物	UV(λ_{max})
α, β-不饱和 δ-内酯	**189**	225
	401	225
1-酮-2,4-二烯	**494**	230, 286, 317
	554	226, 312
芳香环	**607**	222, 268, 276
	609	222, 268, 276

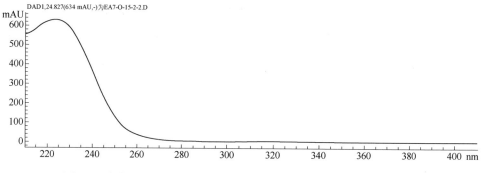

图 2.1　含有 α, β-不饱和 δ-内酯或 1-酮-2-烯结构的醉茄内酯 UV 谱图

　　IR 在醉茄内酯的结构鉴定中主要用于测定含氧官能团，分子中不同种类的化学键也会在 IR 光谱中表现出不同特征的吸收。当醉茄内酯中含有饱和 1-酮结构时，其 C═O 伸缩振动吸收频率在 1715cm^{-1} 左右；如图 2.2 所示，当含有典型的 1-酮-2-烯结构时，C═O 基团与 C═C 键发生共轭，减弱 C═O 的双键特征，降低吸收频率，导致其吸收谱带处在 1700~1670cm^{-1}（大多数在 1675cm^{-1} 左右），

随着共轭链的延长，吸收频率会进一步降低，如 2,4-二烯型；α, β-饱和 δ-内酯（α, β-saturated δ-lactone）基团的 C＝O 吸收谱带出现在 1750~1735cm^{-1} 范围，C—C(＝O)—O 谱带在 1220~1150cm^{-1} 范围内有强的吸收，此吸收带通常比 C＝O 伸缩吸收带更宽、更强；α, β-不饱和 δ-内酯基团由于 C＝O 键的 α 位置的双键共轭会减小 C＝O 吸收频率，使其出现在 1730~1700cm^{-1}（大多数在 1710cm^{-1} 左右），C—C(＝O)—O 伸缩在 1300~1130cm^{-1} 范围内出现多重谱带吸收；羟基的存在则导致吸收频率出现在 3200~3600cm^{-1}[3]，如 **3**、**50**、**96** 等。

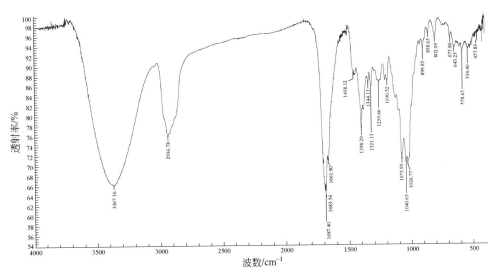

图 2.2　Daturataturin A 的 IR 谱图

2.2　MS

电子轰击质谱(EI-MS)是最早应用于鉴定醉茄内酯的一种质谱方式，能够提供 M^{+}分子离子峰。在电子流轰击下，醉茄内酯常常在 C-20/C-22、C-17/C-20、$C_{1,10}/C_{4,5}$、$C_{5,6}/C_{9,10}$ 和 $C_{13,17}/C_{14,15}$ 处发生裂解。

若醉茄内酯在 C-5 与 C-6 间具有一个环氧基团，则最易在 $C_{6,7}/C_{9,10}$、$C_{7,8}/C_{9,10}$ 处发生断裂。多数醉茄内酯具有 α, β-不饱和 δ-酮结构，EI-MS 则在 m/z 125 处提供了一个特征性基础峰，这是由于 C-20/C-22 键断裂以及环 B 裂解产生的，因此，可根据此特征峰确定 α, β-不饱和 δ-酮结构片段的存在，如图 2.3 所示。然而，在 δ-内酯侧链中有一个羟基基团时，EI-MS 谱图中则会出现 m/z 141 ($C_7H_9O_3$) 碎片离子峰，如图 2.3 所示。20-OH 的存在会产生 m/z 169 的碎片离子峰，这是由于 C-17 与 C-20 的化学键断裂产生的。碎片离子峰 m/z 68 则被认为是由 $C_{1,10}/C_{4,5}$ 发生断裂产生的。对于 20β-羟基-$24\alpha,25\alpha$-环氧醉茄内酯来说，4-OH 或 4-OAc 将导致 $C_{5,6}/C_{9,10}$ 间的键裂解，对应产生 m/z 126 和 168 碎片离子峰。此外，当侧链中存在环氧基团时，C-17/C-20 与 C-20/C-22 间的键断裂分别产生 m/z 169 和 141 的碎片离子峰。

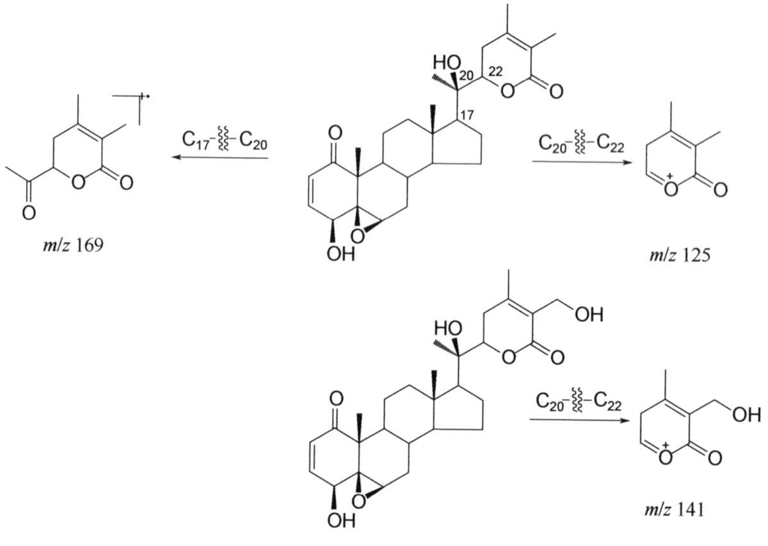

图 2.3 EI-MS 下的裂解途径

电喷雾电离质谱（ESI-MS）现已广泛应用于醉茄内酯结构与碎片间的关系研究[268]。ESI-Q-TOF-MS/MS 正离子模式提供的离子峰多以[M+H]$^+$、[M+NH$_4$]$^+$或[M+Na]$^+$形式存在[84,267]，负离子模式下醉茄内酯的离子峰则多以[M-H]$^-$、[M+COOH]$^-$形式存在[96,345]。通常，C-4、C-5、C-17、C-20、C-27 位的羟基及 C-5 与 C-6 间的环氧可被用来推测其特征碎片裂解途径，一系列有关失去水分子的信号，都有力地证明了羟基的存在。ESI-CID-MS/MS 能够提供一个质子化分子离子峰[M+H]$^+$，其主要途径反映在两方面：一是去除 C-17 侧链，得到[M+H-lactone]$^+$；二是失去至少三分子的 H$_2$O。然而，含有27-OH 的醉茄内酯具有与众不同的裂解途径，碎片离子峰为 m/z 95和 67，这是由于 C-17/C-20 键断裂产生的[268]。由于灵敏度高、选择性好，LC/IT-MS 在分析复杂植物提取物时具有重要作用。对于含有 20-OH 的醉茄内酯来说，利用 LC/IT-MS 分析碎片离子峰，表明失去多倍的水分子，同时提供一个离子峰 m/z 169[84]。如图 2.4与图 2.5 所示，描述了同一化合物 withaferin A 在不同质量分析器上的裂解途径。

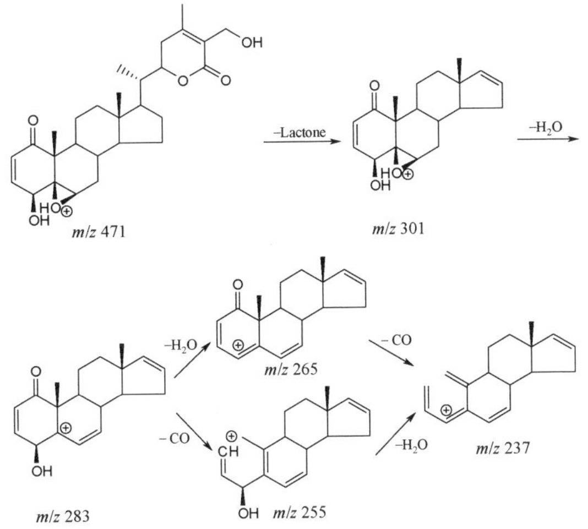

图 2.4　withaferin A 的 ESI-Q-TOF-MS/MS 裂解途径

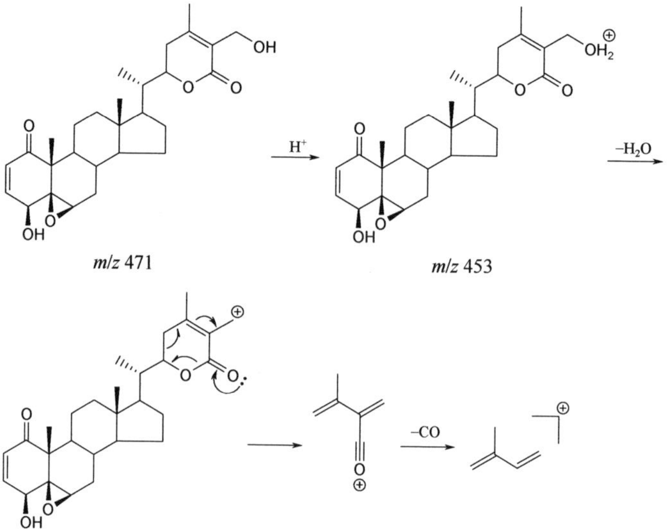

图 2.5　withaferin A 的 ESI-IT-MS/MS 裂解途径

2.3　NMR

2.3.1　^{1}H-NMR

在醉茄内酯的 ^{1}H-NMR 谱中，不同的溶剂对其位移值会产生一定的影响，但是对于峰型及偶合常数没有影响。从目前整理收集的数据来看，对于苷元，CDCl$_3$ 常作为主要核磁共振测试溶剂，使用率约占 57%，主要是因其具有较好的溶解性、挥发性，残留溶剂峰（δ 7.26）不会干扰样品的信号峰，且价格低廉；其次是 C$_5$D$_5$N 和 CD$_3$OD，使用率各占 22% 和 14% 左右；DMSO 虽溶解性较好，但因其黏度大、样品难回收等问题，使用率仅约占 6%。对于苷，由于其极性较大，常以 CD$_3$OD 和 C$_5$D$_5$N 作为测试溶剂，使用率各占 46% 和 43% 左右；CDCl$_3$ 使用率约占 5%；DMSO 的使用情况与苷元一致，使用率仅占约 6%。基于文献报道和本课题组长期研究成果累积，我们在明确测试溶剂的前提下，针对醉茄内酯的 ^{1}H-NMR，根据甲基位置以及变化多样的环 A/B 和具有典型特征的环 C 结构，进行了系统叙述和详细的规律探讨。

2.3.1.1　甲基的特征

通常，在醉茄内酯的基本母核中，共有五个甲基：与双键相连的两个甲基（27-CH$_3$ 和 28-CH$_3$），甾体母核上的两个角甲基（18-CH$_3$ 和 19-CH$_3$），一个与 CH 相连的甲基（21-CH$_3$）。在 ^{1}H-NMR 谱中，从峰形上看，应该出现积分值为三个质子的四个单峰（s 峰）和一个双峰（d 峰）。27-CH$_3$ 和 28-CH$_3$ 因与双键相连，由于双键产生的磁各向异性效应导致氢质子处在所有甲基中的最低场，其位移值约在 δ 1.70~2.10。18-CH$_3$ 处于最高场，化学位移值约在 δ 0.69~1.45 处。12-OH 对 18-CH$_3$ 的位移值没有明显影响，可能是 12-OH 距离 18-CH$_3$ 较远，羟基诱导效应减弱。H-19 与 H-21 的化学位移值在 H-18 与 H-27 的化学位移值之间。根据文献报道[132]，21-CH$_3$ 的相对构型主要通过 H-17 与 H-20 之间的偶合常数，以及 H-20/CH$_3$-18 与 CH$_3$-21/H-12 的 ROESY 或 NOESY 谱来确定。若 C-20 位被羟基取代，21-CH$_3$ 将以一个 s 峰的形式出现在 δ 1.23~1.42 处，如化合物 **50**、**96**、**97** 等；若 C-20 位没有取代基，21-CH$_3$ 将以一个 d 峰形式出现在 δ 0.9~1.20 处，如化合物 **54**、**132**、**133** 等。以上所有规律描述是 CDCl$_3$ 或 CD$_3$OD 作为溶剂的前提情况。另有文献报道[63]，C$_5$D$_5$N 是能够与羟基基团结合形成一个弱的氢键的溶剂，从而影响其相邻质子的化学位移值，因此具有 20-OH 的化合物的 21-CH$_3$ 化学位移值在 C$_5$D$_5$N 溶剂中将会比在其他溶剂中增加 δ 0.2~0.3，如化合物 **34**、**52** 等。

通常，醉茄内酯基本母核上的一个或两个甲基上的氢很容易被含氧基团取代。根据 ^{1}H-NMR 谱中出现的甲基数目和峰型裂分模式，有助于判断和确定化合物的结构类型。例如，^{1}H-NMR 谱中表现出四个甲基峰，则可推断醉茄内酯的一个甲基被氧化取代，若进一步观察到在低场 δ 4.0~5.0 处有两个 d 峰，这预示着 27-CH$_3$ 可能被氧化取代；当 ^{1}H-NMR 谱中只有三个甲基信号且没有呈 d 峰的甲基信号时，意味着 21-CH$_3$ 和 27-CH$_3$ 同时被氧化取代。值得注意的是，若 21-CH$_3$ 被羟基氧化取代，H-21 会表现出两个明显的双二重峰（dd 峰），分别出现在 δ 3.85~3.95 和 δ 3.75~3.85 处。

2.3.1.2 各环的特征

（1）环 A/B

醉茄内酯结构的复杂多变常体现在 A/B 环上，约有 42% 的醉茄内酯具有 1-酮-2-烯-4-亚甲基（1-oxo-2-ene-4-methylene）结构片段（见图 2.6）。在此，我们主要讨论具有此结构片段的 A/B 环特征。在溶剂为 CDCl$_3$、DMSO 或 CD$_3$OD 时，由于共轭烯烃的存在使 H 上的电子云密度减小，导致 H-2 和 H-3 处于整个 ^{1}H-NMR 谱的最低场。H-2 在 δ 5.60~6.00 处呈现一个 dd 峰，其偶合常数为 10.0~10.5Hz、2.0~3.0Hz；H-3 被观察到在 δ 6.50~7.00 处呈现 ddd 峰，其偶合常数分别为 10.0~10.5Hz、4.5~7.0Hz 和 2.0~3.0Hz（见图 2.7）。当 C$_5$D$_5$N 作为溶剂时，H-2 出现在 δ 6.10~6.15，对于 H-3 的化学位移值则没有太大影响。

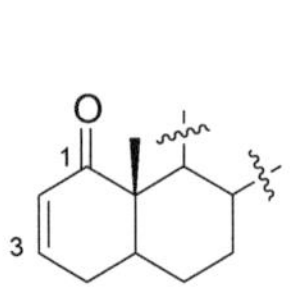

图 2.6　1-酮-2-烯-4-亚甲基结构

对于 1-酮-2-烯-4-亚甲基-5α,6β-二羟基结构片段上的 H$_2$-4，部分文献并没有确定其相对构型，在结构解析时，C-4 上的两个氢分别用 4a 与 4b 表示。但由于二者所处化学环境不同，会出现 H-4α 的位移值小于 H-4β 情况，可以确定 4a 应是 H-4β 构型，4b 是 H-4α

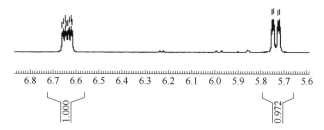

图 2.7　1-酮-2-烯-4-亚甲基结构的 ¹H-NMR 谱中 H-2 和 H-3 特征

构型。当溶剂为 CDCl₃ 或 DMSO 或 CD₃OD 时，H-4a 共振范围在 δ
2.95~3.25，其偶合常数分别约为 20.0Hz 和 2.5Hz，呈 dt 峰；H-4b
则以 dd 峰的形式出现在 δ 1.90~2.10 范围内，其偶合常数分别约为
20.0Hz 和 5.0Hz（图 2.8），典型的化合物包括 **394、396、403、405、
416、421** 等，如表 2.2 所示。在这里，我们需要指出的是化合物 **407**
的 H-4b 偶合常数数值应该有误，文献中给出的结果是 δ 1.81（dd，
J = 4.7, 2.0Hz）。C₅D₅N 作为溶剂时，其对 H₂-4 化学位移值产生很
大影响：H-4a 和 H-4b 分别出现在 δ 3.70~3.85 和 δ 2.35~2.45。

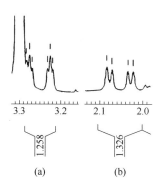

图 2.8　1-酮-2-烯-4-亚甲基-5α,6β-二羟基结构的 ¹H-NMR 谱中 H₂-4 特征峰
（a）H-4β；（b）H-4α

有部分文献明确了 C-4 上两个 H 的相对构型，根据 H₂-4 (H-4α
和 H-4β)的化学位移值可以区分并判断 5,6-环氧的立体构型。通
常，H-4α 和 H-4β 分别以 dd 峰、dt 峰相继出现在 δ 1.90~1.95 和 δ
2.90~3.00 处，这预示着 5β,6β-环氧基团存在，如化合物 **8**、**9** 和

13 等，在醉茄内酯的衍生物中常常发现一个特征性质子 dd 峰出现在 δ 3.70~3.80 ($J_{3,4\alpha} \approx 6.0$Hz) (CDCl$_3$)或 δ 4.00~4.05 ($J_{3,4\alpha} \approx 6.0$Hz) (C$_5D_5$N)，这是 1-酮-2-烯-4$\beta$-羟基-5$\beta$,6$\beta$-环氧系统的特征信号；若 H-4$\alpha$ 和 H-4β 分别以 dd 峰、dt 峰相继出现在 δ 1.80~2.02 和 δ 3.05~3.15，则预示着 5α,6α-环氧基团的存在，如化合物 **385**、**386**、**387** 等。

表 2.2　1-酮-2-烯-4-亚甲基-5α,6β-二羟基中 H-4 的 ^{1}H-NMR 数据

编号	H-4a/H-4β	H-4b/H-4α
392[①]	3.72dt (20.1, 2.1)	2.37dd (20.1, 5.0)
393[①]	3.72dt (20.0, 2.0)	2.36dd (20.0, 5.0)
394[②+③]	3.21dt (19.8, 2.3)	2.02dt (19.8, 5.0)
396[②]	3.13dt (19.6, 2.4)	2.00dd (19.6, 5.0)
397[①]	3.80dt (19.6, 2.4)	2.45dd (19.6, 5.0)
403[④]	3.25dt (19.8, 2.7)	2.05dd (19.8, 5.1)
406[①]	3.84dt (20.0, 2.0)	2.37dd (20.0, 5.0)
412[①]	3.74dt (19.8, 2.2)	2.37dd (19.8, 5.2)
415[③]	3.09dt (20.0, 2.5)	1.94dd (20.0, 5.0)
416[③]	3.10dt (20.0, 2.0)	1.93dd (20.0, 5.0)
421[④]	3.23dt (20.0, 2.4)	2.04dd (20.0, 5.2)

① 试剂为氘代吡啶。
② 试剂为氘代三氯甲烷。
③ 试剂为氘代二甲基亚砜。
④ 试剂为氘代甲醇。
注：H-4a 为 H-4β；H-4b 为 H-4α

对于 5α-羟基-6α,7α-环氧的醉茄内酯，如 **322**、**333** 和 **334** 等，H-4α 以 ddd 或 dd 峰的形式出现在 δ 2.40~2.60，H-4β 以 ddd 峰或 dd 峰或 m 峰的形式出现在 δ 2.65~2.80。1-酮-2-烯-4-亚甲基（1-oxo-2-ene-4-methylene）的醉茄内酯存在 5-烯时，H-4α 和 H-4β 分别出现在 δ 2.70~2.90 和 δ 3.20~3.35 处，如 **160**（表 2.3）。

表 2.3　5β,6β-环氧型、5α,6α-环氧型、6α,7α-环氧型、5-烯型结构的 ^{1}H-NMR 数据

编号	4α	4β
5β,6β-环氧型		
8[-]	1.95dd (19.2, 5.0)	2.98dt (19.2, 2.7)
9[②]	1.90dd (19.0, 6.0)	2.98dt (19.0, 2.5)
13[①]	1.92dd (19.0, 6.0)	2.98dt (19.0, 2.0)
2,5-二烯型		
160[②]	2.89m	3.32m
6α,7α-环氧型		
322[②]	2.55dd (18.7, 4.8)	2.70ddd (18.7, 2.3, 2.1)
333[②]	2.52ddd (19.0, 5.0, 1.0)	2.68ddd (19.0, 2.8, 2.4)
334[②]	2.53dd (18.7, 5.1)	2.70ddd (18.7, 2.5, 2.2)
5α,6α-环氧型		
386[-]	1.85dd (19.5, 5.0)	3.08dt (19.4, 2.3)
387[-]	1.85dd (19.5, 5.0)	3.12dt (19.5, 2.3)

① 试剂为氘代吡啶。
② 试剂为氘代三氯甲烷。
注：“-”指试剂在文献中无记载。

　　对于 3,5-二烯醉茄内酯，如 **203~223**，由于 3、4 位和 5、6 位形成共轭双键，所以 H-3 较 H-4 位于高场，且与 H-2、H-4 偶合，化学位移约为 δ 5.60。H-4 与 H-2、H-3 偶合，化学位移约为 δ 6.10。H-6 所处化学环境与 H-3 相似，化学位移约为 δ 5.70。

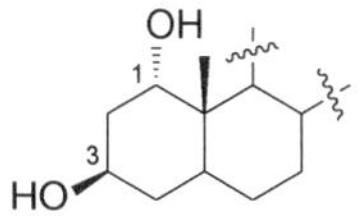

图 2.9　1α,3β-二羟基结构

　　在醉茄内酯中出现的 1,3-二羟基（1,3-dihydroxy）常为 1α,3β-二羟基（见图 2.9），如 **250~252** 和 **262** 等。CD$_3$OD 作为溶剂时，H-1 在 δ 3.80 左右会出现一个宽单峰，其 $W_{1/2} \approx 5.5$Hz；H-3 构型可

通过 δ 3.90 左右处的 m 峰 $W_{1/2} \approx 20.0\text{Hz}$ 进行判断确定。以化合物 **250** 与 **262** 为例，比较溶剂对 H-1 和 H-3 的影响，C_5D_5N 为溶剂，会使 H-1 和 H-3 的化学位移值分别增大 0.30 和 0.78。

在含有 7-OH 的醉茄内酯中，其 7-OH 有两种构型：7α-OH（如 **155**、**169**、**176** 等）和 7β-OH（如 **156**、**186**、**189** 等），且二者可通过 H-7 的偶合常数加以区分。在 ^{1}H-NMR 谱中，当取向的 H-7 处于 e 键上（β-构型）才可能具有较小的偶合常数 3.0~5.5Hz，反之当取向的 H-7 处在 a 键上（α-构型）时，偶合常数一般为 7.0~9.0Hz。

（2）环 C

环 C 常出现 12-OH 取代，偶见 11-OH 和 12-酮基（12-oxo）取代。不同构型的羟基对周边的化学环境产生的影响不同，据此可判断羟基构型。

C-12 是否存在羟基可以根据 H-12 在 ^{1}H-NMR 谱中的化学位移值、偶合裂分模式以及偶合常数进行判断，同时也可判断 12-OH 的相对构型。当溶剂为 CD_3OD 或 $CDCl_3$ 时，若 12-OH 为 α-构型，H-12 和 C-11 上的两个氢产生 ae 和 ee 偶合，H-12 以明显的 br.s（宽单）峰形式出现在 δ 3.90~4.10，如化合物 **162**、**324**、**440** 和 **442** 等；若 12-OH 为 β-构型，H-12 和 C-11 上的两个氢产生 aa 和 ae 偶合，H-12 以 dd 峰形式出现在 δ 3.35~3.80，其偶合常数分别为 11.0~11.5 Hz 和 4.0~4.5Hz（见图 2.10），如化合物 **323**、**331**、**404**、**420**、**574** 和 **575** 等。当 C-12 和 C-14 均无取代时，若溶剂为 CD_3OD 或 C_5D_5N，H-12α 以 m 峰形式出现在 δ 1.05~1.45，H-12β 以 m 峰形式出现在 δ 1.55~2.10；溶剂为 $CDCl_3$ 时，H-12α 以 m 峰形式出现在 δ 1.45~1.65，H-12β 则以 m 峰形式出现在 δ 1.70~1.95。对比化合物 **323** 与 **324** 的 C-12 位移值可以看出：含有 12β-OH 构型的 **323**，其 H-12 化学位移值明显小于含有 12α-OH 的差向异构体 **324** 的 12-H（表 2.4）。

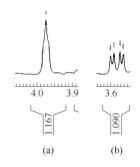

图 2.10　12-OH 在 ¹H-NMR 谱的峰型及立体构型结构
（a）12α-OH；（b）12β-OH

表 2.4　C-12 位取代的特征性 ¹H-NMR 数据

编号	54[①]	160[①]	206[①]	323[②]	324[②]	384[①]	440[①]
11α	2.02m	3.20dd (17.5, 5.8)	2.85t (12.4)	2.84dt (13.0, 3.5)	2.86dt (14.4, 3.2)	3.09dd (12.5, 5.0)	2.40m
11β	1.41m	2.56dd (17.5, 11.9)	2.75~2.81m	1.22~1.27m	1.58~1.63m	2.55t (12.5)	1.70m
12β	1.80m			3.39dd	3.97br.s		3.96br.s
12α	1.64m			(11.0, 4.5)			

① 试剂为氘代三氯甲烷。
② 试剂为氘代甲醇。

与 C-12 位不含取代基团的化合物（如 **54**）相比，含有 12-oxo 结构的 C-11 上的两个氢分别向低场移动 0.8~1.2 和 1.1~1.5，如化合物 **160**、**206** 和 **384** 等。导致这种变化的主要原因是：酮基产生的强诱导效应。另外，由于 18-CH₃ 和 19-CH₃ 的供电子效应，导致双重 γ-效应使 11β-H 质子的电子云密度增加，因此在 ¹H-NMR 谱中位移值 11α-H>11β-H。

2.3.2　¹³C–NMR

前面已经探讨了 ¹H-NMR 可以判断醉茄内酯氢原子的位置，并间接推断其结构片段。实际上，碳骨架是所有有机化合物分子建立的基础，通过已知化合物 ^{13}C 数据推断已知或新化合物的碳归属是最简单直接的方式，所以适当的模型化合物的 ^{13}C-NMR 数据是非常有价值的。虽然，大量的醉茄内酯都进行了 ^{13}C-NMR 谱测试分析，但其数据均分散在不同文献中。在收集大量 ^{13}C-NMR 数据的基础上，下面探讨环氧（-epoxy）、酮基（-oxo）、羟基（-OH）基团的存在与否及其位置对于醉茄内酯 ^{13}C-NMR 数据的影响。

2.3.2.1　环氧基团的影响

在醉茄内酯结构中经常出现环氧基团，其常见位置有 5β,6β-环氧型、5α,6α-环氧型、6β,7β-环氧型、6α,7α-环氧型、16β,17β-环氧型、16α,17α-环氧型、2α,3α-环氧型和 24α,25α-环氧型，见图 2.11。除了 16,17-环氧型醉茄内酯的化学位移值略有不同以外，其他被环氧基取代的碳化学位移值通常在 δ 50.0~65.0 范围内，见表 2.5。

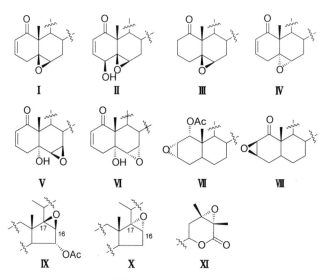

图 2.11　醉茄内酯中常见不同环氧结构

表 2.5　不同位置环氧基团的化学位移值

环氧基团常见位置	特　征	不同环氧结构图
5β,6β-环氧型	C-5: δ 61.5 左右; C-6: δ 61.5~64.5; C-4: δ 33.0 左右; C-7: δ 26.0~31.0; C-19: δ 15.0 左右	I
	C-5: δ 65.0 左右; C-6: δ 60.0	II、III
5α,6α-环氧型	C-5: δ 65.0 左右; C-6: δ 60.0	IV
6β,7β-环氧型	C-6: δ 57.0 左右; C-7: δ 57.0 左右	V
6α,7α-环氧型	C-6: δ 57.0 左右; C-7: δ 57.0 左右	VI
2α,3α-环氧型	C-2: δ 51.0 左右; C-3: δ 55.0 左右	VII
2β,3β-环氧型	C-2: δ 55.0 左右; C-3: δ 55.0 左右	VIII
16β,17β-环氧型	C-16: δ 59.0 左右; C-17: δ 76.0 左右	IX
16α,17α-环氧型	C-16: δ 61.0 左右; C-17: δ 71.0 左右	X
24α,25α-环氧型	C-24、C-25: δ 61.0~65.0	XI

（1）5,6-环氧型　α-或 β-构型对 C-5、C-6 的化学位移值有轻微影响，对周边位置碳信号的化学位移值几乎无影响。带有 1-酮-2-烯-4-亚甲基-5β,6β-环氧的醉茄内酯，其 C-5 和 C-6 化学位移分别出现在 δ 61.5 左右和 δ 61.5~64.5，C-4 出现在 δ 33.0 左右，C-7 出现在 δ 26.0~31.0，C-19 出现在 δ 15.0 左右，如化合物 **7**、**9**、**10** 和 **11** 等；4-OH 的存在会使 C-5 向低场移动，出现在约 δ 65.0 处，C-6 出现在 δ 60.0 左右（如 **96**），这种情况与具有 1-酮-2,3,4-三亚甲基-5β,6β-环氧结构（如 **1**、**3**、**4** 等）或 1-酮-2-烯-4-亚甲基-5α,6α-环氧结构（如 **385~387** 等）的醉茄内酯相似。对比化合物 **96** 与 **97**，由于羟基的吸电子效应强于甲氧基，化合物 **97** 的 C-5 受此影响而向高场移动 2.7。若 C-7 被含氧基团取代，则导致与 C-5 相比，C-6 向低场移动，如化合物 **384**，这是因为在诱导效应中 α-效应强于 β-效应，数据见表 2.6。

（2）6,7-环氧型　6,7-环氧构型对 C-6 和 C-7 化学位移影响微弱，如化合物 **324** 具有 5α-羟基-6α,7α-环氧结构，C-6 和 C-7 的化学位移值出现在 δ 57.0 左右，与含有 5α-羟基-6β,7β-环氧结构的化合

物 **390** 相似。但也有些化合物的 C-6 位化学位移值较 C-7 位大 2.0 左右，如化合物 **312-321**，数据见表 2.6。

（3）2,3-环氧型　2α,3α-环氧结构常与 6α,7α-环氧结构同时存在，当 C-1 被乙酰氧基（-OAc）取代时，C-2 和 C-3 碳信号分别出现在 δ 51.0 和 δ 55.0 处左右，如 **315~321**；1-酮-2β,3β-环氧-4-亚甲基结构中，由于酮基的吸电子诱导效应强于乙酰氧基，所以 C-1 对 C-2 影响很大，使 C-2 出现在 δ 55.0 处左右，与此同时，C-3 将向低场移动约 1.0，如 **105**、**106**，数据见表 2.6。

表 2.6　5,6-环氧、6,7-环氧、2,3-环氧结构的 ^{13}C-NMR 数据

类型	5,6-环氧			6,7-环氧			2,3-环氧			
编号	**96**[②]	**97**[②]	**384**[②]	**324**[③]	**390**[②]	**315**[①]	**316**[②]	**317**[②]	**105**[②]	**106**[③]
C-1	209.6	210.7	202.0	206.0	203.0	72.4	71.7	71.3	206.9	209.7
C-2	33.8	33.5	128.7	129.5	129.0	51.6	51.5	50.8	54.9	55.6
C-3	25.7	26.1	142.2	142.4	139.6	55.5	55.0	54.9	55.8	56.2
C-4	75.6	72.4	33.7	38.0	36.0	33.1	32.6	32.3	74.6	35.4
C-5	64.8	62.1	61.5	74.9	73.2	70.3	70.1	69.8	64.0	64.2
C-6	60.4	61.7	63.7	57.2	56.3	56.6	56.2	56.2	59.6	61.9
C-7	29.3	29.4	68.0	57.0	57.1	54.2	54.1	53.5	29.6	27.2

① 试剂为氘代吡啶。

② 试剂为氘代三氯甲烷。

③ 试剂为氘代甲醇。

（4）16,17-环氧型　当 16β,17β-环氧结构具有 15-OAc 时，C-16 和 C-17 分别出现在 δ 59.0 和 δ 76.0 处左右(C_5D_5N)，如 **13**、**414**；当 16α,17α-环氧时，C-16 和 C-17 分别出现在 δ 61.0 和 δ 67.0 左右（$CDCl_3$），如 **133**。溶剂对 C-17 的影响尤为显著，对 C-16 无影响，对比 **36** 和 **133**，当 C_5D_5N 为溶剂时，C-17 向低场移动 3.7；20β-OH 对于 C-16 和 C-17 的影响极为明显，如与 **36** 相比，化合物 **37** 的 C-16 向高场移动约 3.1，C-17 向低场移动约 2.1，数据见表 2.7。

（5）24α,25α-环氧型　对于这类化合物来说，典型的特征有两

个：一是 C-24 和 C-25 在 δ 61.0~65.0，二是 C-26 通常被 α-OH 氧化取代，如 **9**、**47**、**48**、**139**、**235** 等，数据见表 2.7。

表 2.7　16,17-环氧、24α,25α-环氧结构的 ^{13}C-NMR 数据

类型	16,17-环氧					24α,25α-环氧				
编号	**13**[①]	**36**[①]	**37**[①]	**133**[②]	**414**[①]	**9**[②]	**47**[②]	**48**[②]	**139**[①]	**235**[①]
C-16	59.1	61.2	58.1	61.2	59.5					
C-17	76.1	70.9	73.0	67.2	76.3					
C-24						65.0	65.0	65.2	63.1	63.0
C-25						63.8	63.8	63.9	63.0	63.4

① 试剂为氘代吡啶。

② 试剂为氘代三氯甲烷。

2.3.2.2　酮基的影响

C-1 位被酮基（-oxo）取代对于醉茄内酯是极其常见的，据文献统计，约 86% 的醉茄内酯都是 1-酮类型。对于具有 1-酮-2-烯，也称 α, β-unsaturated ketone（α, β-不饱和酮）结构的醉茄内酯，C-1 碳信号在 δ 200.0 处左右，C-2 和 C-3 碳信号分别出现在 δ 127.0~133.0 和 δ 141.0~150.0。酮基碳氧双键与烯烃双键形成超共轭体系，导致 C-1、C-2 以及 C-3 的化学位移值呈现 "大—小—大" 的现象。当 C-2 与 C-3 之间饱和时，C-1 则出现在 δ 210.0 以上（见图 2.12），这是因为：与 1-酮-2,3-不饱和结构相比，1-酮-2,3-饱和结构中 C-2 与 C-3 间烯烃双键诱导效应消失。

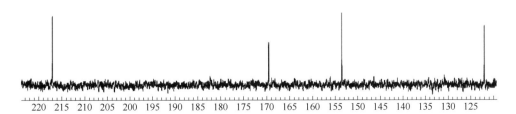

图 2.12　1-酮-2,3-饱和结构的 ^{13}C-NMR 片段

对于 1,10-裂环-3,5-二烯的醉茄内酯（图 2.13），其特征是在低场 δ 175.0 左右出现 CO-O-CH 信号（图 2.14），目前仅见 6 个此类型的报道：**510**、**511**、**548**、**549**、**719** 和 **724**。

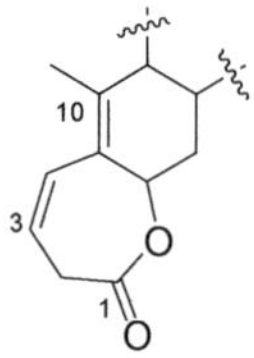

图 2.13 1,10-裂环-3,5-二烯结构

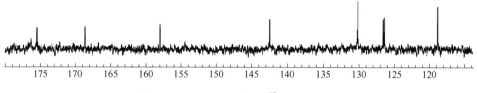

图 2.14 1,10-seco 结构的 ^{13}C-NMR 片段

2.3.2.3 羟基的影响

（1）1,3-二羟基 前面已经描述了根据 ^{1}H-NMR 谱确定 1,3-二羟基构型的情况。对于 $1\alpha,3\beta$-二羟基的 ^{13}C-NMR 谱，CD$_3$OD 作为溶剂时，C-1 化学位移值通常在 δ 73.0 左右，C-3 常出现在 δ66.5 左右。以化合物 **250** 与 **262** 为例比较，溶剂对其碳谱影响甚微（<1）。

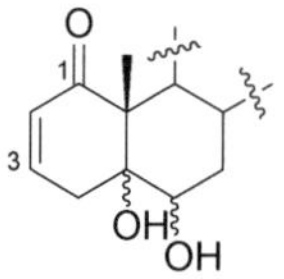

图 2.15 1-酮-2-烯-5,6-二羟基结构

（2）5,6-二羟基 在含有 1-酮-2-烯-5,6-二羟基的醉茄内酯中（见图 2.15），5-OH 的立体构型对 C-4 产生较大影响，但是对 C-5 与 C-6 几乎无影响。另外，溶剂对 C-4 也有明显的影响。在常见的 5α-OH 醉茄内酯化合物中，若 CD$_3$OD 或 C$_5$D$_5$N 作溶剂，C-4 一般出现在 δ 36.5~37.5，如 **392**、**393**、**396**、**397**、**402~404**、**406** 等；若 CDCl$_3$ 或 DMSO 作为溶剂，5α,6β-二羟基醉茄内酯的 C-4 向高场移动，出现在 δ 34.5~35.6，如 **391**、**394**、**401**、**415**、**416**；但是 **400** 的 C-4 出现在 δ 37.6；**399** 的 C-4 位由于甲氧基吸电子效应较羟基弱而出现在 δ 28.3 处。对于具有 1-酮-2,3,4-三亚甲基-5α,6β-二羟基结构的醉茄内酯，当 CD$_3$OD 为溶剂时，C-4 常出现在 δ 31.0 处左右，如 **409**、**411** 等；CDCl$_3$ 为溶剂时，C-4 则常出现在 δ 34.1 处左右，如 **410**、**436** 等。当 5-OH 为 β 构型时，C-6 的取代基团是-OH 或-Cl 时，C-4 一般出现在 δ 31.0~35.0，如化合物 **437**、**438** 等，见表 2.8。

表 2.8　C-5 与 C-6 不同取代模式结构的 ^{13}C-NMR 数据

类型	化合物编号	^{13}C-NMR 数据		
		C-4	C-8	C-9
5β,6β-环氧型	**78**[②]	32.9	34.1	36.9
5-烯型	**171**[②]	33.5	35.2	36.3
6α,7α-环氧型	**364**[②+④]	37.1	36.3	35.4
5α,6β-二羟基型	**391**[②]	35.5	35.0	36.8
	392[①]	36.8	36.2	34.9
	409[④]	31.2	27.4	42.4
5α-甲氧基, 6β-羟基型	**399**[①]	28.3	34.8	34.6
5β,6α-二羟基型	**437**[③]	31.9	35.4	35.8
5β-羟基-6α-chlorine	**438**[-]	34.5	39.1	37.3
6-烯型	**697**[②]	36.5	37.5	41.5

① 试剂为氘代吡啶。
② 试剂为氘代三氯甲烷。
③ 试剂为氘代二甲基亚砜。
④ 试剂为氘代甲醇。
注："-"指试剂在文献中无记载。

通过比较 **171** 和 **78** 的 C-8 与 C-9 位，发现其化学位移值变化不大，表明 5-烯与 5β,6β-环氧结构对这两个位置的影响大致相同，出现这种情况的原因并不仅仅是 γ-效应，因为在这种结构中的 γ-效应仅对 β-构象的 C-8 位化学位移值影响大。对比含有 6-烯的化合物 **697** 和含有 6α,7α-环氧结构的 **364**，由于 γ-效应导致后者的 C-9 位化学位移值发生很大变化（−6.1），而 C-10 位几乎没有变化（主要由于无质子化的季碳几乎不受 γ-效应及高烯丙基效应影响），见表 2.8。

（3）7-OH　对于含有 7-OH 的醉茄内酯，前面已经描述了根据 ^{1}H-NMR 谱确定 7-OH 构型的情况。实际上，^{13}C-NMR 谱亦可证明 H-7 构型，在 5-烯-7-羟基结构中，对比 **257** 和 **259**，当 H-7β 处在 e 键上时，C-7 的化学位移值约为 δ 65.0 左右，反之 H-7α 处在 a 键上时 C-7 的化学位移值约为 δ 73.0 左右，倘若 7-OH 发生取代，C-7 化学位移值则向低场位移。除此之外，^{13}C-NMR 中 C-14 的化学位移值也是区分 C$_7$-αOH 和 C$_7$-βOH 这两类化合物的关键。当 C$_7$-βOH 时，14 位的化学位移值在 δ 57.0 左右。当 C$_7$-αOH 时，14 位的化学位移值在 δ 51.0 左右。

（4）12-OH　对于含有 12-OH 的醉茄内酯（见图 2.16），前面已经描述了根据 ^{1}H-NMR 谱确定 12-OH 构型的情况。实际上，^{13}C-NMR 谱对于 12-OH 的构型确定也有较大贡献，且更为直观。当 C-12 位被 β-OH 取代时，C-18 的化学位移值出现在 δ 7.0~8.7，如 **254**、**323**、**402**、**404**、**411**；但是，当 C-18 的化学位移值出现在 δ 11.6~12.8 时，通常有两种情况：一是存在 12α-OH，二是 C-12 上无取代，如 **251**、**324**、**440**、**441** 等。所以，可以将 ^{1}H-NMR 与 ^{13}C-NMR 谱结合起来判断 12-OH 构型。另外，C-12 位被 12β-OAc 基团取代，C-18 则出现在 δ 9.8~10.1，如 **150**、**253**。

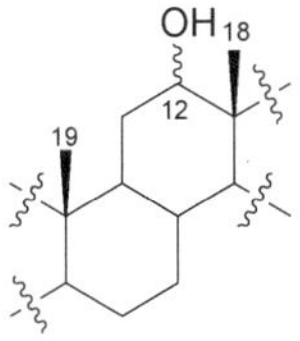

图 2.16　12-OH 结构

（5）14-OH　在含有 16-烯结构的醉茄内酯中，当 C-14 被 α-OH 取代时，B 环与 C 环上的 C-7、C-9 和 C-12 上的 α-H 会受到其 γ-效应影响，化学位移值减小 4~8（如 **51**、**53** 对比 **52**）。若 C-17 位被 17α-OH 取代，14α-OH 对 C-16 和 C-17 化学位移值无影响，如对比 **174** 与 **367**，其 C-16 和 C-17 化学位移值无变化，这是由于 C-17 是季碳，而 γ-效应是仅通过 C-H 键向 sp^3 杂化的碳传递电子，从而改变碳原子的核外电子云密度影响其化学位移值，见表 2.9。

表 2.9　14-OH 结构有无的 ^{13}C-NMR 数据

类型	14-OH			C-14 无取代			
编号	**52**[①]	**174**[②+③]	**166**[②]	**51**[②]	**53**[②]	**338**[②+③]	**367**[②+③]
C-7	26.5	24.9	25.5	30.6	31.7	57.0	57.1
C-9	38.0	36.4	39.0	44.2	45.1	35.4	35.4
C-12	28.0	26.8	32.7	33.9	33.3	32.1	32.9
C-16	124.5	33.3	39.8	124.0	125.1	35.0	32.7
C-17	157.4	88.9	86.0	154.8	155.7	85.6	88.6
C-21	24.4	19.9	10.3	15.7	17.2	15.7	21.0

① 试剂为氘代吡啶。

② 试剂为氘代三氯甲烷。

③ 试剂为氘代甲醇。

在含有 17α-构型侧链的醉茄内酯中，14α-OH 基团的引入，如 **166**（图 2.18 Ⅳ），推测 C-12 会受到屏蔽，但实际情况是：对比 **338**（图 2.18 Ⅰ），化合物 **166** 的 C-12 并无变化。出现这种现象的原因可能是：a 键上含氧取代产生的位阻引起 C-17 与 C-20 之间的键角发生变化（14α,17α-二羟基的醉茄内酯却无此种构象的改变,这可能是因为产生了分子内氢键）。14α-OH 会对 C-20 与 C-22 间的偶合常数产生明显影响，其偶合常数分别为 4.5Hz（**166**）和 1.5Hz（**338**）；对 C-21 产生屏蔽效应，使其向高场移动 5.4，见表 2.9。

（6）17-OH 如图 2.17 所示，对于具有 17α-OH 取代但无 20-OH 取代的醉茄内酯，其 C-17 会出现在 δ 84.3~85.5，如 **14**、**23**、**364** 等，17α-OH 的存在对 C-12 和 C-14 位会产生很明显的屏蔽效应，使这两位碳的化学位移值减小，而对 C-16 产生诱导效应，使其化学位移值增大，但是对 C-15 无影响。在侧链中，17α-OH 会对 C-21 位产生屏蔽效应，但对 C-22 无影响，这是由于 21 位上的碳向 17-OH 偏转，而 C-22 并无偏转，其构象关系可以有效解释这一现象（图 2.18 I），同时，内酯环氧与 C-21 的构象关系也能解释 C-21 上的甲基共振处于高场位置的原因；当 17α-OH 存在于具有 20β-OH 取代或 14α,20β-二羟基取代的结构中时，由于羟基的诱导效应导致 C-17 向低场移动 5.0~6.5，如 **25**、**34**、**35** 等。从碳谱数据可以发现溶剂对 C-17 位的影响，化合物 **34** 和 **35** 都采用了两种溶剂检测碳谱，结果显示：C-17 在 $CDCl_3$ 溶剂中比在 C_5D_5N 溶剂中的化学位移值约增大 2.0，见表 2.10。

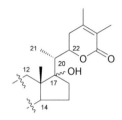

图 2.17　17-OH 结构

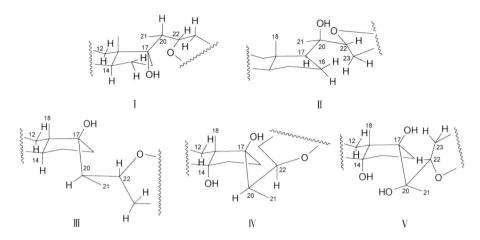

图 2.18　环 D 及部分侧链的优势构象

表 2.10　17-OH 结构的 ^{13}C-NMR 数据

编号	10②	11②	14②	18⁻	20⁻	34①	34②⁺③	35①	35②⁺③	332②	338②⁺③	364②⁺③
C-12	30.0	25.7	31.9	21.4	21.4	32.7	32.0	32.8	32.0	32.6	32.1	33.0
C-14	82.2	81.4	50.8	87.4	87.4	51.2	50.3	51.2	50.5	46.2	46.3	46.0
C-15	32.5	32.8	23.5	31.6	30.0	24.2	22.9	24.2	23.1	22.9	23.3	23.1
C-16	37.7	38.1	36.4	36.0	37.1	33.7	32.0	33.8	32.3	36.7	35.0	37.1
C-17	87.8	88.0	84.9	88.6	88.4	87.5	90.3	87.6	89.6	85.2	85.6	84.6

① 试剂为氘代吡啶。

② 试剂为氘代三氯甲烷。

③ 试剂为氘代甲醇。

注："-"指试剂在文献中无记载。

对于具有 17β-OH 取代但无 20-OH 取代的醉茄内酯，C-17 会出现在 δ 83.6~85.6，如 **160**、**332**、**338** 等，由此可看出 17-OH 构型对 C-17 位本身影响甚微，但是对其他位置有明显影响。对比 **338**（17β-OH）与 **364**（17α-OH），二者除了 E 环之外（**338** 在常见类型 **364** 的 α, β-不饱和体系上形成了一个环氧体系），不同之处仅存在于 C-17 位的差向异构，通过对比二者的碳化学位移值发现：二者的 C-12 和 C-14 存在高度相似性，最大的差异表现在 C-21 的化学位移值（除了 E 环化学位移不同），当侧链是 α-构型时，C-21 向低场移动 6.1。如图 2.18 Ⅰ、Ⅲ所示，对比二者间的立体结构，**364** 上的 C-21 之所以处于高场，主要是因为内酯环氧以及 17-OH 的 γ-效应。图 2.18 Ⅲ 的立体构象通过 H-20 与 H-22 间的偶合常数（J = 1.5Hz）得到证实。若 C-14 与 C-20 位分别被 α-和 β-OH 取代，则 C-17 会移动至更低场，使其出现在 δ 87.5~89.5，如 **10**、**11** 和 **12** 等。当 C-14 被 β-OH 取代，会使 C-17 出现在 δ 88.0~90.0，比 **166** 这种 C-14 被 α-OH 取代或 **332** 这种无取代时向低场移动 3.0~5.0，如 **18**、**20** 和 **391** 等，见表 2.10。

（7）20-OH　在含有 17β-构型侧链的醉茄内酯中（如 **23~25**、**34**、**35** 等），当 C-20 位被羟基取代时（如 **25**、**34**、**35** 等）。对比 **25** 和 **23**，C-16 受 20-OH 的 γ-效应影响明显，约向高场移动 4.0，见表 2.11。然而，C-23 不受影响，说明该碳与羟基空间距离较远，正如立体构象图 2.18 Ⅱ 描述的一样。这种构象也适用于含有 17α-OH 的醉茄内酯。

表 2.11　20-OH 结构有无的 ^{13}C-NMR 数据

类型	20-OH							C-20 无取代	
编号	**10**[②]	**11**[②]	**12**[②]	**21**[①]	**25**[②]	**34**[②+③]	**35**[②+③]	**23**[②]	**166**[②]
12	30.0	25.7	29.7	35.1	26.5	32.0	32.0	32.2	32.7
16	37.7	38.1	38.2	37.1	32.7	32.0	32.3	36.4	39.8
21	20.0	19.1	19.5	19.6	21.6	22.4	21.7	9.4	10.3
23	28.7	33.9	34.2	33.2	31.6	30.1	38.5	32.7	32.5

① 试剂为氘代吡啶。

② 试剂为氘代三氯甲烷。

③ 试剂为氘代甲醇。

在含有 17α-构型侧链的醉茄内酯中（如 **10~12**、**21**、**166** 等），对比 **166** 和 **21**，20-OH 并不会对 C-16 位产生屏蔽效应，观察立体构象图 2.18 Ⅴ 可推测是由于在 14-OH 与 20-OH 之间产生了分子内氢键。20-OH 对 C-21 有较强去屏蔽效应，导致 C-21 位甲基向低场移动，化学位移值出现在 δ 19.5 左右，见表 2.11。图 2.18 Ⅴ 结构对此做出了合理的解释，同时其构型与 **21** 的 X-射线单晶衍射结果一致。

值得比较的是化合物 **21** 和 **25**，C-17 位的差向异构体可能分别是图 2.18 V 与 Ⅱ，这两者的主要区别是：相比于 **21**，化合物 **25** 的 C-12 和 C-16 化学位移均减小，前者是由于 17α-OH 产生的 γ-效应引起的，后者是由于 20-OH 产生的 γ-效应引起的。

（8）27-OH 与 28-OH　自然界 17% 的醉茄内酯具有 27-OH，如化合物 **145~147**、**152** 和 **182** 等，3% 醉茄内酯化合物具有 28-OH，如 **163**、**164** 和 **205**（见图 2.19）。对比化合物 **263** 和 **264**（见表 2.12），27-OH 的存在对 C-24、C-25 和 C-27 位有明显影响，C-24 和 C-25 位的化学位移值分别出现在 δ 154.2 和 δ 127.2，向低场位移约 4.4 和 5.4，同时 C-27 出现在 δ 56.1 左右；若 C-27 糖苷化则较未成苷时向低场移动，C-27 出现在 δ 63.0 左右，C-25 化学位移减小 3.5，C-24 向低场移动 3.0（对比 **263** 与 **267**）；对比化合物 **102** 与具有 27-OAc 的 **107**，若 C-27 位被乙酰化，则双键被极化，C-24 化学位移值将增加 4.0 左右，C-25 化学位移值减小 4.0 左右。28-OH 对化合物的 C-24、C-25、C-26 和 C-27 位的影响则很小。

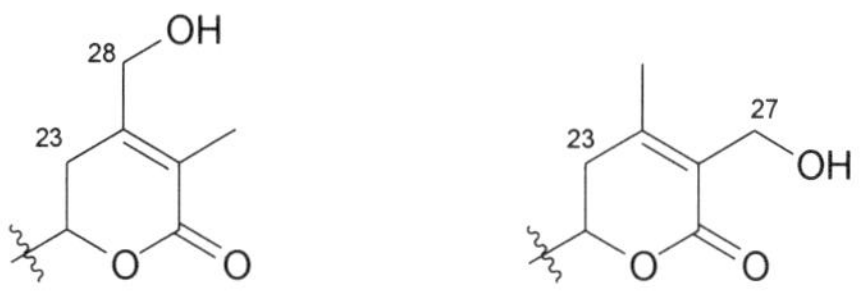

图 2.19　28-OH 和 27-OH 结构

表 2.12　27-OH 与 28-OH 结构的 ^{13}C-NMR 数据

类型	27-OH				27-OAc	27-CH$_3$	27-OGlc-Glc	28-OH	
编号	**102**[②]	**146**[②]	**147**[③]	**263**[①]	**107**[②]	**264**[①]	**267**[①]	**164**[②]	**205**[②+④]
24	152.8	156.0	155.4	154.2	157.1	149.8	157.2	152.7	152.0
25	125.8	124.5	124.3	127.2	121.9	121.8	123.7	121.3	121.0
26	167.0	166.1	165.7	166.5	165.3	166.9	166.0	166.5	166.5
27	57.5	56.2	55.0	56.1	58.0	12.7	63.2	11.8	11.6

① 试剂为氘代吡啶。

② 试剂为氘代三氯甲烷。

③ 试剂为氘代二甲基亚砜。

④ 试剂为氘代甲醇。

2.3.2.4 甲基（—CH₃）的特征

在 ¹³C-NMR 谱中，C-18、C-19、C-21、C-27 和 C-28 上的五个甲基在不同情况下呈规律性变化，本课题组前期[270]也有报道，将在此基础上继续进一步讨论其变化规律。

（1）18-CH₃　影响 18-CH₃ 的主要因素是羟基，而羟基存在的位置有很多，包括在 C 环、D 环、C-20 以及 C-21 上，均会对 18-CH₃ 产生影响。若以上位置均无羟基存在，18-CH₃ 将出现在 δ 11.0~13.0，如化合物 **81**、**82**、**83**、**251** 和 **252** 等；$17\alpha,20$-二羟基对 18-CH₃ 产生的影响与 $16\alpha,17\alpha$-环氧取代时相同，都会使 18-CH₃ 的化学位移值出现在 δ 15.5~16.1，如化合物 **34**、**35**、**36** 和 **38** 等；若仅 C-17 位被 α-OH 取代，则 18-CH₃ 化学位移值出现在 δ 14.4~15.4，如化合物 **139~144**、**235** 和 **236** 等；对比 **264** 和 **265**，当 C-20 位被 β-OH 取代时，18-CH₃ 的化学位移值向低场移动 2.2，出现在 δ 14.0 左右。

（2）19-CH₃　19-CH₃ 的化学位移主要与 A、B 和 C 环的复杂取代情况有关。由 1-酮-2,5-二烯-4-亚甲基结构或 1-酮-3,5-二烯结构（图 2.20）引起 C-19 的变化是微小的，可以认为近乎相同。在 1-酮-2,5-二烯-4-亚甲基类型醉茄内酯中，若 A 环和 C 环没有其他取代基，19-CH₃ 的化学位移值在 δ18.5~19.5，如化合物 **140~144** 等；在 1-酮-3,5-二烯醉茄内酯中，19-CH₃ 在 δ 20.0 处左右，如化合物 **206~208**、**212**、**213** 等。在 1-酮-2-烯-4,5,6-三羟基或 1-酮-2-烯-5β, 6α-二羟基醉茄内酯中，19-CH₃ 的化学位移值在 δ9.8~11.8，如化合物 **437**、**453** 等。在 1-酮-2,3-饱和-5,6-环氧醉茄内酯中，19-CH₃ 出现在 δ 12.0~15.5；在 1-酮-2,3,4-三羟基-5,6-环氧醉茄内酯中，19-CH₃ 向高场位移，在现在 δ 12.0~14.5，**1** 就是代表性的化合物。在 1-酮-2-烯-5,6-环氧醉茄内酯中，19-CH₃ 出现在 δ 14.5~18.0。对于含有 6,7-环氧结

构的醉茄内酯来说，C-12 位次甲基的氧化会影响 19-CH$_3$，使其化学位移值出现在 δ 15.1~15.6，如化合物 **313**、**323**、**324**、**326** 和 **331** 等；若 C-12 位无取代，则 19-CH$_3$ 出现在 δ 13.5~15.0，如化合物 **322**、**325**、**329** 和 **330** 等。4-酮会使 19-CH$_3$ 向低场发生明显的位移，出现在 δ 23.6 左右。19-CH$_3$ 发生高频位移(δ 61.0)是由于 C-19 直接连接羟基，然而当 C-19 和 C-11 位同时含有羟基时，C-19 却出现低频位移 δ 21.3，如化合物 **43**，出现这种情况的原因是由于二者之间存在范德华力，见表 2.13。

图 2.20　1-酮-2,5-二烯-4-亚甲基结构与 1-酮-3,5-二烯结构

表 2.13　不同结构对 19-CH$_3$ 化学位移的影响

结构	19-CH$_3$
1-酮-2,5-二烯-4-亚甲基	18.5~19.5
1-酮-3,5-二烯	20.0
1-酮-2-烯-4,5,6-三羟基	9.8~11.8
1-酮-2-烯-5β,6α-二羟基	9.8~11.8
1-酮-2,3-饱和-5,6-环氧	12.0~15.5
1-酮-2,3,4-三亚甲基-5,6-环氧	12.0~14.5
1-酮-2-烯-5,6-环氧	14.5~18.0
1-酮-2-烯-6,7-环氧-12-氧代	15.1~15.6
1-酮-2-烯-6,7-环氧	13.5~15.0
1-酮-2-烯-4-酮	23.6
19-羟基	61.0
11,19-二羟基	21.3

（3）21-CH$_3$　21-CH$_3$常出现在 δ 13.5 左右。C-17 位 α-OH 对其化学位移值有影响，使其出现在 δ 9.0~10.5，如 **39**、**40**、**151** 和 **225**等。同时，21-CH$_3$ 也常以羟甲基或环醚形式存在，此时 21-CH$_3$ 会向低场移动，21-CH$_2$OH 出现在 δ 59.5~60.6，如 **161**、**162**、**409** 和 **411** 等；当 C-21 位羟甲基与 C-24 形成环醚时，将对 C-21 产生明显影响，使 C-21 向更低场位移至 δ 60.0~63.0，如 **548~550** 等。

（4）27-CH$_3$　当双键出现在 C-24 位与 C-25 位之间时，27-CH$_3$的化学位移值出现在 δ 12.0 左右，如 **1**、**7**、**8**、**13**、**27**、**28** 和 **40**等，也有极少数化合物出现在 δ 12.5~14.7，如 **332**、**357** 和 **401**；当C-27 位被羟基取代时，其化学位移值会在 δ 56.0~58.0，如化合物**84**、**392**、**397**、**402**、**452** 和 **457** 等；若 C-27 连糖成苷，其化学位移值将出现在 δ 63.0~64.0，如 **207**、**266~268** 和 **271** 等；若 C-27 位被甲氧基取代，其化学位移值则约为 δ 66.5，如 **404**。

（5）28-CH$_3$　一般来说，由于烯烃的存在，C-28 位的甲基会出现在 δ 19.0~21.0，如 **7**、**8**、**28**、**32** 等。24,25-环氧基团取代对于C-28 稍有影响，使其出现在 δ 17.5~19.5，如化合物 **235**、**250**、**329**、**386**、**413** 和 **442**。需要特别指出，化合物 **385** 是一个特例，它的 28-CH$_3$化学位移值在 δ 16.7 处，但是 19-CH$_3$ 化学位移值在 δ 19.1，推测可能是数据归属有误。21,24-环氧基团的存在对 28-CH$_3$ 有较大影响，使其化学位移值向低场位移约 6.0，大约出现在 δ 25.0~27.0，如化合物 **562**、**563** 和 **575** 等。若 C-28 位甲基被羟基取代，化学位移值将出现在 δ 60.5~62.5，如化合物 **10**、**82**、**83**、**205** 和 **239** 等；若 C-23被 β-OH 取代，与未被含氧基团取代时相比，C-28 化学位移值会向高场位移约 4.5，如 **331**、**412**。

2.3.2.5　其他取代基对 ^{13}C-NMR 谱的影响

在醉茄内酯中，还存在许多其他取代基，如糖苷类、乙酰基以及卤族元素，如氯原子等。若 C-1 位被 α-OAc 取代，其化学位移值将出现在 δ 74.6~75.4，如化合物 **247**、**248**、**253** 和 **254**。氯原子取代常出现在 C-5 和 C-6 位，同时伴有多羟基结构，氯原子对碳化学位移值的影响与羟基类似，如化合物 **408**、**413**、**414** 等。醉茄内酯苷所连的糖多数为 β-D-葡萄糖，如 **247~252** 等，其 C1′-C6′位的化学位移值分别约为 δ 99.0~106.0、δ 73.4~75.9、δ 76.0~78.8、δ 70.0~72.1、δ 76.5~79.0 和 δ 61.0~64.0。

甲氧基（-OCH₃）在 NMR 中最易辨认，在 ¹H-NMR 谱中常以积分值为 3 左右的 s 峰出现在 δ 3.3~3.5 范围；在 ¹³C-NMR 谱中常出现在 δ 56.5 左右。化合物 **424** 的原文献结构绘制有误，根据其 ¹H-NMR 谱的 21-CH₃ 数据为 δ 1.79，¹³C-NMR 谱数据中 C-21 位给出的化学位移值为 δ 20.0，分析该化合物的 C-20 所连的可能是 21-CH₃ 而非 21-OCH₃，其分子式 C₂₈H₄₂O₁₀ 及 m/z 547.2847（[M+H]⁺）均可证实此推测的合理性。

2.3.3　绝对构型的确定

通常，醉茄内酯的立体构型涉及 2 个位置：C-20 位和 C-22 位。我们可通过培养单晶，得到适合 X-射线单晶衍射的单晶样品来确定，如 withametelin E[171]（见图 2.21）。但是，单晶的形成条件较为苛刻而且形成时间较长，大多情况下很难获得合适的单晶样品；同时由于单晶 X-射线衍射结构分析的对象仅为待测样品中的一颗晶体，导致样品缺少普遍性，所以，寻找出其他可以判断化合物绝对构型的方法是很有意义的。在此，我们着重梳理了通过氢谱及 NOE 相关谱的规律，找出了可用于确定 C-20 和 C-22 绝对构型的方法。

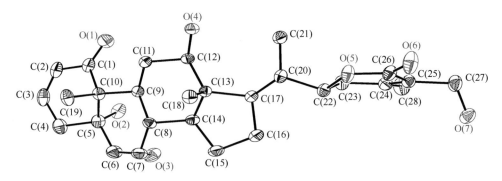

图 2.21　withametelin E 的 X-射线单晶衍射图

2.3.3.1　C-20 位绝对构型的确定

　　醉茄内酯的 C-20 位构型可借助 NOESY 谱来加以判断。据文献[68,105]报道，当 CH_3-18 与 CH_3-21、H-20 和 H-16β 质子信号存在明显的相关，同时 H-22 的质子信号与 H-16α 的质子信号存在明显的相关时，表明 H-20 与 18-CH_3 在同一面，即 H-20 为 β 构型，根据手性法则，综合以上分析可确定 C-20 位为 S-构型（见图 2.22）；当 CH_3-18 与 CH_3-21、H-22 和 H-16β 质子信号存在明显的相关，同时 H-22 的质子信号均与 H-16α 的质子信号存在明显相关时，表明 H-20 与 18-CH_3 不在同一面，综合以上分析可确定 C-20 为 R-构型（见图 2.23）。

　　必须要说明的是，根据手性法则，17β-OH 将会影响 C-20 位的构型[85]，但 17α-OH 无影响。若 C-16 位被酮基或其他基团取代导致 C-16 位没有质子存在时，C-20 位的绝对构型也可通过在 NOESY 谱中 H-12 位质子的相关进行判断[130,233]。也有文献采用上述类似方法，通过 CH_3-18 信号与 H-14、H-17 和 CH_3-21 之间的相关性判断 C-20 位构型[131]。

　　同时，根据收集到的大量文献，在已明确 C-20 构型的基础上，总结了 C-21 被羟基取代的醉茄内酯（如 **1**、**161**、**402**、**425** 和 **426** 等，

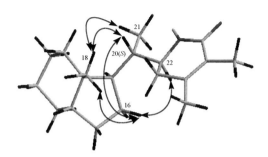

图 2.22　C-20 *S*-构型的立体结构图

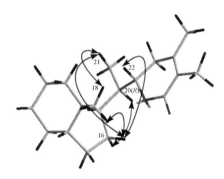

图 2.23　C-20 *R*-构型的立体结构图

如图 2.24 所示）的 C-20 位绝对构型的判断方法。C-20 的绝对构型
可以通过 H-21 位的化学位移值及偶合常数间的大小关系来确定。
H-21 在 δ 3.60~4.00 产生两个不同位移、不同偶合常数的 dd 峰，这
是由于 H-20 和 H-21 的两个氢发生 aa 和 ae 偶合或 ee 和 ae 偶合造
成的。由于它们的第一个偶合常数的化学环境相同，所以大小相等，
但是第二个偶合常数大小不同，这也是解决 C-20 位构型的关键，
若相对大的化学位移处的第二个偶合常数相对大，则 C-20 位为 *S*-
构型，反之则为 *R*-构型。

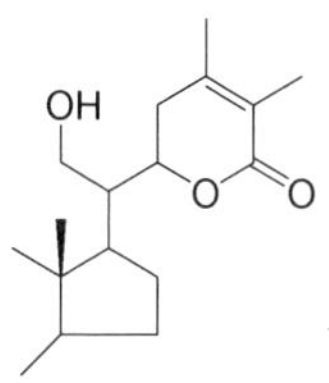

图 2.24　21-OH 结构式

以化合物 **426**[170]为例，根据 δ 3.84（dd, J = 11.8, 3.2Hz, H$_b$-21），δ 3.91（dd, J = 11.8, 4.0Hz, H$_a$-21）可发现相对较大的化学位移 δ 3.91 对应的第二个偶合常数 4.0Hz 较大，所以判断 C-20 为 S-构型；化合物 **506**[346]，根据 3.90（dd, J = 11.3, 2.7Hz, H$_a$-21）、3.75（dd, J = 11.3, 4.2Hz, H$_b$-21）可发现相对较大的化学位移 δ 3.90 对应的第二个偶合常数 2.7Hz 较小，所以判断 C-20 为 R-构型。为了方便记忆，可以记作：大大 S，大小 R。

2.3.3.2 C–22 位绝对构型的确定

除了单晶衍射方法外，还可以借助以下三种方法确定醉茄内酯中 C-22 位的立体构型。第一种方法是通过圆二色谱（CD）进行判定。在 CD 谱中，在 250~260nm 范围内呈现正性 Cotton 效应，可表明 C-22 为 R-构型，这是由于来自 22R-构型的 α, β-不饱和-δ-内酯造成的[2,27,120,184]，如化合物 **628**[331]为 22R-构型，其 CD 谱中，在 256nm 处呈现正性 Cotton 效应，如图 2.25 所示。利用 CD 确定绝对构型的计算流程分四步：①利用软件对该化合物进行构象搜寻；②在理论水平下进行几何优化；③在相同条件下计算激发态，获得电子跃迁数据；④使用软件拟合 ECD 谱，并与实验数据对比，从而确定化合物的绝对构型。如化合物 **504**[105]。第二种方法是根据 H-22 的裂分模式来确定。当 C-20 位被羟基取代时，若 C-22 为 S-构型，H-22 在 ^{1}H-NMR 谱中则表现为一明显的 br.s 峰，且 $W_{1/2}$ ≈ 5.0Hz，这是由于 H-22 和 H-23 的两个氢发生 ae 和 ee 偶合造成的；当 C-22 为 R-构型时，H-22 表现为 dd 峰，这是由于 H-22 和 C-23 的两个氢发生 aa 和 ae 偶合造成的[63]，如化合物 **60** 为 22R，其 H-22 表现为 δ 4.19 (dd, J = 13.2, 3.5Hz)。当 C-20 位存在一个质子氢时，在 22R-构型中，H-22 将表现为 dt 峰，如化合物 **305** 为 22R，其 H-22 表现为 δ 4.43 (dt, J = 13.4, 3.5Hz)。上述提到的针对 C-22 位构型确定的方法均通过了 X-射线单晶衍射的验证。

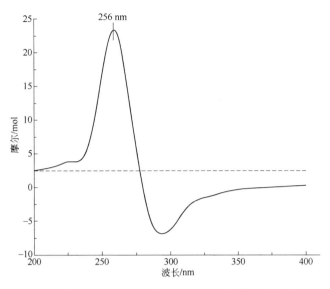

图 2.25 圆二色谱（CD）判定醉茄内酯中 C-22 位的立体构型（MeOH）

　　然而，当 C-21 与 C-24 形成环醚时，在 22R-构型中，H-22 却是表现为 br.s 峰，且 $W_{1/2} \approx 5.0\text{Hz}$，如化合物 **573** 为 22$R$，其 H-22 表现为 δ 4.70（br.s 峰）。第三种方法是通过计算 H-22 与 C-23 上的两个氢发生偶合产生的常数来确定 C-22 的构型。若 H-22 与 H_2-23 间的偶合常数分别在 0.5~4.0Hz 和 9.0~13.8Hz，则表明 H-22 为 α-构型、R-构型；若 H-22 与 H-23 间的偶合常数分别在 2.5~7.0Hz 和 2.0~5.0Hz，则表明 H-22 为 β-构型、S-构型[85]，如化合物 **466**[312]为 22R-构型，其 H-22 与 H-23 间的偶合常数分别为 3.8Hz 和 13.2Hz。R-构象是醉茄内酯的优势构象，至今只分离出 5 个 S-构型的醉茄内酯，分别是化合物 **148**、**412**、**608**、**627**、**670**。

2.4 基于波谱学规律的醉茄内酯化学成分结构确定

2.4.1 5β,6β-环氧型-withaferin A (59)[29]化学结构的确定

　　在 ^{1}H-NMR 谱中，根据波谱学规律中关于甲基的描述，高场区

δ 0.67（3H, s）、δ 1.38（3H, s）、δ 0.97（3H, d, J = 6.6Hz）和 δ 2.01（3H, s）处的 4 个质子氢信号可确定归属于甲基，同时说明有一个甲基被氧化，推测可能是 C-27 或 C-21 被氧化取代，进一步在 δ 4.0~5.0 观察到两个双峰 δ 4.36（1H, d, J = 12.6Hz）和 δ 4.31（1H, d, J = 12.6Hz），说明是 27-CH$_3$ 被氧化；在其低场区 δ 6.18（1H, d, J = 10.0Hz）和 δ 6.91（1H, dd, J = 10.0, 5.9Hz）处可以观察到归属于 2 个烯氢质子的信号，根据波谱学规律判断化合物具有常见的 1-酮-2-烯结构。

根据波谱学规律：在醉茄内酯中常常发现一个特征性质子 d 峰出现在 δ 3.70~3.80（$J_{3,4\alpha} \approx$ 6.0Hz）（CDCl$_3$）或 δ 4.00~4.05（$J_{3,4\alpha} \approx$ 6.0Hz）（C$_5$D$_5$N），这是 1-酮-2-烯-4β-羟基-5β,6β-环氧系统的特征信号。结合 ^{1}H-NMR（CDCl$_3$）谱数据 δ 3.74（1H, d, J = 5.9Hz）和 ^{13}C-NMR 谱数据 δ 70.1、δ 64.1、δ 62.7 可确定 1-酮-2-烯-4β-羟基-5β,6β-环氧基团的存在，见图 2.26 和图 2.27。

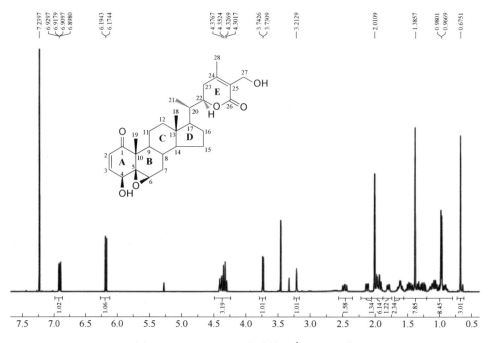

图 2.26　withaferin A 的结构及 ^{1}H-NMR 谱

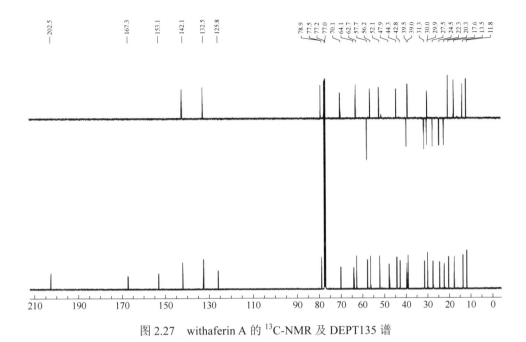

图 2.27　withaferin A 的 ^{13}C-NMR 及 DEPT135 谱

^{13}C-NMR 谱中，可见 28 个碳原子信号，其中包括高场区的 4 个甲基碳信号；低场区 δ 153.1、δ 125.8 和 δ 167.3 处的 3 个季碳信号，根据波谱学规律，它们分别归属于 E 环上的 α,β-不饱和内酯环上的 1 个酯羰基和 2 个烯键碳信号；同时，δ 202.5、δ 132.5 和 δ 142.1 说明该化合物具有常见的 1-酮-2-烯结构，验证了氢谱解析正确。

通过波谱学规律，结合 ^{1}H-NMR 谱和 ^{13}C-NMR 谱，该化合物的 1-酮-2-烯-4β,27-dihydroxy-5β,6β-环氧基本骨架已被解析出来。另外，运用构型判断的规律，^{1}H-NMR 谱数据 δ 4.39（H-22, dt, J = 13.2, 3.5Hz）可确定 C-22 为 R-构型；但 C-20 位构型需进一步通过 NOE 进行判断。

2.4.2　2,5-二烯-daturataturin A (176)[367]化学结构的确定

daturataturin A（图 2.28）为白色无定形粉末（MeOH）。UV

光谱（MeOH）在 224nm 处出现最大吸收，提示其分子中存在 α,β-不饱和羰基和 δ-酮体系。

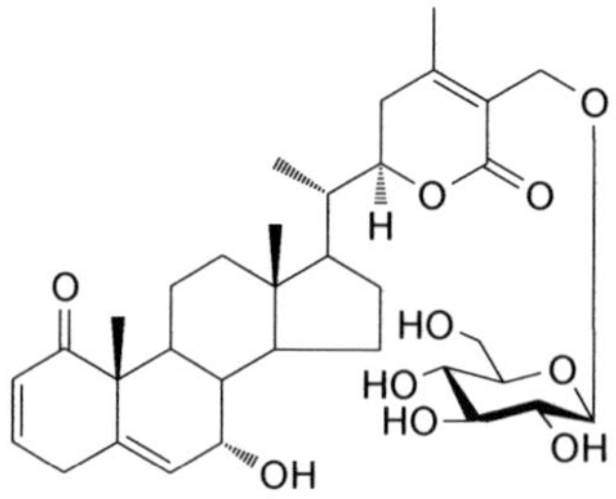

图 2.28 daturataturin A 的化学结构

^{1}H-NMR 谱（CD$_3$OD, 400MHz），在 δ 0.79（3H, s）、δ 1.05（3H, d, J = 6.6Hz）、δ 1.24（3H, s）和 δ 2.14（3H, s）处可见 4 个甲基质子信号，推测可能是 C-27 或 C-21 被氧化取代；波谱学规律关于 1-酮-2-烯结构的 H-2 和 H-3 的位移值范围分别是 δ 5.6~6.2、δ 6.5~6.9，而在 δ 5.84（1H, dd, J = 10.2, 2.1Hz）、δ 6.93（1H, ddd, J = 10.2, 4.8, 2.4Hz）和 δ 5.80（1H, d, J = 5.0Hz）处观察到 3 个烯氢质子信号，表明该化合物不仅具有常见的 1-酮-2-烯结构，还具有另一双键位于 C-4 位或 C-5 位。

^{13}C-NMR 谱中（CD$_3$OD, 100MHz），有 34 个碳信号，其中包括醉茄内酯母核上的 28 个碳和糖上的 6 个碳。波谱学规律关于 1-酮-2-烯结构描述：C-1 碳信号在 δ 200.0 处左右，C-2 和 C-3 碳信号分别出现在 δ 127.0~133.0 和 δ 141.0~150.0。δ 205.6、δ 127.5、δ 147.6 验证了 1-酮-2-烯结构的存在。δ 168.6、δ 160.4 和 δ 123.7 分别归属于 α,β-不饱和内酯环上的 1 个酯羰基信号和 2 个烯碳信号。δ 103.9、δ 78.0（2 个碳信号叠加）、δ 75.0、δ 71.6 和 δ 62.8 可确定葡萄糖信号。

结合 δ 5.80（1H, d, J = 5.0Hz）和 δ 141.6、δ 128.4 可确定 5-烯片段的存在。根据规律：C-7 位存在含氧基团将会对 C-9 化学位移变化有很大影响，数据 δ 64.8、δ 36.4 可确定羟基取代位置在 C-7

位，根据偶合常数（J = 4.4Hz）可确定是 7α-羟基。在 δ 4.33（1H, d, J = 7.8Hz）处可观察到有一个糖端基质子信号，结合一般醉茄内酯所连的糖多为 β-D-葡萄糖的规律，确定该糖基为 β-D-葡萄糖。通常，根据构型判断规律确定 C-20 为 S-构型，C-22 为 R-构型。

综上分析可推测化合物是一个具有 1-酮-2,5-二烯-7α-羟基结构的醉茄内酯苷类化合物。

结合 ^{1}H-NMR 谱及 ^{13}C-NMR 谱数据推定其分子式为 $C_{34}H_{48}O_{10}$。计算其不饱和度为 11。化合物的正性 ESI-MS 谱在 *m/z* 639.3247（calcd. for $C_{34}H_{48}O_{10}Na$, 639.3281）处给出[M+Na]$^+$离子峰，表明化合物的相对分子质量为 616，即验证推断的结构式是正确的。

2.4.3 3,5-二烯-daturametelin I (207)[370]化学结构的确定

daturametelin I（图 2.29）为白色无定形粉末（MeOH）。UV 光谱（MeOH）在 224 nm 处出现最大吸收，提示其分子中存在 α, β-不饱和羰基和 δ-酮体系。

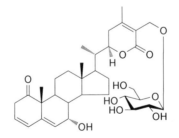

图 2.29 daturametelin I 的化学结构

^{1}H-NMR 谱（CD$_3$OD, 400MHz），在 δ 0.82（3H, s）、δ 1.07（3H, d, J = 6.6Hz）、δ 1.39（3H, s）和 δ 2.16（3H, s）处可见 4 个甲基质子信号，推测可能是 C-27 或 C-21 被氧化取代；根据波谱学规律关于具有 3,5-二烯结构的醉茄内酯类化合物描述：H-3 化学位移约为 δ 5.83。H-4 化学位移约为 δ 6.10。H-6 所处化学环境与 H-3 相似，化

学位移约为 δ5.70。化合物在 δ5.85（1H, m）、δ6.16（1H, d, J = 9.8Hz）和 δ5.81（1H, d, J = 5.2Hz）处观察到 3 个烯氢质子信号，表明该化合物可能具有 3,5-二烯结构。

^{13}C-NMR 谱（CD$_3$OD, 100MHz）具有 34 个碳信号，包括醉茄内酯母核的 28 个碳和糖基的 6 个碳。在低场区 δ211.6 处可观察到归属于 1-酮的碳信号。根据关于 1-酮取代基团的规律中描述的：若 C-1 位化学位移值在 δ211.6，则其 C-2 与 C-3 间的化学键是饱和的。δ168.6、δ160.4 和 δ123.6 处的 3 个碳信号是分别归属于 α, β-不饱和内酯环上的 1 个酯羰基信号和 2 个烯碳信号。在 δ104.0、δ78.0（2 个碳信号叠加）、δ75.0、δ71.6、δ62.8 处可观察到归属于葡萄糖基团的 1 组碳信号。在 δ145.2、δ130.2、δ128.7、δ126.2 处可观察到属于两个烯键上的 4 个碳信号。

根据规律中描述的有关于 7-OH 构型判断的方法，结合 δ65.0、δ50.7 可确定化合物的 C-7 所连接的羟基为 7α-OH。

结合 ^{1}H-NMR 及 ^{13}C-NMR 谱推测其结构为 1-酮-3,5-二烯-7α-羟基的醉茄内酯苷，分子式为 C$_{34}$H$_{48}$O$_{10}$。计算其不饱和度为 11。正性 ESI-MS 谱在 m/z 639（calcd. for 639）处给出[M+Na]$^+$离子峰，表明化合物的相对分子质量为 616，与推测出的化合物的相对分子质量一致。

2.4.4 5-烯–baimantuoluoline W (308)[346]化学结构的确定

baimantuoluoline W（图 2.30）为白色无定形粉末（MeOH）。波谱学规律中描述到 UV 在 225nm 处左右出现最大吸收，是由分子中存在的两个发色团，即 α, β-不饱和羰基和 δ-酮体系引起的。UV 光谱（MeOH）在 225nm 处出现最大吸收，表明化合物存在该基团。结合 IR（压片）v_{max} 3303cm^{-1}、2894cm^{-1}、1712cm^{-1}、1201cm^{-1}、1099cm^{-1}、917cm^{-1} 表明存在羟基和 α, β-不饱和-δ-内酯体系。

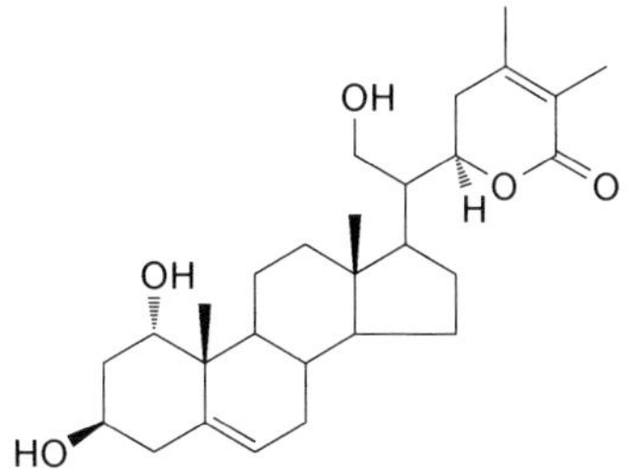

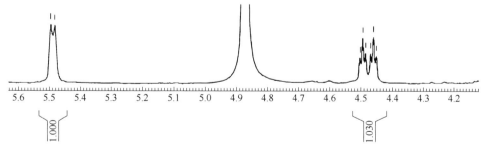

图 2.30　baimantuoluoline W 的化学结构

^{1}H-NMR（CD$_3$OD，400MHz）谱中，在其高场区，根据波谱学规律中关于甲基的描述可确定在 δ 0.78（3H, s）、δ 1.02（3H, s）、δ 1.85（3H, s）和 δ 1.97（3H, s）处为 4 个归属于甲基质子氢的信号，同时说明有一个甲基被氧化，波谱学规律中描述到化合物最易被氧化的甲基位于 C-27 位和 C-21 位，进一步在 δ 3.90（1H, dd, J = 11.2, 2.8Hz）和 δ 3.77（1H, dd, J = 11.2, 4.4Hz）处观察到两个质子信号，二者的第一个偶合常数相同，根据位移判断显然是 21 位甲基被氧化取代。

在低场区，如图 2.31 所示，δ 5.50（1H, br.d, J = 5.3Hz）处可以观察到有 1 个烯氢信号，根据波谱学规律可以断定化合物没有常见的 1-酮-2-烯结构，推测可能是具有 5-烯结构的醉茄内酯。

图 2.31　低场区 ^{1}H-NMR 谱

^{13}C-NMR（CD$_3$OD，100Hz）谱中，可见 28 个碳原子信号，其中包括高场区的 4 个甲基碳信号；在低场区 δ 122.0、δ 153.5 和 δ 169.5

处出现的 3 个季碳信号，根据波谱学规律，它们分别归属于 E 环上的 α, β-不饱和内酯环上的 1 个酯羰基和 2 个烯键碳信号；另外，在 $\delta\,139.4$、$\delta\,125.2$ 处可观察到一对烯键碳信号。在 $\delta\,73.6$ 处观测到一个碳信号，结合 ^{1}H-NMR 谱证实 C-1 位被羟基取代。波谱学规律中描述：当化合物 C-1 位被氧化取代时，通常为 α-构型取代，其 ^{1}H-NMR 谱可对母核中羟基的构型进行确定，在 $\delta\,3.80$ 处左右出现 br.s 峰裂分 $W_{1/2} \approx 5.5\text{Hz}$ 左右。在 ^{1}H-NMR 谱中，$\delta\,3.80$（br.s 峰，$W_{1/2} = 6.0\text{Hz}$，H-1）的裂分模式体现了 1α-OH 的取代特征。^{13}C-NMR 谱 $\delta\,67.0$ 结合 ^{1}H-NMR 谱 $\delta\,3.91$ 处 $W_{1/2} = 20.0\text{Hz}$ 可判断 3β-OH 的存在。

该化合物的 C-21 位上的氢被羟基氧化取代，通过比较 C-21 上的两个氢的化学位移及偶合常数值大小可判断 C-20 为 R-构型。在 ^{1}H-NMR 谱中，如图 2.31 所示，H-22 在 $\delta\,4.48$ 处表现为一个 dt 峰已经说明 C-22 是 R-构型，且偶合常数分别是 13.2Hz 和 3.4Hz，用这两种方法均可推测化合物的 C-22 位的构型为 R-构型。化合物的结构解析过程如图 2.32 所示。

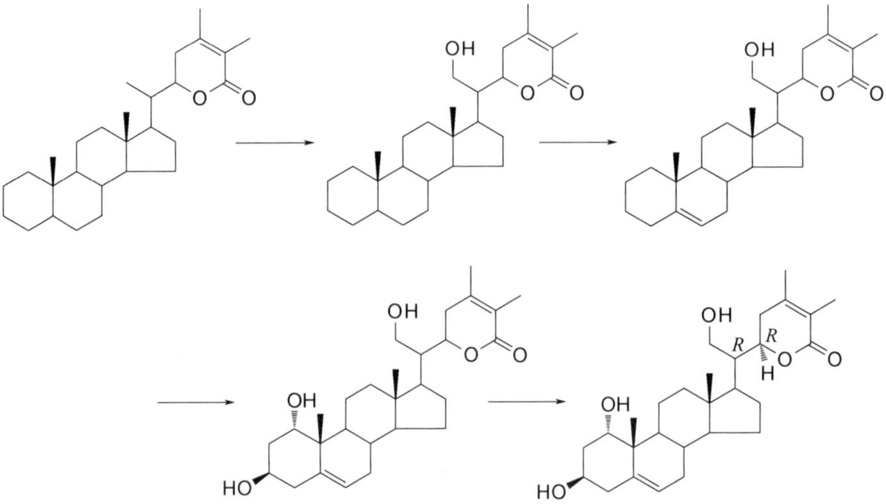

图 2.32　baimantuoluoline W 的化学结构推导过程

结合 ^{13}C-NMR、^{1}H-NMR 谱推测其分子式为 $C_{28}H_{42}O_5$。计算其不饱和度为 8。负性 HR-ESI-MS 谱在 m/z 457.2949（calcd. for $C_{28}H_{41}O_5$，457.2954）处给出[M-H]⁻离子峰，表明化合物的相对分子质量为 458，验证了以上结构解析的正确性。

2.4.5 6α,7α-环氧-12-deoxywithastramonolide (336)[134] 化学结构的确定

在 ^{1}H-NMR 谱中，根据波谱学规律中关于甲基的描述可确定在高场区 δ 0.64（3H, s）、δ 1.22（3H, s）、δ 0.94（3H, d, J = 6.6Hz）和 2.13（3H, s）处可见 4 个归属于甲基质子氢的信号，同时说明有一个甲基被氧化，推测可能是 C-27 或 C-21 被氧化取代，进一步在 δ 4.0~5.0 观察到双峰，说明是 27-CH$_3$ 被氧化；波谱学规律关于 1-酮-2-烯结构的 H-2 和 H-3 的位移值范围的描述，在 δ 6.02（1H, d, J = 10.0Hz）和 6.57（1H, ddd, J = 10.0, 5.1, 3.0Hz）处可以观察到归属于 2 个烯氢质子的信号，结合波谱学规律中对于带有 1-酮-2-烯结构时 C-1、C-2 和 C-3 化学位移的描述，δ 203.6、δ 129.2 和 δ 140.6 说明该化合物具有常见的 1-酮-2-烯结构。在 ^{13}C-NMR 低场区 δ 153.8、δ 127.3 和 δ 166.2 处的 3 个季碳信号根据波谱学规律分别归属于 E 环上的 α,β-不饱和内酯环上的 1 个酯羰基和 2 个烯键碳信号。根据波谱学规律：当 ddd 或 dd 峰的形式出现在 δ 2.65~2.80 同时伴有 ddd 或 dd 或 m 峰的形式出现在 δ 2.40~2.60 时，表明化合物存在 5α-羟基-6α,7α-环氧结构。此化合物在 δ 2.64 和 2.56 有峰出现，推断化合物存在 5α-羟基-6α,7α-环氧结构。通常被环氧基取代的碳的化学位移值在 δ 50.0~65.0，δ 56.6、δ 56.4 结合氢谱 δ 3.13（1H, d, J = 3.7Hz）、δ 3.25（1H, br. s）验证了环氧基团推断正确。

结合 ^{1}H-NMR 谱及 ^{13}C-NMR 谱推定其分子式为 $C_{28}H_{38}O_6$。正性 ESI-MS 谱在 m/z 493 处给出分子离子峰[M+Na]⁺，表明该化

合物的相对分子质量为 470，即验证推断的结构式是正确的。见图 2.33。

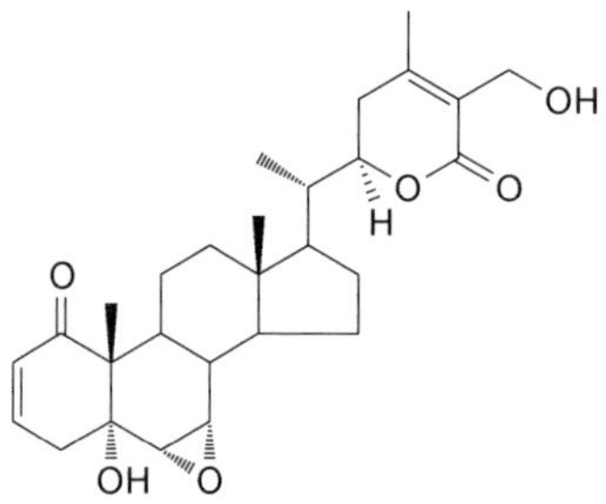

图 2.33　12-deoxywithastramonolide 的化学结构

2.4.6　多羟基型–withafastuosin E (405)[270]化学结构的确定

在 ^{1}H-NMR 谱中，根据波谱学规律中关于甲基的描述可确定在 δ 0.80（3H, s）、δ 1.30（3H, s）和 δ 2.09（3H, s）处为 3 个归属于甲基质子氢的信号，同时说明有两个甲基被氧化，波谱学规律中描述到醉茄内酯最易被氧化的甲基位于 C-27 位，进一步在 δ 3.77（1H, dd, J = 11.2, 4.4Hz）和 δ 3.92（1H, dd, J = 11.2, 2.5Hz）处可观察到归属于羟甲基上的两个质子信号；在 δ 4.30（1H, d, J = 11.7Hz）和 δ 4.38（1H, d, J = 11.7Hz）处还可见到归属于另一个羟甲基的两个质子的双峰信号，根据裂分情况和偶合常数，可知前者应归属于 21 位上的羟甲基，而后者则应归属于 27 位的羟甲基。波谱学规律：5-OH 绝大多数为 α-构型，若选用 CD$_3$OD 或 C$_5$D$_5$N 作为溶剂时，C-4 的化学位移值一般出现在 δ 36.5~37.0，当出现 5α,6β-二羟基取代时，由于 γ-效应的存在，会导致 C-8（6β-OH）与 C-9（5α-OH）位化学位移向高场移动 5~6。^{13}C-NMR 谱中出现 δ 36.6、δ 31.4 和 δ 40.5，结合 ^{1}H-NMR 谱 δ 3.51（1H, t, J = 2.5Hz）、δ 4.52（1H, dt, J = 13.4, 3.4Hz），表明化合物具有 5α,6β-二羟基结构。

在 ^{13}C-NMR 中，能观察到甾体内酯的 28 个碳信号，根据波谱学规律中对于带有 1-酮-2-烯结构时 C-1、C-2 和 C-3 化学位移的描述，withafastuosin E 的 δ 207.6、δ 129.0、δ 143.9 结合 δ 5.76（1H, dd, J = 10.0, 2.4Hz）、δ 6.64（1H, ddd, J = 10.0, 5.2, 2.0Hz）可确定 withafastuosin E 具有 1-酮-2-烯；δ 168.6、δ 158.6、δ 126.3 分别归属于 α,β-不饱和内酯环上的 1 个酯羰基信号和 2 个烯碳信号。综上分析可推测 withafastuosin E 可能是一个具有 1-酮-2-烯-5α,6β,21, 27-四羟基结构的醉茄内酯，见图 2.34。

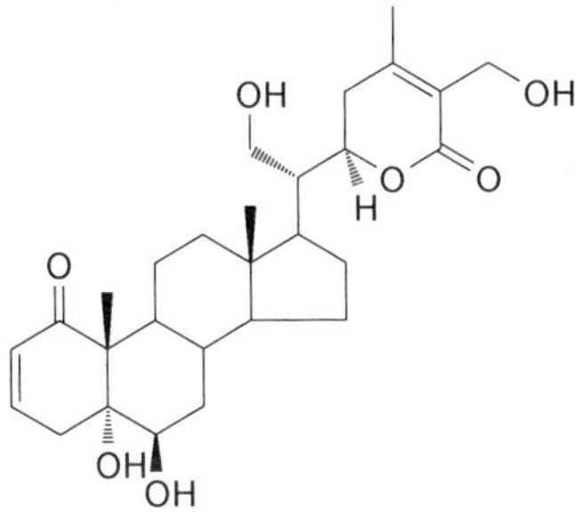

图 2.34　withafastuosin E 的化学结构

结合 ^{1}H-NMR 谱及 ^{13}C-NMR 谱推定其分子式为 $C_{28}H_{40}O_7$。正性 ESI-MS 谱在 m/z 999 处给出双分子离子峰[2M+Na]$^+$，表明该化合物的相对分子质量为 488，验证了上述推断。

2.4.7　2,4-二烯-daturametelin J (495)[368]化学结构的确定

daturametelin J 为白色无定形粉末（MeOH）。UV 光谱（MeOH）：λ_{max} 224nm 表明存在 α,β-不饱和羰基和 δ-酮体系。

^{1}H-NMR（C_5D_5N, 400MHz）谱中：δ 6.90（1H, dd, J = 9.6, 5.7Hz）、δ 6.40（1H, d, J = 5.7Hz）和 δ 6.16（1H, d, J = 9.6Hz），此处出现的三个烯氢质子信号中，除 δ 6.16（1H, d, J = 9.6Hz）满足常见的 1-酮-2-烯结构时 H-2 的特征，其余两个信号并不满足，但是由此也可推测出是由于形成 2,4-二烯结构导致的 H-3 化学位移变大。δ 5.00

（1H, d, J = 7.6Hz）结合该化合物的 ^{13}C-NMR（C_5D_5N, 100MHz）谱中：δ 105.0、δ 78.7、δ 78.6、δ 75.3、δ 71.7 和 δ 62.8 典型位移特征，可判断该化合物具有 β-D-吡喃葡萄糖（图 2.35）。

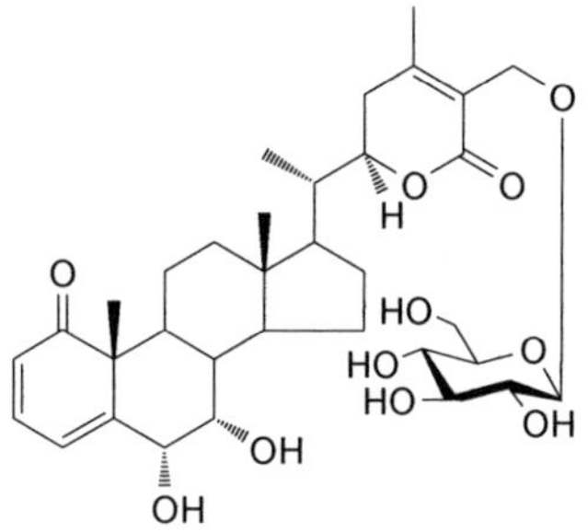

图 2.35　daturametelin J 的化学结构式

^{1}H-NMR 谱高场区是判断甲基的区域，在 δ 2.09（3H, s）、δ 1.91（3H, s）、δ 0.94（3H, d, J = 6.6Hz）和 δ 0.73（3H, s）出现了典型的四个甲基峰，根据波谱学规律说明骨架中可能仅有 27-CH_3 被糖氧化。以上分析结合 δ 206.3、δ 166.1、δ 158.4、δ 157.1、δ 140.5、δ 123.9、δ 79.1 和 δ 73.6 这些特征性化学位移可推断化合物可能是一个具有 1-酮-2,4-二烯-二羟基结构的醉茄内酯苷。δ 4.27（1H, dt, J = 13.3, 3.5Hz）是典型的 22R-构型特征。

结合 ^{1}H-NMR、^{13}C-NMR 谱推测其分子式为 $C_{34}H_{48}O_{11}$。计算其不饱和度为 11。化合物的正性 ESI-MS 谱在 m/z 633.3243（calcd. for $C_{34}H_{48}O_{11}Na$, 633.3275）给出[M+Na]$^+$离子峰，表明化合物的相对分子质量为 632，证实了上述结构推导的正确性。

附：核磁解析中的缩写释义

缩略词	英文全称	中文全称
UV	Utraviolet spectrum	紫外光谱
IR	Infrared spectroscopy	红外光谱
MS	Mass spectrometry	质谱

续表

缩略词	英文全称	中文全称
NMR	Nuclear magnetic resonance spectroscopy	核磁共振波谱
br.	broad	宽峰
s	singlet	单峰
d	doublet	双峰
dd	double-doublet	双二重峰
t	triplet	三重峰
dt	double-triplet	双三重峰
m	multiplet	多重峰

第 3 章

醉茄内酯的生物合成

醉茄内酯作为茄科植物的一类特征性成分，有较多文献报道此类天然产物在植物中的生物合成途径等相关内容。掌握参与醉茄内酯合成的各种酶及其基因调控途径是开展醉茄内酯代谢工作研究的先决条件。此章节将对醉茄内酯类天然化合物在植物中的生物合成途径及合成中所涉及的关键酶等内容进行全面综合的阐述。

3.1 生物合成途径

初步研究表明，类异戊二烯作为合成醉茄内酯的前体分子，主要通过两条途径合成醉茄内酯：在细胞质中进行的甲羟戊酸（MVA）途径和在质体中进行的非甲羟戊酸途径（也称为脱氧木酮糖途径，DOXP；或 2-C-甲基-D-赤藓醇-4-磷酸途径，MEP）[271,272]。Narayan D 等[272]利用 withaferin A 生物合成中代谢的中间体——角鲨烯模型研究比较了 MVA 和 DOXP 途径中的碳对醉茄内酯生物合成的贡献，其比例为 75：25，这是第一份研究醉茄内酯生物合成的报告。

MVA 途径以糖酵解产物乙酰辅酶 A 作为原初供体，经过酶催化缩合生成 β-羟基，β-甲基戊二酰辅酶 A（HMG-CoA），随后在

HMG-CoA 还原酶（HMGR）的作用下生成 MVA，MVA 经焦磷酸化和脱羧作用生成类异戊二烯。DOXP 途径是以糖的中间代谢物丙酮酸和 3-磷酸甘油醛作为原初供体，在脱氧木酮糖-5-磷酸合成酶（DXS）的作用下生成 1-脱氧木酮糖-5-磷酸（DOXP），随后在脱氧木酮糖-5-磷酸还原异构酶（DXR）作用下生成薜醇磷酸（MEP），MEP 经焦磷酸化及酶作用生成类异戊二烯。

醉茄内酯的合成首先通过类异戊二烯经过一系列反应生成 2,3-环氧角鲨烯环化酶，这是形成三萜或植物甾醇的第一个分支。随即 2,3-环氧角鲨烯环化酶经过环化生成环阿屯醇，继而生成醉茄内酯生物合成的关键中间体化合物 24-亚甲基胆固醇，通过去饱和、羟基化/环氧化、环化、链延伸和糖基化生成多样的醉茄内酯[273]。图 3.1 为醉茄内酯生物合成的示意图。

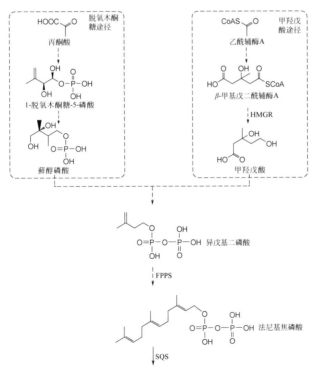

图 3.1

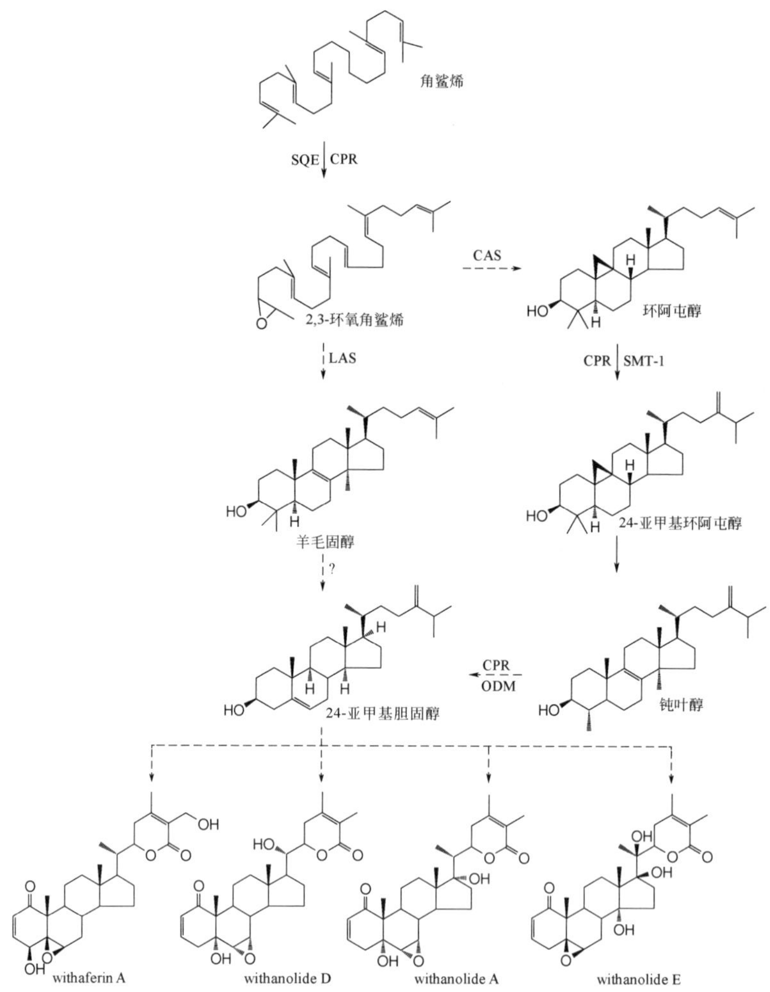

图 3.1　醉茄内酯的生物合成途径
（*实箭头代表一步，虚箭头代表多步）

3.2　关键酶的基因调控

3.2.1　3-羟基-3-甲基戊二酰辅酶 A 还原酶（HMGR）

　　3-羟基-3-甲基戊二酰辅酶 A 还原酶（HMGR; EC 1.1.1.34）不

可逆地催化 3-羟基-3-甲基戊二酰辅酶 A（HMG-CoA）生成甲羟戊酸（MVA），其反应式如下。

$$HMG\text{-}CoA + 2NADPH + 2H^+ \rightarrow$$

$$Mevalonate + 2NADP^+ + CoA\text{-}SH^{[274]}$$

但最近的研究报告表明：HMGR 这种酶相对于 NADPH 更倾向于选择 NADH 作为辅因子，伯克霍尔德杆菌基因缺失试验[275]证明了这个事实。植物 HMGR 具有典型的结构特征：有一个 N 端区域；有两个涉及限速功能和催化领域的跨膜区域[276]。该酶作用于所有真核生物的内质网上（ER）[277]。HMGR 作为类异戊二烯生物合成的起始酶，它的基因编码序列从多种植物中分离获得。研究者结合 RT-PCR、5′-和 3′-RACE 技术对 HMGR 进行分离和分子克隆。

植物化学成分分析表明，withaferin A、withanone、withanolide A 和 withanolide D 分别是 *W. somnifera* 叶组织 NMITLI-101、NMITLI-108、NMITLI-118 和 NMITLI-135 四个化学型中的主要的醉茄内酯成分[278]。Nehal 等已经报道 *W. somnifera* 叶组织总醉茄内酯含量最高的是在 NMITLI-135，这与 WsHMGR 在这个化学型的高表达一致；同时，NMITLI-101 的叶组织中所含醉茄内酯含量最低，且 WsHMGR 在此化学型表达水平最低[279]。这表明 WsHMGR 作为催化剂在醉茄内酯生物合成中起到积极促进作用。因为 WsHMGR 与其对应的其他已知植物的 HMGR 都有高度的相似性，所以有理由相信，其他植物 HMGRs 亦有促进醉茄内酯生物合成的潜力。

3.2.2　角鲨烯合成酶（SQS）

角鲨烯合成酶（SQS; EC 2.5.1.21）催化 2 分子法尼基焦磷酸（FPP）缩合转化为角鲨烯，以形成 C-30 的化合物，这是甾醇或三萜生物合成的第一个酶促反应[280]。这一反应发生在平滑内质网膜上，底物的羧酸末端与内质网结合；但是，与酶的催化位点相关蛋白质的氨基末端位于内质网外部的细胞质中[281]。

大量的实验结果记录了 SQS 重要的调节作用：SQS 基因高表达能增加植物甾醇、三萜类化合物的积累。另外，为了进一步理解角鲨烯合成酶在醉茄内酯生物合成中的调节作用，研究者从不同植物中克隆和描述 SQS 以及它的启动区。采用定量 RT-PCR 方法探索在醉茄内酯生物合成中角鲨烯合成酶的调节作用发现：SQS 基因在不同植物组织中广泛表达，但不同植物不同部位的积累量不同。这一结果将有利于通过测定基因的积累量确定药用植物的有效部位，例如，在人参所有测试的组织中，SQS 基因均有表达，但在茎尖和根部最高[282]；在 *withania somnifera* (L.) Dunal 所测试的组织中，SQS 基因在叶中的表达最高[283]；在成熟三七的测试组织中，SQS 基因在花中的表达水平最高[284]。

此外，有学者研究了影响 SQS 表达的因素。茉莉酸甲酯会导致人参中 SQS 的表达上调；茉莉酸甲酯、水杨酸、2,4-D 均会使 *withania somnifera* (L.) Dunal 中的 SQS 表达上调。但是，茉莉酸甲酯处理蒺藜苜蓿细胞之后，仅三萜类成分的积累量发生变化，甾醇类成分的积累量并未受到影响[285]。这种情况提示要谨慎控制下游有关甾醇合成的酶，才能保证醉茄内酯合成的顺利。

3.2.3 角鲨烯环氧酶（SQE）

角鲨烯环氧酶（SQE; EC 1.14.99.7）催化角鲨烯环氧化转变为 2,3-环氧角鲨烯，这是醉茄内酯的生物合成中的第一个氧合步骤[286]。该酶存在于内质网的微粒体中同时也存在于脂滴，但是只有在内质网上才被检测出活性[287]。催化反应时需要分子氧（O_2）和 NADPH-

细胞色素 P450 还原酶（CPR）的参与[288]。SQE 作为限速酶，其基因的超表达可能在某些植物甾醇和甾族内酯的合成调节中起重要作用。先前已有研究者从人参、绿玉树、三七和醉茄中分离或克隆、鉴定出 SQE 基因。

目前，在酵母中公认有六种 SQE 基因，它们在不同植物组织中的转录表达模式各具特色。但现阶段只有 SQE1、SQE2、SQE3 被鉴定出来，且它们具有相同的生物化学功能。在人参、蒺藜苜蓿和三七中，均发现了 SQE1、SQE2，以三七[289]为例，SQE 的 mRNA 在花中的积累量尤为突出，而相对于 PnSQE1 的表达，PnSQE2 在所有的组织中的表达都是极弱的。用茉莉酸甲酯处理以上所有的 SQE 基因，除了 PnSQE2 表达外均上调，这也将是筛选参与醉茄内酯生物合成途径基因的一种有效方法。当前研发的大量 SQE 抑制剂，对甾醇的形成具有很明显的抑制作用，这也从侧面暗示了 SQE 在醉茄内酯生物合成的调控中具有举足轻重的作用[290,291]。

3.2.4　NADPH-细胞色素 P450 还原酶（CPR）

NADPH-细胞色素 P450 还原酶（CPR; EC 1.6.2.4）是一个具有 686 个氨基酸的内质网膜结合微粒黄素蛋白，是所有微粒体细胞色素 P450（CYPs）系统所必需的酶[292]。这种酶有五个结构域：N 端膜连接域；FMN 结构域，序列类似于黄素氧化还原蛋白；FAD 和 NADPH 结合域，序列与铁氧化还原蛋白/黄素氧化还原蛋白相似；中间连接域，通过柔性铰链连接 FMN 和 FAD 结构域的连接域[293-295]。在生物合成中 CPR 作为 CYPs 的电子供体[296]，它接受一对来自电子给体的电子，然后将电子转移到 CYPs，CYPs 与氧化型底物（分子氧）又发生反应，从而生成还原型底物和水[297]。

在自然界中，CPR 基因的形式是多种多样的。人类通过研究发现：含有大量醉茄内酯类成分的植物 *Withania somnfera* 有两种 CPR 同源旁系物。为了了解 CPR 在醉茄内酯生物合成中的调节作用，研究者[299]已经建立了一个高效的农杆菌转化体系。他们使用 Southern blot 分析证实在植物 *Withania somnifera*（L.） Dunal 的 Withania 基因组中存在两种独立的 CPR 旁系同源物基因，并进行了克隆。另外，通过 UPLC 研究茉莉酸和水杨酸刺激处理 CPR 后对醉茄内酯产量的影响，进而研究 CPR 在代谢调节中的作用，其结果显示 WsCPR2 诱导 withanolide A 和 withaferin A 的积累量显著增加，目前发现具有诱导活性的 CPR 都是Ⅱ型。这个实验进一步表明了 CPR 可能促进不同醉茄内酯的生物合成。

3.2.5 环阿屯醇合酶（CAS）和羊毛固醇合成酶（LAS）

环阿屯醇合酶（CAS）与羊毛固醇合成酶（LAS）催化产生甾醇生物合成的前体：环阿屯醇和羊毛固醇，因而，研究 CAS 和 LAS 在醉茄内酯的生物合成中具有重要的意义。

CAS 与 LAS 属于环氧角鲨烯环化酶（OSC）家族，催化环氧角鲨烯椅-船-椅-船式构象产生中间体，然后进行细胞骨架重组，最终形成环阿屯醇[300]和羊毛固醇。有很多从植物甾醇生物合成观点出发的研究报道已经发表，由于 CAS 在植物中的含量少，所以学者们采用克隆的方法对 CAS 进行研究，这将为醉茄内酯的生物合成提供理论基础。羊毛固醇可以继续发生一系列反应形成麦角固醇和胆固醇，由于前期研究者在高等植物中没有找到麦角固醇和胆固醇的生物分布，所以认为它只存在于酵母和哺乳动物中[301,302]。直到 2006 年，三个不同的实验室分别从植物拟南芥、人参、山茶中发现了 LAS，从而打破了这一不科学的理论。继这些报道之后，研究者[303]利用甲羟戊酸/茉莉酸处理拟南芥幼苗，以确定通过羊毛固醇合成植物甾醇的途径。该研究间接表明，羊毛甾醇通路可能有助于醉茄内酯的生物合成。但是，并没有直接证据证明 CAS 和 LAS 在醉茄内酯生物合成过程中起调节作用，因此其表达调控作用仍有待确定。

第 *4* 章

理化性质与提取分离

本章主要介绍醉茄内酯类化合物的理化性质，提取与分离方法。物化性质主要包括颜色、性状、熔点及溶解性。同时，还梳理了醉茄内酯常见的水解、氧化等一系列化学反应过程。目前，醉茄内酯的提取方法主要有溶剂提取法和超临界流体萃取法，而分离方法较为多样，如柱色谱法、凝胶滤过色谱法、高效液相色谱法等。

4.1 理化性质

4.1.1 物理性质

4.1.1.1 颜色

经文献统计发现，醉茄内酯多呈白色或无色，其中大部分为白色，约占该类化合物的 60%，如白色晶体的 jaborosalactol M (**5**)、2,3-dihydrojaborosalactone A (**6**)、exodeconolide C (**322**)等；白色粉末的 withaphysalin M (**528**)、withaphysalin O (**529**)、coagulin G (**636**)等；白色无定形固体的 salpichrolide V (**624**)、trichoside A (**715**)、trichoside B (**716**)等；白色无定形粉末的 plantagiolide N (**286**)、 baimantuoluoside H* (**504**)等；白色针状的 withanolide S (**401**)；白色板状的 chantriolide C (**316**)；其次为无色，大约占该类化合物的 30%，如无色板状的 cilistol A (**139**)、cilistol B (**140**)、16α-acetoxyhyoscya-milactol (**329**)，无色晶体的 physachenolide A (**394**)、physachenolide B (**395**)，无色针状的 plantagiolide C (**319**)等。极少数化合物由于含有多个发色团（C═O）与 C═C 共轭或因共轭链的延长而呈现不同的颜色，如 withangulatin I (**54**)、physaminimin F (**90**)、withacoagulide A (**159**)、orizabolide (**163**)、withaperuvin M (**183**)、(+)-6α,7α-环氧-5α-羟基-1-oxowitha-2,24-dienolide (**327**)等为淡黄色，呈此色的化合物多为 2,5-二烯型和 5β,6β-环氧型。

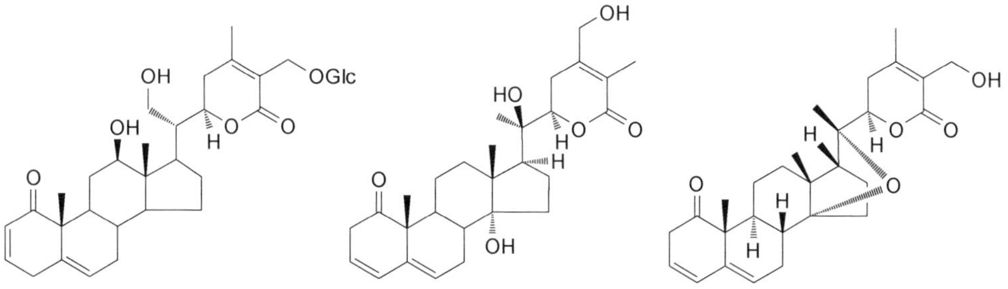

图 4.1　dinoxin B (**161**)、ajugin A (**205**)、coagulin F (**631**)的化学结构

　　因共轭链的延长颜色变深而呈黄色的有 daturametelin H (**496**)和 acnistin B (**596**)。目前仅见 dinoxin B (**161**)呈浅棕色，ajugin A (**205**)和 coagulin F (**631**)呈绿色，然而三者的化学结构中（图 4.1），并不具有较大的共轭体系，推测其颜色可能与纯度有关。

4.1.1.2　性状

　　经统计发现，醉茄内酯多为无定形粉末状，约占 65%，如 peru-lactone I、perulactone J、perulactone K[304]等；其次为晶型固体，约占 30%，晶型固体的形状有许多种，如 withanolide S 为针状晶体[325]、

physapubside B 为片状晶体、physapubescin G 为无色针状物[311]、24,25-epoxywithanolide D 为无色棱状晶体[307]、withametelin L 为无色立方晶体[204]、6α-chloro-5β,17α-dihydroxywithaferin A 为无色平行形晶体[187]、bracteosins A-C 为无色胶状固体[61]、chantriolide C 为白色板状物[131]等。目前仅见一篇文献[25]报道部分醉茄内酯呈现白色油漆状态：27-O-acetyl-withaferin A (**45**)、5β,6β-epoxy-4β-hydroxy-27-(1-formyloxy-1-methylethoxy)-1-oxo-witha-2,24-dienolide (**46**) 和 3β,4β,5α,6β,27-pentahydroxy-1-oxo-witha-24-enolide (**451**)。

4.1.1.3 旋光性

醉茄内酯一般具有旋光性，本部分整理了本书涉及的、已有文献报道的相关醉茄内酯的比旋光度。其比旋光度值范围波动较大，由+354.8°到−196°。70%以上的醉茄内酯为右旋，且大多数醉茄内酯比旋光度值在 0~100°范围内，例如 withangulatin F (**3**)$[\alpha]_D^{25}$ +18.5 (MeOH)[3]、physacoztolide E (**149**)$[\alpha]_D^{25}$ +62.0 (MeOH)[7]、baimantuoluoline V (**222**)$[\alpha]_D^{27}$ +8.9 (MeOH)[346]、physagulin L (**392**)$[\alpha]_D^{27}$ +34.3 (MeOH)[68]、baimantuoluoline S (**576**)$[\alpha]_D^{27}$ +29.6 (MeOH)[346]、coagulin G (**636**)$[\alpha]_D^{25}$ +60 (CHCl$_3$)[225]、tubonolide A (**673**)$[\alpha]_D^{26.6}$ +10.2 (MeOH)[27]等。90%以上左旋比旋光度值在−100~0°范围内，如 23-hydroxytubocapsanolide A (**38**)$[\alpha]_D^{25.2}$ −34.0 (MeOH)[27]、withalongolide G (**87**)$[\alpha]_D^{25}$ −2.3 (MeOH)[29]、daturataurin A (**176**)$[\alpha]_D^{21}$ −38.1 (Pyridine)[91]、withaphy- salin N (**530**)$[\alpha]_D^{20}$ −25.0 (Pyridine)[199]等，常用的测试溶剂与核磁共振波谱测试溶剂相似，多为甲醇和三氯甲烷。

4.1.1.4 熔点

95%以上醉茄内酯熔点在 150~300℃，如 physachenolide C 的熔点为 156~157℃[11]，philadelphicalactone A 的熔点为 274~275℃[26]，

withaferin A 熔点为 243~245℃[38,40]，withalongolide P 的熔点为 227~228℃[322]等，仅个别化合物不在此范围内，如 $3\beta,20\alpha_F$-dihydroxy-1-oxo-20R,22R-witha-5,24-dienolide 熔点为 91~92℃[108]，dunawithanine H 熔点为 119~121℃[119]，与其他相似结构对比，推测文献中该化合物熔点较低可能是纯度低导致；对于如 plantagiolide E 的熔点为 328~330℃[132]，withaphysalin E 的熔点为 311~312℃[194]等化合物的熔点较高的原因尚未可知。

4.1.1.5　溶解度

醉茄内酯的溶解度，因结构及存在状态（苷或苷元）不同而有很大差异。一般游离苷元难溶于水，易溶于甲醇、乙醇、乙酸乙酯、三氯甲烷等有机溶剂中，如 tubocapsenolide A[27]、withaphysalin D[198]、somniwithanolide[73]等溶于甲醇，withatatulin[1]、jaborosalactol M[5]、2,3-dihydrojaborosalactone A[6]等溶于乙酸乙酯；而醉茄内酯苷一般溶于水、甲醇、乙醇等极性有机溶剂，难溶于或不溶于苯、三氯甲烷等有机溶剂，如 daturafoliside I[331]、baimantuoluosides A-C[134]、chantriolide C[131]等溶于甲醇水溶液。

4.1.2　化学性质

4.1.2.1　水解反应

部分醉茄内酯容易与糖连接形成醉茄内酯苷类化合物，目前发现的 731 种成分中有 126 种为醉茄内酯苷，其余均为苷元形式。与醉茄内酯所连糖 79.4%为葡萄糖单糖，16.7%为二糖（主要是龙胆二糖、槐糖），仅发现 5 个三糖（**254、270、278、588、674**）。与其他糖苷类化合物相同，糖的绝对构型（D、L 构型）可以通过将化合物完全水解或控制水解的具体条件，使醉茄内酯苷在一定条件下发生完全水解或部分水解，发生下列反应。

（1）酸催化水解　醉茄内酯苷可被稀酸催化水解，通常在水、稀醇或水与稀醇的混合溶液中进行，所用的酸有盐酸、硫酸等，例如，用盐酸对化合物 eburneolin A 和 eburneolin B 进行酸水解[314]。有一部分难以水解的，必须提高酸的强度，但又有可能导致苷元结构的破坏。为避免苷元结构的破坏，可采用两相酸水解法，即在酸溶液中加入与水不相混溶的有机溶剂，这样苷元一旦生成立刻进入有机相，避免与酸长时间接触，容易获得真正的苷元。例如，可以选用 10%盐酸/二氧六环溶液对化合物 daturametelin H、daturametelin I、daturametelin J 进行酸水解[96]，如图 4.2 所示。该类化合物水解后的糖部分一般用薄层色谱法、气相色谱法等方法鉴定[314]。

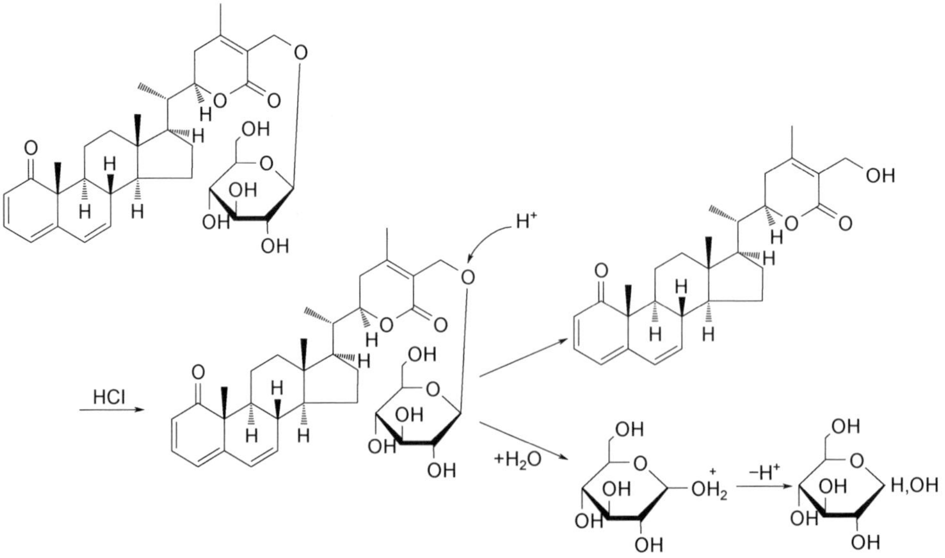

图 4.2　daturametelin H 酸催化水解醉茄内酯苷反应

（2）碱催化水解　醉茄内酯苷类化合物有些可被碱水解，如通过碱催化水解方法使 β-D-葡萄糖苷键断裂，从而鉴定了化合物 (20S,22R)-1α-acetoxy-27-hydroxy-witha-5,24-dienolide-3β-(O-β-D-glucopyranoside)[113]，如图 4.3 所示。

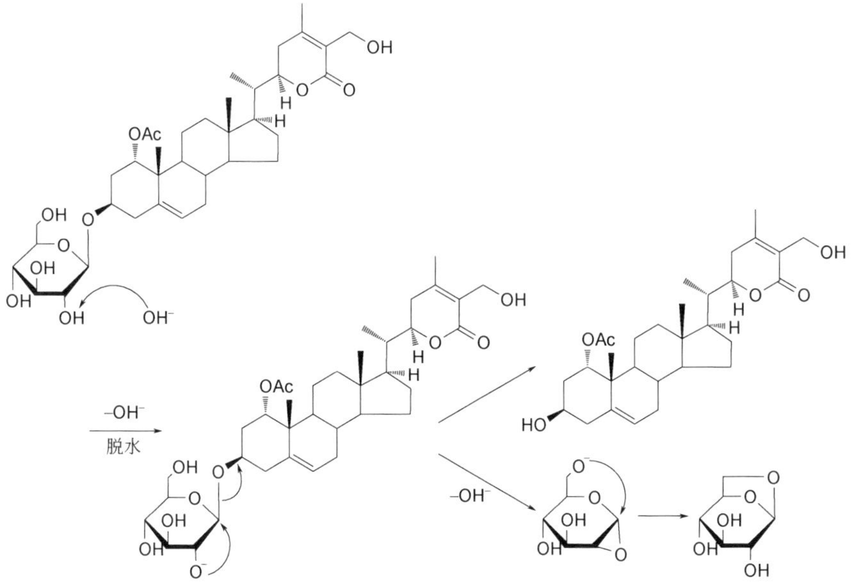

图 4.3　碱催化水解醉茄内酯苷反应

（3）酶催化水解　有些醉茄内酯苷对酸碱均不稳定，可采用酶水解。酶水解条件温和，一般不会破坏苷元结构，可得到真正的苷元；且酶具有高度专属性和水解渐进性，能得到很多结构信息。例如：用 β-糖苷酶水解化合物 withametelin Q 和 12α-hydroxydatura-metelin B[87]，如图 4.4 所示；用纤维素酶水解化合物 baimantuoluo-sides D-G[174]等，从而鉴别出糖的构型。

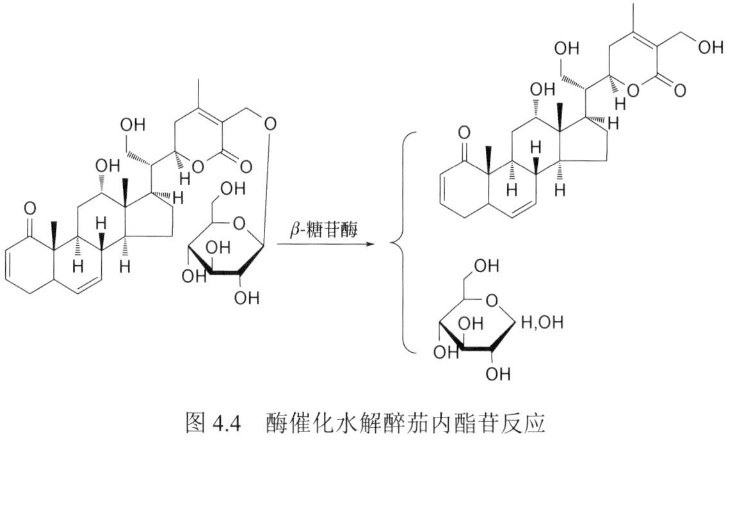

图 4.4　酶催化水解醉茄内酯苷反应

4.1.2.2 氧化反应

有些醉茄内酯可以发生氧化反应，在有机溶剂如丙酮、三氯甲烷、二氯甲烷等中，加入氧化剂如硫酸、二氧化锰、Jone 试剂等，反应产物经过滤、干燥等处理后，可通过 ^{1}H-NMR 法、IR 法、MS 法、色谱法等方法，或通过物理性质如沸点等进行比较从而鉴定。例如，用 Jone 试剂在丙酮中氧化 physalolactone C[185]；在三氯甲烷中用二氧化锰将已知化合物 withangulatin A 的 C-4 位上羟基氧化成酮基继而得到新化合物 withangulatin I[348]。

4.1.2.3 其他反应

（1）皂化反应　physacoztolide A 可以通过皂化反应得到化合物 physacoztolide B[7]。

（2）氢化反应　可以通过将化合物 Minabeolide-2 氢化后，进行 NOESY 测试，进而分析 NOE 关联性[242]。

（3）对溴苯甲酰化反应　将化合物(4S,20S,22R)-27-acetoxy-4-hydroxy-1-oxo-witha-2,5,16,24-tetraenolide 进行对溴苯甲酰化，并将所得产物通过制备型薄层色谱纯化鉴定[324]。

（4）乙酰化反应　醉茄内酯也可发生乙酰化反应，生成乙酰化产物，然后用薄层色谱法鉴别，如用二氯甲烷乙酰化 **191** 生成 (4S,20S,22R)-27-acetoxy-4-hydroxy-1-oxo-witha-2,5,16,24-tetraenolide 和 (4S,20S,22R)-4,27-diacetoxy-1-oxo-witha-2,5, 16,24-tetraenolide[324]等。

4.2　提取

4.2.1　提取方法

整理大量文献发现：醉茄内酯的提取方法与其他成分类型相

似，大多都采用浸渍法、渗漉法、回流提取法、连续回流提取法、超声提取法、超临界流体萃取法（二氧化碳）等，我们按文献篇数对各方法使用情况做了统计，详见表 4.1。其中，浸渍法最为常用，大多是先采用甲醇或 90%乙醇冷浸提取，再用甲醇/水、三氯甲烷/正己烷（或二氯甲烷/二乙基醚）进行液液萃取，最后采用硅胶、氧化铝或制备型高效液相色谱进行分离。如 *physalis ixocarpa* 采用浸渍法进行提取，得到了 philadelphicalactone A (**34**)[26]；*jaborosa laciniata* 采用浸渍法进行提取，得到了 jaborosalactone 46 (**647**)[229]等。由于回流提取法提取效率高，也有一些研究者选择用回流法进行提取，如 *tacca plantaginea* 采用回流提取法进行提取，获得了 plantagiolides A-D (**317~320**)[132]；*datura metel* 采用回流提取法进行了提取，获得了 baimantuoluosides E-G (**419~421**)[174]、baimantuoluolines L-N、P、Q (**489~493**)[346]等一系列醉茄内酯。渗漉法、超临界萃取法也都有应用，如 *acnistus arborescens* 用渗漉法进行提取，获得了 withaphysalin M (**528**)、withaphysalin O (**529**)和 withaphysalin N (**530**)[199]。*Eucalyptus globulus* bark 采用超临界二氧化碳萃取法进行提取，获得了 (+)-6α,7α-epoxy-5α-hydroxy-1-oxowitha-2,24-dienolide (**327**)[136]等。

表 4.1　各提取方法使用情况

提取方法	使用率/%	提取方法	使用率/%
浸渍法	56.59	渗漉法	4.95
回流提取法	22.53	超声提取法	2.20
连续回流提取法	13.19	超临界流体萃取法	0.55

4.2.2　提取溶剂

与其他植物提取溶剂的选择基本相同，用于醉茄内酯提取的溶剂种类亦较多，如乙醇、甲醇、水、正己烷、乙酸乙酯、三氯甲烷、丙酮、乙醚等，使用情况见表 4.2。浸渍法常采用甲醇溶液；回流提取法和超声提取法时溶剂主要选择甲醇和乙醇；使用连续回流提取法（索氏提取器）时溶剂的选择无一定规律，醇提、水提或其他有机溶剂提取均可。采用浸渍法进行提取的 *ajuga parviflora*、*aureliana fasciculata*、*datura innoxia* 等植物选择甲醇作提取溶剂；采用回流提取法进行提取的 *solanum cilistum*、*tacca chantrieri*、*physalis coztomatl* 等植物选择甲醇作提取溶剂，*tacca plantaginea*、*withania coagulance*、*jaborosa bergii* 等植物选择乙醇作提取溶剂；采用渗漉法提取 *dunalia brachyacantha* 植物选择乙醇-水作为提取溶剂；同一植物提取溶剂既可以选择甲醇也可以选择乙醇，如 *datura metel*。

表 4.2　各提取溶剂使用情况

溶剂	使用率/%	溶剂	使用率/%
甲醇	39.05	甲醇-三氯甲烷	1.77
乙醇	33.73	甲醇-水	2.37
丙酮	2.96	乙醇-水	1.18
乙酸乙酯	2.37	石油醚-丙酮	2.96
石油醚	2.37	正己烷-乙酸乙酯	2.96
甲醇-二氯甲烷	6.51	二氯甲烷-乙酸乙酯	1.77

4.3　分离

色谱法作为一种实验室常规分离方法，由于具有分离效果好和操作简便的特点，常被应用于醉茄内酯的分离。醉茄内酯苷元常采用硅胶柱色谱法；醉茄内酯苷水溶性较大，常采用分配色谱或反相色谱（如高效液相色谱法、ODS 柱色谱法等）分离。

4.3.1　硅胶柱色谱

硅胶柱色谱法具有价廉、分离效果好、样品损失较少、回收率较高、副反应较少等优点，在分离醉茄内酯苷时最为常用。常选用硅胶目数为 200~300 目。在选择洗脱系统时，常用不同比例的混合有机溶剂作为流动相进行梯度洗脱，如三氯甲烷-甲醇（三氯甲烷由于毒性大，部分实验室采用二氯甲烷替代三氯甲烷）、石油醚-丙酮、乙酸乙酯-正己烷、石油醚-乙酸乙酯、乙酸乙酯-甲醇、正己烷-乙酸乙酯-甲醇等，先从低极性溶剂开始，然后逐步增加洗脱剂的极性。通常在进行柱色谱之前，需要通过薄层色谱的方法寻找柱色谱的洗脱剂和用于馏分检查时的薄层色谱条件。如洋金花甲醇提取物的乙酸乙酯萃取层经不同洗脱系统的硅胶柱色谱洗脱，分离得到单体化合物：withametelin I、1,10-seco-withametelin B 及 withametelin L 与 withametelin M 的混合物[171]。

硅胶柱色谱分离法中，流动相系统的使用情况在文献中的比例如表 4.3 所示，三氯甲烷–甲醇系统最为常用。

表 4.3　流动相的使用情况

流动相	使用率/%	流动相	使用率/%
三氯甲烷-甲醇	37.5	石油醚-二氯甲烷	3.2
正己烷-乙酸乙酯	21.8	二氯甲烷-乙酸乙酯	9.3
石油醚-乙酸乙酯	9.3	三氯甲烷-丙酮	3.2
石油醚-丙酮	15.6		

4.3.2 氧化铝柱色谱

氧化铝也是一种常用的极性吸附剂，应用于醉茄内酯类化学成分分离研究的是中性氧化铝。醉茄内酯含内酯结构的成分不宜选择碱性氧化铝，因其易与之发生内酯环开裂、酯的水解、异构化、聚合及脱氯化氢形成双键等副反应，酸性氧化铝易与之发生酸催化重排反应，如：研究者利用酸性氧化铝研究发现 *withania somnifera* Dun 中化学成分 withaferin A 中的 A 环由原来的六元环经酸催化重排生成五元环，流动相为正己烷-三氯甲烷（4∶1）洗脱。氧化铝具有价廉、吸附力强、载样量大等优点，但由于氧化铝的颗粒较粗，导致其分离效果并不理想，故氧化铝仅早期应用于醉茄内酯类成分分离。如：研究者用甲醇渗漉法提取 *withania cogulans* Dun，粗提物浓缩后，加水分散后用石油醚和乙醚连续萃取，乙醚萃取液浓缩后经中性氧化铝柱色谱法，流动相为苯-三氯甲烷（1∶0，1∶1，0∶1）洗脱，苯洗脱分离得到 5,20α(*R*)-dihydroxy-6α,7α-epoxy-1-oxo-(5α)-witha-2,24-dienolide，三氯甲烷洗脱获得 withaferin A[156]。

4.3.3 聚酰胺柱色谱

聚酰胺是通过酰胺键聚合而成的一类高分子化合物，聚酰胺既有半化学吸附即氢键吸附色谱的性质，又具有分配色谱的性质，属于双重色谱吸附剂。由于醉茄内酯含有羰基，聚酰胺中的胺基可与之结合，形成分子间氢键，从而发生吸附。该法适用于醉茄内酯类成分的分离，另外芳香性越强或共轭链越长，聚酰胺对它的吸附力就越强，如对 aromatic 型醉茄内酯的吸附力强于其他型。常用的洗脱剂有乙醇/甲醇-水。如 *withania cogulans* 的提取物，经过聚酰胺柱色谱，以乙醇-水（30∶70，70∶30）为流动相进行洗脱，获得 A

和 B 两个组分，A 组分经过进一步分离获得了 withacoagulin A、withacoagulin B、withacoagulin C 等 16 个醉茄内酯[80]。

4.3.4 凝胶柱色谱

凝胶柱色谱又称为凝胶滤过色谱，使用的固定相具有分子筛的性质，所需设备简单、操作方便，然而仅适用于具有明显分子量差别的化合物分离，且价格相对昂贵。不过，在使用得当的前提下，凝胶可以再生，故可反复多次使用。分离醉茄内酯主要使用的固定相是羟丙基葡聚糖凝胶（Sephadex LH-20），其粒径为 25~100μm，既具有亲水性又具亲脂性，适用于醉茄内酯的分离。其既可在水中应用，也可在极性有机溶剂或其与水组成的混合溶剂中充分浸泡膨胀后使用。同时 Sephadex LH-20 在极性与非极性溶剂组成的混合溶剂中常起到反相分配的效果。其常用的流动相组成有：正己烷-二氯甲烷-甲醇、正己烷-三氯甲烷-甲醇、二氯甲烷-甲醇、甲醇-水等。如 withametelins (J、K、N、O)，12β-hydroxy-1,10-seco-withametelin B 这五个化合物就是二氯甲烷-乙酸乙酯系统洗脱的馏分经 Sephadex LH-20 柱(MeOH)分离获得[171]。

4.3.5 MCI 凝胶柱色谱

MCI 凝胶柱是小孔树脂凝胶柱（聚苯乙烯基的反相树脂填料），是在 Diaion 和 Sepabeads 大孔吸附树脂基础上设计的。其较小的颗粒具有更高的分离性能，近些年被研究者应用于醉茄内酯的分离，常以甲醇-水、丙酮-水等为流动相。如 *physalis angulata* L.的甲醇提取物在水中溶解，以三氯甲烷萃取，合并水相经 D-101 型大孔树脂，依次 25%乙醇、50%乙醇、75%乙醇和 95%乙醇洗脱，得组分 A~D；组分 B 经 MCI 柱，用水-丙酮（1∶1）洗脱，所得组分再经 RP-18 柱（C$_{18}$柱）分离得到一系列醉茄内酯[67,193]。MCI 柱也可用于除杂，

如 *Tacca plantaginea* 的乙酸乙酯提取物，经 MCI 柱，用 90%的甲醇水和丙酮洗脱，可除去色素[315]。

4.3.6 十八烷基硅烷（ODS）柱色谱

ODS 柱是一种常用的反相色谱柱，以硅胶为基质键合的 C_{18} 填料，因此也称 C_{18} 柱。其为长链烷基键合相，具有较高的碳含量和更好的疏水性，在醉茄内酯类成分分离中发挥着极为重要的作用。通常，在硅胶薄层板上分离度不好的醉茄内酯样品可使用 ODS 继续分离，常见流动相主要为甲醇-水、乙腈-水系统，洗脱梯度视化合物极性情况而定，如水-30%甲醇/水-50%甲醇/水-70%甲醇/水-100%甲醇；进而视各馏分情况继续采用 ODS 洗脱或制备型 TLC/HPLC 分离。如 *P. angulata* 的 75%醇提物经过萃取，硅胶色谱洗脱后得馏分 E41~E45，E45 经 ODS 柱色谱（3cm×50cm），流动相：甲醇-水（1∶9~1∶0），得到四个馏分 E451~E454，E452 经制备型 TLC 洗脱分离得到 physagulin A、physagulin D、physagulin F 等一系列醉茄内酯类化合物[312]。

4.3.7 高效液相色谱（HPLC）

高效液相色谱法是在常规柱色谱的基础上发展起来的一种新型快速分离分析技术，在醉茄内酯的分离中常采用反相高效液相色谱法。制备或半制备型液相常连接光电二极管阵列检测器（DAD），因其可进行全波长扫描，又可用于梯度洗脱，适用范围广；紫外-可见光检测器（UV-VIS）具有较高的灵敏度，对于醉茄内酯这类具有紫外吸收基团的化合物尤为适宜，亦可用于梯度洗脱；示差折光检测器（RID）是一种通用的检测器，因绝大多数化合物的折射率与流动相都有差异，所以 RID 在醉茄内酯分离中的使用也非常广泛，但此检测器仅适用于等度洗脱，不能用于梯度洗脱。常

用色谱柱填料为 C_{18}，粒径 5μm。常见色谱柱使用型号有：hypersil ODS Ⅱ (5μm, 250mm×4.6mm)、hypersil ODS Ⅱ (10μm, 300mm× 20mm)、phenomenex luna (5μm, 250mm×4.6mm)、YMC Pack ODS-A (5μm, 250mm×20mm)、shim-pack RP-C_{18} (10μm, 200mm×20mm)、water sunfire C_{18} (5μm, 250mm×10mm)和 zorbax SB-C_{18} (5μm, 250mm×9.4mm)等。常用流动相系统为乙腈-水、甲醇-水，有时为了改善峰形、克服峰展宽和拖尾问题，在流动相中常加入 0.1%三氟乙酸。选择三氟乙酸作为扫尾剂是因为其最大紫外吸收峰低于 200nm，对于醉茄内酯（UV≈225nm）的检测干扰很小，且易挥发，可以快速地从制备样品中除去。同时，在 0.1%浓度下，大部分的反相色谱柱都可以产生良好的峰形，当三氟乙酸浓度大大低于此浓度时，峰的展宽和拖尾就会变得十分明显。如：*P. angulata* 经 D101 大孔树脂洗脱、硅胶柱等色谱法粗分后，其中一组分进一步经过 HPLC 精分纯化，流动相分别为甲醇-水（55：45）和乙腈-水（35：65）得到 physagulide P，色谱条件为 shim-pack RP-C_{18} (10μm，200mm× 20mm)，流速 10mL/min [309]。洋金花叶 30%乙醇洗脱组分通过硅胶、ODS 等柱色谱，以及半制备型 HPLC 得到 jaborosalactone D (**430**)，色谱条件为 waters sunfire-C_{18} (5μm, 250mm×10mm)，流动相为甲醇-水，10%~100%梯度洗脱 30min，流速 3mL/min，色谱图见图 4.5。

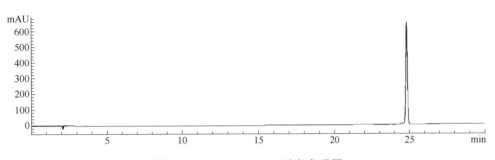

图 4.5　jaborosalactone D 液相色谱图

4.3.8 大孔树脂色谱

大孔树脂是一种具有多孔立体结构，人工合成的有机高分子聚合物。大孔树脂柱的种类有很多，应用于醉茄内酯分离的常见有Diaion HP-20 型、AB-8 型、D-101 型、D941 型等。

4.3.8.1 Diaion HP-20 型大孔吸附树脂色谱

Diaion HP-20 大孔树脂是一种吸附量高、颗粒均匀、机械强度好、不易破碎、残留物少、预处理方便的树脂类型；其应用十分广泛，特别是在天然产物和小蛋白质的吸附、脱除和脱色等方面。无机盐能够使 Diaion HP-20 吸附量增大。在分离醉茄内酯时，常以甲醇-水作为流动相。该树脂对某些植物中的醉茄内酯类成分并没有独特的富集分离效果，主要用于除去无机物杂质，如从 *tacca chantrieri* 甲醇提取物经 Diaion HP-20 柱（甲醇：水=30：70、50：50、100：0，*V/V*）后，50%甲醇浓缩浸膏经硅胶、ODS、制备型高效液相，分离获得 34 个化合物，包括两个醉茄内酯苷 chantriolide A 和 chantriolide B[130]。

4.3.8.2 AB-8 型大孔吸附树脂色谱

AB-8 为聚苯乙烯型非极性吸附树脂，表面有一定的酯基，亲水性得到改善，但吸附机理仍为疏水性吸附。该树脂的比表面积和孔径较大，适合于吸附各类具有一定疏水性的中药成分，吸附量较大，洗脱容易，吸附动力学性能良好。对热、有机溶剂和一般使用条件下的酸、碱稳定，因此使用寿命较长。目前，AB-8 型大孔吸附树脂常被应用于醉茄内酯类成分分离，主要是因其对蛋白、糖类、无机酸、无机碱、无机盐、小分子亲水性有机物均不吸附，故可将目标成分与这些物质分离。常见流动相及其体积比为乙醇-水=50∶50、70∶30、95∶5。如洋金花叶 95%乙醇提取物加水分散后，以石油醚除去叶绿素等非极性物质，萃取后的水相合并通过 AB-8 大孔树脂，依次以 H₂O、30%EtOH、70%EtOH、95%EtOH 洗脱。70%EtOH 洗脱组分通过硅胶柱色谱、ODS、sephadex LH-20 及 HPLC 等现代分离手段与方法反复分离纯化，获得了一系列醉茄内酯[368]。

4.3.8.3　D-101 型大孔吸附树脂色谱

D-101 型大孔吸附树脂为乳白色不透明球状颗粒，是一种具有多孔海绵状结构的人工合成聚合物吸附剂，依靠树脂骨架和被吸附的分子之间的范德华力，通过树脂巨大的比表面积进行物理吸附，从而达到从水溶液中分离提取水溶性较差的有机大分子的目的。常见流动相为不同比例的乙醇-水。如 *physalis angulata* L.的甲醇提取物在水中溶解，以三氯甲烷萃取，合并水相经 D-101 型大孔树脂，依次以 25%、50%、75%、95%乙醇洗脱，50%乙醇洗脱组分中含有大量醉茄内酯[67,193]。

4.3.8.4　D-941 型大孔树脂色谱法

D-941 型大孔树脂为弱碱性阴离子交换树脂，常用于天然产物提取过程中脱色、去除蛋白等。对于含有黄酮、醌类等酸性成分的植物，可以利用 D-941 型大孔树脂对酸性成分的强吸附力的特点，使醉茄内酯类成分随洗脱剂流出，如利用 D-941 型大孔树脂可将洋金花中的主要三类成分分离开来，即生物碱类主要集中在水洗脱部位，醉茄内酯类集中在乙醇洗脱部位，黄酮类则主要吸附在大孔树脂上。此方法简单易行，可有效富集大量醉茄内酯，但是其产物易存在 27-OCH₂CH₃，推测原因可能是：洗脱过程中使用的大量乙醇，在碱性条件下，与化合物 27-OH 发生脱水反应形成此种人工产物，因此需要进一步通过其他化学方法除去乙基，如 baimantuoluolines M-S、U、X 等[346]。

薄层色谱方法在醉茄内酯分离或分析过程中也有使用，此法又称薄层层析（TLC），是以涂布于支持板上的支持物作为固定相，以合适的溶剂为流动相，对混合样品进行分离、鉴定和定量的一种层析分离技术，既可用于检识，又可用于制备分离。在分离醉茄内酯的过程中，薄层色谱法可以起到一个很好的指示作用，从薄层色谱斑点的变化情况，可充分了解分离效果，判断是否含有醉茄内酯类成分，同时决定是否需要更换柱色谱溶剂洗脱比例等。醉茄内酯经薄层板展开后，晾干，喷 5%香草醛硫酸溶液或 10%硫酸乙醇溶液显色剂后加热显紫色，冷却后显黄色。应用于醉茄内酯分离时，常见吸附剂为硅胶，常用的型号为 GF$_{254}$，常见的展开剂有：甲醇-乙酸乙酯、三氯甲烷-甲醇、正己烷-乙酸乙酯等。如 *Nicandra johntyleriana* 的乙醇提取物经脱脂处理后，其二氯甲醇萃取液经硅胶柱色谱后经 TLC 检识合并得馏分 I~Ⅷ，I 经制备型 TLC（正己烷∶乙酸乙酯=1∶9，*V/V*）获得 16-oxojaborosalactone A、acnistin I 和 withajardin I[211]。

4.4 提取和分离实例

如图 4.6 所示，将干燥的洋金花药材 20kg，用 70%乙醇连续加热回流提取 3 次，每次 2h。滤过，三次滤液合并，减压回收乙醇，得乙醇提取物 3.78kg，计算药材出膏率为 18.9%。加适量的水制成悬浊液，通过 D-941 型大孔树脂柱色谱，充分吸附后，分别以 H$_2$O、50%EtOH、95%EtOH 和 1%NaOH 溶液梯度洗脱。采用分析型高效液相分析检识洗脱液，确定醉茄内酯类成分存在于乙醇洗脱液中，减压回收，得到有效组分 140g。

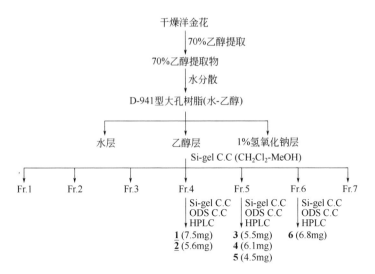

图 4.6 洋金花提取分离流程图

取 D-941 型大孔树脂纯化富集后的乙醇洗脱物 120g 进行硅胶柱色谱分离，溶剂系统为二氯甲烷-甲醇（1∶0~0∶1）不同体积比例梯度洗脱，所得到的洗脱液经过 TLC 分析鉴别后合并为 7 份，分别为 Fr.1~Fr.7。Fr.4（5.2g）通过硅胶柱层析分离，流动相二氯甲烷-甲醇（50∶1~0∶1）洗脱，得到四个组分，即 Fr.4-1~Fr.4-4。Fr.4-3（1.6g）经 ODS 反相柱，甲醇-水系统（2∶8~0∶1）梯度洗脱，然后将所得馏分经过制备型 HPLC 精细分离纯化，采用 Senshu Pak PEGASIL ODS Ⅱ（10μm, 250mm×10mm），流速 5mL/min，流动相甲醇-水（68∶32），UV 225nm 下检测，得到化合物 **1**（7.5mg）和化合物 **2**（5.6mg）。Fr.5（12.2g）通过硅胶柱层析，流动相二氯甲烷-甲醇（30∶1~0∶1）洗脱，得到馏分 Fr.5-1~Fr.5-5。Fr.5-4（1.98g）经 ODS 反相柱，甲醇-水（2∶8~0∶1）梯度洗脱，然后将所得馏分经过制备型 HPLC 精细分离纯化，采用 Senshu Pak PEGASIL ODS Ⅱ（10μm, 250mm×10mm），流速 5mL/min，流动相甲醇-水（55∶45），UV 225nm 下检测，得到化合物 **3**（5.5mg）、化合物 **4**（6.1mg）和化合物 **5**（4.5mg）。Fr.6（10g）通过硅胶柱层析，流动相二氯甲烷-甲醇（20∶1~0∶1）洗脱，得到馏分 Fr.6-1~Fr.6-4。Fr.6-3（1.4g）经 ODS 反相柱，甲醇-水（2∶8~0∶1）梯度洗脱，然后将所得馏分经过 HPLC 精细分离纯化，采用 senshu pak PEGASIL ODS Ⅱ（10μm, 250mm×10mm），流速 5mL/min，流动相甲醇-水（45∶55），UV 225nm 下检测，得到化合物 **6**（6.8mg）。

经过理化分析及各种波谱学数据解析，鉴定了这 6 个化合物均为醉茄内酯，依次分别是：baimantuoluoline W (**1**)、baimantuoluoline X (**2**)、daturametelin I (**3**)、(22*R*)-27-hydroxy-7α-methoxy-1-oxowitha-3,5,24-trienolide (**4**)、daturametelin J (**5**)和 daturataturin A (**6**)。

第 5 章
醉茄内酯的药理活性与生物活性

含有醉茄内酯的植物在传统医学中被广泛应用。如南非醉茄（*Withania somnifera*），又被称为"印度人参"，在阿育吠陀医学中记载，其根和叶在治疗肿瘤和炎症疾病方面确有疗效[335-337]；以醉茄内酯为主要成分的苦蘵（*Physalis angulata*）作为一种民间常用药，具有抗癌、利尿、消炎、镇静止咳和免疫调节作用[260,307,309]；洋金花（*Datura metel*）中醉茄内酯类成分常被用于银屑病的治疗[332-334]；小酸浆（*Physalis minima*）则被广泛应用于治疗支气管炎、脾大、泌尿系统疾病、腹痛和头痛等[332,333,338,340,341]。

与此同时，醉茄内酯表现出的强大及多样的生物活性，吸引了很多研究者的关注，特别是在抗肿瘤、抗炎和细胞免疫等方面，例如：withaferin A 不仅是一个极具开发前途的抗肿瘤药物，在治疗神经系统疾病，如阿尔茨海默病和帕金森病的新药开发方面也显示出巨大的潜力。通过对醉茄内酯类化合物进行药理作用研究，为含有醉茄内酯类植物的传统应用提供科学支撑的同时验证了其传统功效。本章对醉茄内酯的生物活性、药理活性及其构-效关系做了简明系统的总结（表 5.1）。

5.1 抗肿瘤作用

醉茄内酯的抗肿瘤活性研究已开展多年，一些醉茄内酯类成分在细胞毒性、促进细胞分化、抑制 COX-2 活性和诱导醌还原酶等方面表现出较好的作用，对于部分癌症的化学治疗有很大帮助。Withaferin A 作为南非醉茄的一个主要内酯类成分，其抗肿瘤机制得到了深入且广泛的研究。Withaferin A 可以结合热休克蛋白 90(Hsp90)，抑制 Hsp90 的分子伴侣活性，致使 Hsp90 客体蛋白降解，从而表现出对胰腺癌的抗癌活性[252]。进一步研究发现，5,6-环氧基团为抗肿瘤活性基团，其促进醉茄内酯与 Hsp90 的结合，4-OH 还能够增强此作用。

在乳腺癌细胞中，withaferin A 通过介导活性氧的产生、使线粒体的功能发生障碍，从而诱导癌细胞凋亡[253]。Withaferin A 可活化乳腺癌细胞 Notch2 和 Notch4[254]，亦可上调抑制宫颈癌细胞蛋白表达，诱导人乳头状癌基因 P53 凋亡[255]。这些结果强调：withaferin A 对于乳腺癌的靶向化疗具有巨大的发展潜力。体外实验发现 withaferin A 诱导波形纤维蛋白中间丝状体组织改变、诱导细胞凋亡，呈剂量依赖性[256,257]。此外，在波形纤维蛋白缺乏的小鼠模板中，withaferin A 可抑制角膜新生血管中毛细血管的生长[258]。

TNF-α 是一种核因子 NF-κB 活化剂，抑制 NF-κB 信号通路在 TNF-α 中的激活，对于癌症的预防和治疗具有重要意义。具有 NF-κB 抑制性的醉茄内酯最早发现于南非醉茄中，Ihsan-ul-Hag 等第一次在 W. coagulans 中发现具有这种 NF-κB 抑制性的醉茄内酯（**147**、**145**、**215**），其化合物的 IC_{50} 值分别为 11.8μmol/L、5.0μmol/L、8.8μmol/L，从化合物结构上看 C-14 与 C-15 位双键对于化合物抗癌活性具有增强作用[77]，如图 5.1 所示。

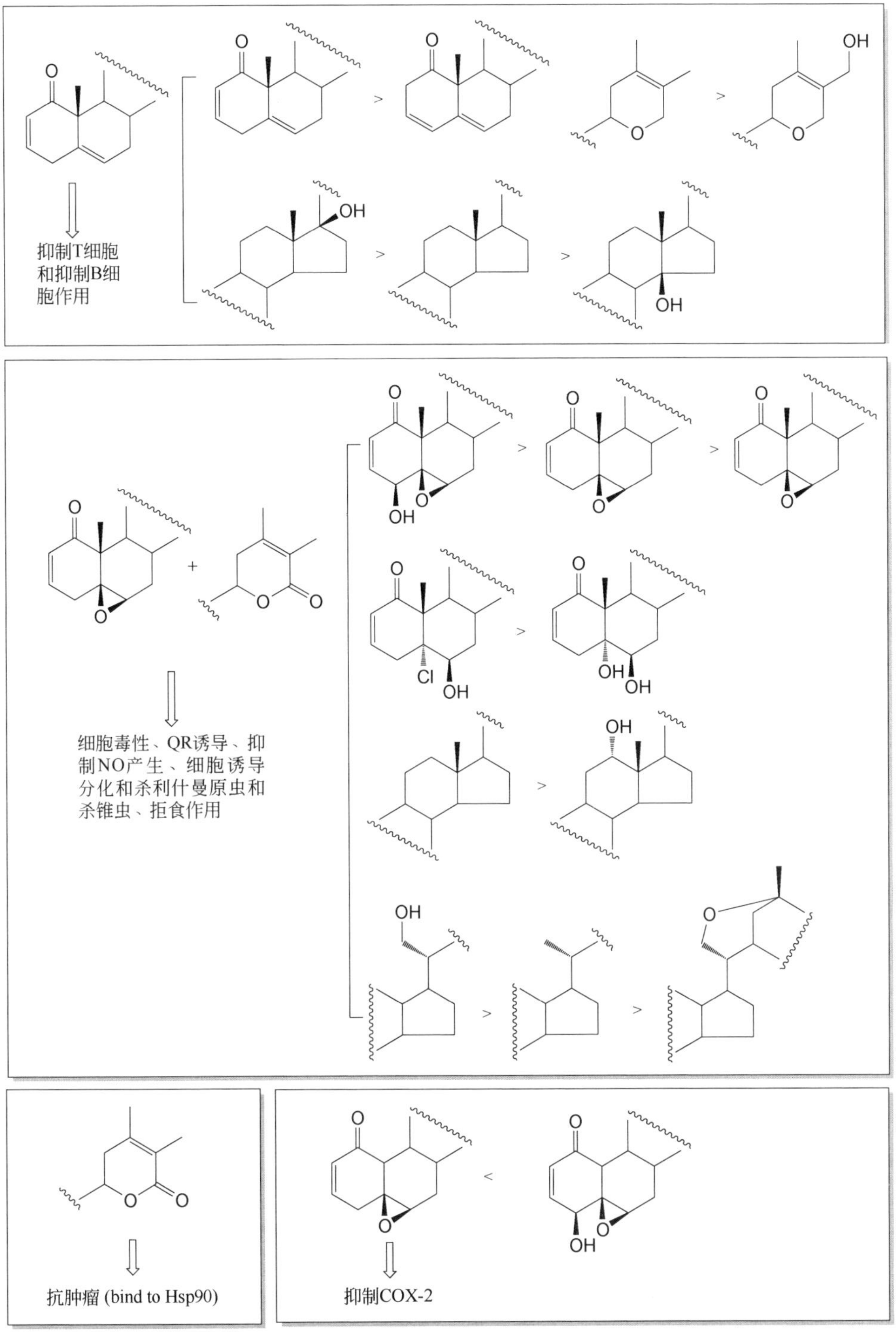

图 5.1　重要基团或取代基对活性的影响

5.1.1 细胞毒活性

大量研究发现，一些醉茄内酯具有较强的细胞毒活性，同时有些还具有选择性杀伤肿瘤细胞的作用，有些还可能诱导肿瘤细胞坏死和凋亡。

2004 年，研究者首次发现从 A. arborescens 提取出来的 withaphysalins 型醉茄内酯（withaphysalins M (**528**)、O (**529**)）对于多种肿瘤细胞（Lu1、LNCaP、MCF7）均显示出较强的细胞毒活性，其可以为 A. arborescens 作为传统抗癌药物使用提供实验依据[199,200]。后有研究发现在神经胶质瘤和头颈部鳞状癌细胞毒活性的测试中，withawrightolide 似乎比 withaferin A 有更大的选择性[204]。

从构-效关系上可以看出：A 环上的 α, β-不饱和酮基团（1-酮-2-烯）和 B 环上的 $5\beta,6\beta$-epoxy 基团对于药理作用是很重要的。两个基团同时出现是醉茄内酯具有此生物活性的必要条件，二者缺失任何一个都可导致细胞毒活性的降低。若这两个基团都缺失，将会使细胞毒活性完全消失。研究还发现 C-4 位羟基取代并没有造成任何生物活性的显著变化[27]，如图 5.1 所示。另有研究表明，氯原子替换 5-OH 能够增强细胞毒活性[31]，如 physagulin B 和 physalin H。7β- 或 16α-OAc 的存在对于细胞毒活性没有作用[8]，这与 Habtemariam 所叙述的 17-oxygenated withanolides 中 16-OH 或-OAc 能增强细胞毒活性结论相反[249]。因此，16-OH 或-OAc 基团对于细胞毒活性的影响，有待进一步研究。

5.1.2 诱导细胞分化

近年来基于诱导细胞分化所研发的抗肿瘤药物作为一种新型药物而备受关注。在对从南非醉茄中提取分离出的 16 种醉茄内酯诱导 MI 细胞分化的活性调查研究中发现：withanolide D、withaferin

A、dihydrowithanolide D 及 27-羟基-withanolide D 具有很强的活性[250]。进一步研究发现：4β-羟基-$5\beta,6\beta$-环氧-2-烯-1-酮可被认为是诱导细胞分化的一个必要的基团，如图 5.1 所示。

5.1.3　COX-2 选择性抑制活性

2003 年，有研究者首次报道醉茄内酯具有抑制 COX-2 酶活性。从南非醉茄叶中得到的 12 种醉茄内酯，并对其抑制 COX-1、COX-2 酶和脂质过氧化的能力进行测定，结果显示，其中 5 个化合物在 50 μg/mL 时抑制 COX-2 酶，在 500 μg/mL 时也未抑制 COX-1 酶，表明了这 5 个化合物高度选择性抑制 COX-2 酶的活性[123]。除此之外，还有很多从南非醉茄植物中提取出来的醉茄内酯具有此类活性[240,241,251]，这些体外实验可为南非醉茄开发为抗癌药物提供科学依据。构-效关系表明：侧链上的 α, β-不饱和-δ-内酯基团是 COX-2 抑制活性的关键，如图 5.1 所示。

5.2　抗菌抗炎作用

withaferin A 和 withanolide D 具有显著的抗细菌、抗真菌和抗炎作用[259]，$5\beta,6\beta$-环氧结构可能是该作用的重要成因。2002 年，Abou-Douh 发现南非醉茄果实的乙醇提取物能够有效抑制细菌，但对真菌无效[140]。2005 年，研究者对 *P. angulata* 果实的提取物和主要成分 physalin B 对于 8 种微生物的抗菌活性进行了研究，结果显示 physalin B（200 μg/mL）在琼脂扩散试验中抑制 85%的金黄色葡萄球菌 ATCC 6637P[260]。

在研究洋金花过程中发现其具有治疗银屑病的作用。2019 年，研究者采用咪喹莫特（imiquimod，IMQ）诱导的银屑病样小鼠模型，对洋金花中醉茄内酯组分治疗银屑病的作用进行研究，结果表明洋金花中醉茄内酯组分能明显减轻 IMQ 诱导的小鼠皮肤鳞屑、红斑和增厚程度，改善组织病理程度，抑制皮损表皮异常增殖和分化相关蛋白的表达及相关炎性因子的释放，其作用机理分别与 TLR7/8-MyD88-NF-κB-NLRP3 和 STAT3/P38/ERK1/2 信号通路有关[124,127]。

从传统的抗炎中草药 *Physalis alkekengi* 变种 *franchetii* 中分离得到的 physalins（A、B、F、O）表现出较强的抑制 LPS 诱导产生 NO 的活性[261]。进一步研究其抗炎机制发现，physalins 在体内出现抗炎作用似乎大部分是因为糖皮质激素受体被激活。从骨架结构特点发现 A 环上的 2-烯-1-酮基团和 B 环上的 5,6-环氧基团（或双键）具有明显的抑制 NO 的产生，从而发挥抗炎作用，如图 5.1 所示。

5.3 免疫调节与抑制作用

现代药理学研究证实了醉茄内酯类成分具有免疫调节活性，可抑制 T 细胞和 B 细胞增殖。从醉茄凝结芽孢草药中分离的 16 种醉茄内酯对刀豆蛋白 A 诱导的 T 细胞增殖和脂多糖诱导的 B 细胞增殖有抑制活性[80]。其中，10 种醉茄内酯对刀豆蛋白 A 诱导的 T 细胞增殖和脂多糖诱导的 B 细胞增殖表现出很好的抑制活性，其 $IC_{50} < 20\mu mol/L$。构-效关系表明，在 A 环和 B 环上的 2,5-二烯-1-酮基是醉茄内酯具有此类活性的必要基团，同时 17β-OH 和 27-CH_3 基团会增强醉茄内酯对 T 细胞和 B 细胞增殖的抑制作用；14α-OH 基团或 C-14 与 C-15 间的双键对于活性没有显著影响；另外，15α-OH 会降低该活性，如图 5.1 所示。

5.4 对神经系统的影响

5.4.1 影响神经轴突生长和突触重建

　　研究发现 withanolide A 具有重建神经轴突和突触的能力，此种作用被认为是预防、治疗神经退行性疾病的重要指标。研究考察从南非醉茄中分离的 16 种醉茄内酯对轴突生长的影响，发现 withanosides Ⅳ、Ⅵ、coagulin Q、(20S,22R)-3α,6α-环氧-4β,5β,27-三羟基-1-酮-醉茄-24-烯内酯、withanolide A 和 (20S,22R)-4β,5β,6α,27-四羟基-1-酮-醉茄-2,24-二烯内酯在 1 μmol/L 时对人神经母细胞 SH-SY5Y 细胞株表现出显著轴突生长活性[121]。此外，withanolide A 还能够诱导 Aβ（25-35）记忆障碍小鼠记忆复苏，几乎完全逆转大脑皮质和海马的轴突、树突、突触的衰退[262]。

5.4.2 神经保护作用

　　研究表明，中风后大脑中的明胶酶（MMP-2 和 MMP-9）水平通常会升高。Kumar 等利用分子对接技术对比明胶酶抑制剂研究评价南非醉茄植物化学成分的明胶酶抑制潜力，结果表明：与逆异羟肟酸酯抑制剂相比，withanolide G 和 withafastuosin E 对 MMP-9 的亲和力更高，具有神经保护潜力[343]。该研究团队后期采用小鼠鼻内给药方法针对醉茄内酯类对成年小鼠模型脑缺血-再灌注损伤中的神经保护能力进行继续研究，发现 withanolide A 能够修复血脑屏障损坏和脑水肿，显著减少脑梗死发生，降低缺血诱导的脑室神经递质和升高生化水平。同时，withanolide A 的最高剂量（10 mg/kg）还能够显著降低因脑缺血病理生理引起的脑组织形态损害、细胞的凋亡和坏死[344]。

5.5　杀利什曼原虫活性

化合物 withacoagulide C、withanolide G、withanolide J 具有显著的杀利什曼原虫活性，其 IC_{50} 值为 5.1 μg/mL、4.7 μg/mL、2.7 μg/mL[81]。研究结果显示：1-酮-2,5-二烯基团的存在对该活性起重要作用。此外，有研究者通过生物法和经典的 3D-QSAR 模型分析方法对构-效关系进行研究发现：2-烯-1-酮和 $5\beta,6\beta$-环氧基团的存在对于该活性是极其重要的；4-OH 不会影响活性，但 4-OH 的乙酰化会严重降低活性；$5\beta,6\beta$-环氧基团开环可以使此活性彻底消失[264]，如图 5.1 所示。

5.6　其他作用

研究表明，醉茄内酯类成分还具有拒食、溶虫、杀虫[240,241,265]、胆碱酯酶抑制[2]、植物毒性[232,266]等作用，部分化学成分还具有治疗糖尿病以及利尿等作用[150]。

对醉茄内酯生物活性起到重要作用的基团或取代基，如图 5.1 所示。表 5.1～表 5.9 列出了目前已见报道的醉茄内酯生物活性。虽然没有评估所有的醉茄内酯的生物活性，但是可以总结出一些初步的规律，为这些化合物的生物活性预测提供基准，如下：

① 未改变骨架的Ⅰ类醉茄内酯上述所有活性均见报道。

② 改变骨架的Ⅱ类醉茄内酯则表现出不同的生物活性。Withaphysalins 和 withametelins 有细胞毒性；norbornanes，sativolides 和 spiranoid-δ-lactones 表现出了植物毒性；subtriflora-δ-lactones 和 D 环 aromatic 醉茄内酯分别表现出 QR-诱导和拒食活性。

表 5.1　醉茄内酯抗肿瘤生物活性

生物活性	细胞株	阳性药	化合物编号	判定标准
抗肿瘤（细胞毒活性）	HeLa	盐酸阿霉素	60[43]	LC$_{50}$: 1.30±0.05μmol/L
			13[13]	IC$_{50}$: 11μmol/L
			17[13]	IC$_{50}$: 28μmol/L
			67[13]	IC$_{50}$: 11μmol/L
			74[13]	IC$_{50}$: 12μmol/L
			393[13]	IC$_{50}$: >92μmol/L
			406[13]	IC$_{50}$: >94μmol/L
			414[13]	IC$_{50}$: 21μmol/L
			427[13]	IC$_{50}$: 14μg/mL
			431[13]	IC$_{50}$: >95μg/mL
		放线菌素硫嘌呤	184[324]	IC$_{50}$: 19.6μg/mL
			191[324]	IC$_{50}$: 10.8μg/mL
			192[324]	IC$_{50}$: 11.0μg/mL
			193[324]	IC$_{50}$: 15.3μg/mL
			194[324]	IC$_{50}$: >40μg/mL
			195[324]	IC$_{50}$: >40μg/mL
			196[324]	IC$_{50}$: >40μg/mL
			197[324]	IC$_{50}$: >40μg/mL
			2[25]	IC$_{50}$: 17.7±0.9μg/mL (48h) IC$_{50}$: 19.8±0.7μg/mL (72h)
			33[25]	IC$_{50}$: 40.0±2.1μg/mL (48h) IC$_{50}$: 31.1±2.6μg/mL (72h)
			45[25]	IC$_{50}$: 7.7±0.3μg/mL (48h) IC$_{50}$: 4.7±0.5μg/mL (72h)
			46[25]	IC$_{50}$: >40μg/mL (48h) IC$_{50}$: 37.3±2.4μg/mL (72h)
			53[25]	IC$_{50}$: 3.5±0.2μg/mL (48h) IC$_{50}$: 2.7±0.06μg/mL (72h)
			59[25]	IC$_{50}$: 3.0±0.1μg/mL (48h) IC$_{50}$: 2.3±0.03μg/mL (72h)
			102[25]	IC$_{50}$: 28.9±3.2μg/mL (48h) IC$_{50}$: 19.3±0.7μg/mL (72h)
	MKN-45	盐酸阿霉素	60[43]	LC$_{50}$: 1.27±0.05μmol/L
	Hep-2	盐酸阿霉素	60[43]	LC$_{50}$: 1.00±0.02μmol/L
	HT-29	盐酸阿霉素	60[43]	LC$_{50}$: 1.44±0.05μmol/L

生物活性	细胞株	阳性药	化合物编号	判定标准
抗肿瘤 （细胞毒活性）	MCF-7	阿霉素	52[31]	IC_{50}: 1.94μg/mL
			77[31]	IC_{50}: 0.90μg/mL
			78[31]	IC_{50}: 1.96μg/mL
			131[31]	IC_{50}: 12.78μg/mL
			36[27]	IC_{50}: 1.47μg/mL
			37[27]	IC_{50}: 1.77μg/mL
			38[27]	IC_{50}: 2.05μg/mL
			39[27]	IC_{50}: 1.98μg/mL
			60[27]	IC_{50}: 0.37μg/mL
			453[27]	IC_{50}: 14.71μg/mL
			454[27]	IC_{50}: >20μg/mL
			456[27]	IC_{50}: >20μg/mL
			586[27]	IC_{50}: 2.31μg/mL
			587[27]	IC_{50}: 8.01μg/mL
			591[27]	IC_{50}: 4.84μg/mL
			593[27]	IC_{50}: >20μg/mL
			594[27]	IC_{50}: >20μg/mL
			592[27]	IC_{50}: >20μg/mL
			673[27]	IC_{50}: 12.03μg/mL
			521[200]	IC_{50}: 0.28μg/mL
			531[200]	IC_{50}: 2.63μg/mL
			198[326]	IC_{50}: 1.0±0.1μg/mL
		—	691[241]	IC_{50}: 1.26μg/mL
		盐酸阿霉素	60[43]	LC_{50}: 1.10±0.06μmol/L
		—	528[199]	ED_{50}: 1.2μg/mL
		—	529[199]	ED_{50}: 1.0μg/mL
		—	530[199]	ED_{50}: 15.0μg/mL
		阿霉素	695[242]	IC_{50}: 14.9μg/mL
			388[319]	IC_{50}: >65μg/mL
			624[319]	IC_{50}: >65μg/mL
		顺铂	67[305]	IC_{50}: 0.06±0.001μg/mL
			408[305]	IC_{50}: 6.7±0.6μg/mL
			427[305]	IC_{50}: 4.4±0.6μg/mL

生物活性	细胞株	阳性药	化合物编号	判定标准
抗肿瘤 （细胞毒活性）	MCF-7	Withaferin A Withalonglide B	119[306]	IC_{50}: 6.3±1.2μg/mL
		放线菌素 巯嘌呤	184[324]	IC_{50}: 32.4μg/mL
			191[324]	IC_{50}: 13.5μg/mL
			192[324]	IC_{50}: 21.6μg/mL
			193[324]	IC_{50}: 13.9μg/mL
			194[324]	IC_{50}: 10.3μg/mL
			195[324]	IC_{50}: >40μg/mL
			196[324]	IC_{50}: >40μg/mL
			197[324]	IC_{50}: 26.6μg/mL
		—	161[86]	IC_{50}: 0.61±0.05μg/mL
		放线菌素 巯嘌呤	2[25]	IC_{50}: 16.3±1.1μg/mL (48h) IC_{50}: 10.3±0.9μg/mL (72h)
			33[25]	IC_{50}: 27.7±2.0μg/mL (48h) IC_{50}: 6.0±0.1μg/mL (72h)
			45[25]	IC_{50}: 5.3±0.1μg/mL (48h) IC_{50}: 2.0±0.05μg/mL (72h)
			46[25]	IC_{50}: 26.9±1.5μg/mL (48h) IC_{50}: 18.3±0.9μg/mL (72h)
			53[25]	IC_{50}: 1.2±0.01μg/mL (48h) IC_{50}: 0.3±0.003μg/mL (72h)
			59[25]	IC_{50}: 3.6±0.02μg/mL (48h) IC_{50}: 0.6±0.002μg/mL (72h)
			102[25]	IC_{50}: 14.4±0.9μg/mL (48h) IC_{50}: 5.4±0.1μg/mL (72h)
	U-937	盐酸阿霉素	60[43]	LC_{50}: 1.69±0.09μmol/L
	Fib04		60[43]	LC_{50}: 2.96±0.15μmol/L
	Fib05		60[43]	LC_{50}: 1.13±0.13μmol/L
	Lu1	—	528[199]	ED_{50}: 0.22μg/mL
			529[199]	ED_{50}: 0.16μg/mL
			530[199]	ED_{50}: 9.3μg/mL
	LNCaP	阿霉素	388[319]	IC_{50}: 52.72±1.04μg/mL
			624[319]	IC_{50}: 40.23±1.08μg/mL
		阿霉素	11[304]	IC_{50}: 0.02±0.01μg/mL
			12[304]	IC_{50}: 0.33±0.02μg/mL
			77[304]	IC_{50}: 0.16±0.04μg/mL

生物活性	细胞株	阳性药	化合物编号	判定标准
抗肿瘤 （细胞毒活性）	LNCaP	阿霉素	78[304]	IC_{50}: 0.06±0.01μg/mL
			113[304]	IC_{50}: >2μg/mL
			115[304]	IC_{50}: 0.29±0.05μg/mL
			164[304]	IC_{50}: 0.24±0.02μg/mL
			181[304]	IC_{50}: 0.13±0.10μg/mL
			189[304]	IC_{50}: 0.33±0.04μg/mL
			221[304]	IC_{50}: 0.94±0.10μg/mL
		—	528[199]	ED_{50}: 1.0μg/mL
			529[199]	ED_{50}: 0.9μg/mL
			530[199]	ED_{50}: >20μg/mL
		—	50[3]	EC_{50}: 0.2μg/mL
			96[3]	EC_{50}: 13.9μg/mL
			103[3]	EC_{50}: 9.6μg/mL
			449[3]	EC_{50}: 13.4μg/mL
	DU-145	—	50[3]	EC_{50}: 1.3μg/mL
	1A9	—	50[3]	EC_{50}: 0.2μg/mL
			96[3]	EC_{50}: 6.5μg/mL
			449[3]	EC_{50}: 18.8μg/mL
			103[3]	EC_{50}: 3.7μg/mL
	Hep G2	阿霉素	52[31]	IC_{50}: 2.11μg/mL
			77[31]	IC_{50}: 0.53μg/mL
			78[31]	IC_{50}: 0.31μg/mL
			88[31]	IC_{50}: 18.61μg/mL
			95[31]	IC_{50}: 4.05μg/mL
			131[31]	IC_{50}: 3.21μg/mL
			459[31]	IC_{50}: 17.10μg/mL
			36[27]	IC_{50}: 0.86μg/mL
			37[27]	IC_{50}: 0.73μg/mL
			38[27]	IC_{50}: 0.44μg/mL
			39[27]	IC_{50}: 0.64μg/mL
			60[27]	IC_{50}: 0.21μg/mL
			453[27]	IC_{50}: >20μg/mL
			454[27]	IC_{50}: 19.12μg/mL
			456[27]	IC_{50}: >20μg/mL

续表

生物活性	细胞株	阳性药	化合物编号	判定标准
抗肿瘤 （细胞毒活性）	Hep G2	阿霉素	586[27]	IC$_{50}$: 3.11μg/mL
			587[27]	IC$_{50}$: 4.41μg/mL
			591[27]	IC$_{50}$: 0.97μg/mL
			593[27]	IC$_{50}$: >20μg/mL
			594[27]	IC$_{50}$: >20μg/mL
			592[27]	IC$_{50}$: >20μg/mL
			673[27]	IC$_{50}$: 5.09μg/mL
			17[309]	IC$_{50}$: 5.95μg/mL
			67[309]	IC$_{50}$: 7.71μg/mL
			124[309]	IC$_{50}$: 4.22μg/mL
			414[309]	IC$_{50}$: 9.46μg/mL
			431[309]	IC$_{50}$: >50μg/mL
			694[242]	IC$_{50}$: 8.0μg/mL
		顺铂	67[305]	IC$_{50}$: 1.6±0.3μg/mL
			408[305]	IC$_{50}$: 2.0±0.6μg/mL
			427[305]	IC$_{50}$: 2.5±0.8μg/mL
		—	161[86]	IC$_{50}$: 1.5±0.04μg/mL
	Hep 3B	阿霉素	52[31]	IC$_{50}$: 3.04μg/mL
			77[31]	IC$_{50}$: 0.10μg/mL
			78[31]	IC$_{50}$: 1.77μg/mL
			88[31]	IC$_{50}$: 14.16μg/mL
			95[31]	IC$_{50}$: 10.68μg/mL
			131[31]	IC$_{50}$: 13.37μg/mL
			459[31]	IC$_{50}$: 3.89μg/mL
			36[27]	IC$_{50}$: 0.42μg/mL
			37[27]	IC$_{50}$: 0.99μg/mL
			38[27]	IC$_{50}$: 0.49μg/mL
			39[27]	IC$_{50}$: 0.80μg/mL
			60[27]	IC$_{50}$: 0.47μg/mL
			453[27]	IC$_{50}$: 15.07μg/mL
			454[27]	IC$_{50}$: >20μg/mL
			456[27]	IC$_{50}$: 7.19μg/mL
			586[27]	IC$_{50}$: 3.63μg/mL
			587[27]	IC$_{50}$: 1.85μg/mL

续表

生物活性	细胞株	阳性药	化合物编号	判定标准
抗肿瘤 （细胞毒活性）	Hep 3B	阿霉素	591[27]	IC$_{50}$: 3.17μg/mL
			593[27]	IC$_{50}$: >20μg/mL
			594[27]	IC$_{50}$: >20μg/mL
			592[27]	IC$_{50}$: 19.03μg/mL
			673[27]	IC$_{50}$: 6.54μg/mL
		—	161[86]	IC$_{50}$: 0.67±0.29μg/mL
	A549	阿霉素	52[31]	IC$_{50}$: 4.03μg/mL
			77[31]	IC$_{50}$: 1.48μg/mL
			78[31]	IC$_{50}$: 3.20μg/mL
			131[31]	IC$_{50}$: 14.35μg/mL
			36[27]	IC$_{50}$: 0.47μg/mL
			37[27]	IC$_{50}$: 1.42μg/mL
			38[27]	IC$_{50}$: 0.79μg/mL
			39[27]	IC$_{50}$: 0.88μg/mL
			60[27]	IC$_{50}$: 0.33μg/mL
			453[27]	IC$_{50}$: 6.04μg/mL
			454[27]	IC$_{50}$: 19.94μg/mL
			456[27]	IC$_{50}$: 8.01μg/mL
			586[27]	IC$_{50}$: 1.01μg/mL
			587[27]	IC$_{50}$: 2.80μg/mL
			591[27]	IC$_{50}$: 1.49μg/mL
			593[27]	IC$_{50}$: >20μg/mL
			594[27]	IC$_{50}$: >20μg/mL
			592[27]	IC$_{50}$: >20μg/mL
			673[27]	IC$_{50}$: 5.91μg/mL
		放线菌素 巯嘌呤	191[324]	IC$_{50}$: 25.2μg/mL
			192[324]	IC$_{50}$: 28.4μg/mL
			193[324]	IC$_{50}$: 35.2μg/mL
			194[324]	IC$_{50}$: >40μg/mL
			195[324]	IC$_{50}$: >40μg/mL
			196[324]	IC$_{50}$: >40μg/mL
			197[324]	IC$_{50}$: >40μg/mL
			184[324]	IC$_{50}$: 35.7μg/mL
			161[86]	IC$_{50}$: 3.4±0.02μg/mL

生物活性	细胞株	阳性药	化合物编号	判定标准
抗肿瘤 （细胞毒活性）	A549	依托泊苷 喜树碱喜	162[87]	IC$_{50}$: 7.0±1.0μg/mL
			168[87]	IC$_{50}$: 52±3μg/mL
			573[87]	IC$_{50}$: 92±2μg/mL
			180[87]	IC$_{50}$: 4.2±0.4μg/mL
			560[87]	IC$_{50}$: 3.5±0.2μg/mL
		放线菌素	550[171]	IC$_{50}$: 1.2μg/mL
			552[171]	IC$_{50}$: 1.7μg/mL
			554[171]	IC$_{50}$: 3.5μg/mL
			559[171]	IC$_{50}$: 2.0μg/mL
			563[171]	IC$_{50}$: >10μg/mL
		放线菌素 巯嘌呤	2[25]	IC$_{50}$: >40μg/mL (48h) IC$_{50}$: 31.7±2.5μg/mL (72h)
			33[25]	IC$_{50}$: >40μg/mL (48h) IC$_{50}$: >40μg/mL (72h)
			45[25]	IC$_{50}$: 6.7±0.1μg/mL (48h) IC$_{50}$: 4.4±0.1μg/mL (72h)
			46[25]	IC$_{50}$: >40μg/mL (48h) IC$_{50}$: >40μg/mL (72h)
			53[25]	IC$_{50}$: 4.2±0.9μg/mL (48h) IC$_{50}$: 2.3±0.06μg/mL (72h)
			59[25]	IC$_{50}$: 6.6±0.08μg/mL (48h) IC$_{50}$: 1.5±0.05μg/mL (72h)
			102[25]	IC$_{50}$: 33.5±1.9μg/mL (48h) IC$_{50}$: 17.2±0.8μg/mL (72h)
	MDA-MB-231	—	52[31]	IC$_{50}$: 3.93μg/mL
			77[31]	IC$_{50}$: 0.18μg/mL
			78[31]	IC$_{50}$: 0.47μg/mL
			131[31]	IC$_{50}$: 11.82μg/mL
			459[31]	IC$_{50}$: 6.99μg/mL
		阿霉素	36[27]	IC$_{50}$: 0.22μg/mL
			37[27]	IC$_{50}$: 0.99μg/mL
			38[27]	IC$_{50}$: 1.19μg/mL
			39[27]	IC$_{50}$: 0.99μg/mL
			60[27]	IC$_{50}$: 0.28μg/mL
			453[27]	IC$_{50}$: 8.41μg/mL
			454[27]	IC$_{50}$: >20μg/mL

生物活性	细胞株	阳性药	化合物编号	判定标准
抗肿瘤 （细胞毒活性）	MDA-MB-231	阿霉素	456[27]	IC$_{50}$: 13.49μg/mL
			586[27]	IC$_{50}$: 1.37μg/mL
			587[27]	IC$_{50}$: 1.58μg/mL
			591[27]	IC$_{50}$: 0.70μg/mL
			593[27]	IC$_{50}$: >20μg/mL
			594[27]	IC$_{50}$: >20μg/mL
			592[27]	IC$_{50}$: >20μg/mL
			673[27]	IC$_{50}$: >20μg/mL
		—	161[86]	IC$_{50}$: 1.0±0.07μg/mL
		阿霉素	695[242]	IC$_{50}$: 19.3μg/mL
			17[309]	IC$_{50}$: 3.33μg/mL
			67[309]	IC$_{50}$: 1.62μg/mL
			124[309]	IC$_{50}$: 15.74μg/mL
			414[309]	IC$_{50}$: 3.30μg/mL
			431[309]	IC$_{50}$: >50μg/mL
		Withaferin A Withalonglide B	119[306]	IC$_{50}$: 1.7±0.2μg/mL
	MDA-MB468	—	161[86]	IC$_{50}$: 0.58±0.07μg/mL
	MDA-MB453	—	161[86]	IC$_{50}$: 3.0±0.05μg/mL
	MDA-1986	Withaferin A	559[204]	IC$_{50}$: 2.3μmol/L
			561[204]	IC$_{50}$: 3.1μmol/L
			564[204]	IC$_{50}$: 3.0μmol/L
		顺铂	41[322]	IC$_{50}$: 3.10±0.46μmol/L
			42[322]	IC$_{50}$: 1.7±0.08μmol/L
			59[322]	IC$_{50}$: 0.86±0.25μmol/L
			130[322]	IC$_{50}$: 1.5±0.08μmol/L
			130a[322]	IC$_{50}$: 0.54±0.07μmol/L
			41[29]	IC$_{50}$: 3.3μmol/L
			42[29]	IC$_{50}$: 1.3μmol/L
			43[29]	IC$_{50}$: 2.6μmol/L
			44[29]	IC$_{50}$: 8.1μmol/L
			59[29]	IC$_{50}$: 0.80μmol/L
			85[29]	IC$_{50}$: >10μmol/L
			86[29]	IC$_{50}$: 8.3μmol/L
			87[29]	IC$_{50}$: 2.0μmol/L

续表

生物活性	细胞株	阳性药	化合物编号	判定标准
抗肿瘤 （细胞毒活性）	MRC-5	阿霉素	36[27]	IC$_{50}$: 0.73μg/mL
			37[27]	IC$_{50}$: 1.36μg/mL
			38[27]	IC$_{50}$: 0.90μg/mL
			39[27]	IC$_{50}$: 0.81μg/mL
			60[27]	IC$_{50}$: 0.80μg/mL
			586[27]	IC$_{50}$: 1.91μg/mL
			591[27]	IC$_{50}$: 0.20μg/mL
		Withaferin A	559[204]	IC$_{50}$: 4.2μmol/L
			561[204]	IC$_{50}$: 5.6μmol/L
			564[204]	IC$_{50}$: 4.6μmol/L
		顺铂	41[322]	IC$_{50}$: 12.1±0.42μmol/L
			42[322]	IC$_{50}$: 0.38±0.03μmol/L
			59[322]	IC$_{50}$: 0.32±0.06μmol/L
			130[322]	IC$_{50}$: 1.3±0.11μmol/L
			130a[322]	IC$_{50}$: 0.53±0.12μmol/L
			41[29]	IC$_{50}$: >10μmol/L
			42[79]	IC$_{50}$: 0.40μmol/L
			43[29]	IC$_{50}$: 3.6μmol/L
			44[29]	IC$_{50}$: 8.7μmol/L
			59[29]	IC$_{50}$: 0.20μmol/L
			85[29]	IC$_{50}$: 6.5μmol/L
			86[29]	IC$_{50}$: 7.3μmol/L
			87[29]	IC$_{50}$: 3.3μmol/L
	MRC-5:U87	Withaferin A	559[204]	IC$_{50}$: 7.4μmol/L
			561[204]	IC$_{50}$: 3.8μmol/L
			564[204]	IC$_{50}$: 4.1μmol/L
	SF-268	阿霉素 Withaferin A	125[310]	IC$_{50}$: 8.0±1.4μg/mL
			60[310]	IC$_{50}$: 0.7±0.2μg/mL
			465[310]	IC$_{50}$: >10μg/mL
		阿霉素	521[200]	IC$_{50}$: 0.48μg/mL
			531[200]	IC$_{50}$: 3.24μg/mL
			691[241]	IC$_{50}$: 1.78μg/mL
	B-16	阿霉素	521[200]	IC$_{50}$: 1.08μg/mL

生物活性	细胞株	阳性药	化合物编号	判定标准
抗肿瘤 （细胞毒活性）	NCI-H460	拓扑替康	270[67]	IC$_{50}$: >100μg/mL
			392[67]	IC$_{50}$: 30.4±0.2μg/mL
			393[67]	IC$_{50}$: >100μg/mL
			406[67]	IC$_{50}$: >100μg/mL
			407[67]	IC$_{50}$: >100μg/mL
			412[67]	IC$_{50}$: >100μg/mL
			427[67]	IC$_{50}$: 0.43±0.02μg/mL
			431[67]	IC$_{50}$: >100μg/mL
			439[67]	IC$_{50}$: >100μg/mL
			516[193]	IC$_{50}$: >100μg/mL
			522[193]	IC$_{50}$: 24.4±0.6μg/mL
			532[193]	IC$_{50}$: >100μg/mL
		阿霉素	521[200]	IC$_{50}$: 1.46μg/mL
			531[200]	IC$_{50}$: 8.08μg/mL
	HCT-8	阿霉素	521[200]	IC$_{50}$: 0.26μg/mL
			531[200]	IC$_{50}$: 0.89μg/mL
	HCT-116	—	50[3]	EC$_{50}$: 0.4μg/mL
		—	96[3]	EC$_{50}$: 11.4μg/mL
		—	103[3]	EC$_{50}$: 9.2μg/mL
		阿霉素 Withaferin A	125[310]	IC$_{50}$: 3.2±0.6μg/mL
			60[310]	IC$_{50}$: 0.3±0.05μg/mL
			465[310]	IC$_{50}$: >10μg/mL
		拓扑替康	516[193]	IC$_{50}$: >100μg/mL
			522[193]	IC$_{50}$: 17.5±0.7μg/mL
			532[193]	IC$_{50}$: >100μg/mL
		阿霉素	207[96]	IC$_{50}$: >30μg/mL
			495[96]	IC$_{50}$: >30μg/mL
			496[96]	IC$_{50}$: >30μg/mL
		拓扑替康	392[96]	IC$_{50}$: 46.5±0.3μg/mL
			393[96]	IC$_{50}$: >100μg/mL
			406[67]	IC$_{50}$: >100μg/mL
			407[67]	IC$_{50}$: >100μg/mL
			412[67]	IC$_{50}$: 90.7±7.8μg/mL
			427[67]	IC$_{50}$: 2.11±0.1μg/mL

续表

生物活性	细胞株	阳性药	化合物编号	判定标准
抗肿瘤 （细胞毒活性）	HCT-116	拓扑替康	431[67]	IC$_{50}$: >100μg/mL
			439[67]	IC$_{50}$: >100μg/mL
			270[67]	IC$_{50}$: > 100μg/mL
			161[86]	IC$_{50}$: 1.0±0.07μg/mL
		—	691[241]	IC$_{50}$: 3.59g/mL
	HL-60	阿霉素 Withaferin A	125[310]	IC$_{50}$: 2.2±0.6μg/mL
			60[310]	IC$_{50}$: 0.3±0.05μg/mL
			465[310]	IC$_{50}$: >10μg/mL
		阿霉素	521[200]	IC$_{50}$: 0.20μg/mL
			531[200]	IC$_{50}$: 1.44μg/mL
	CEM		521[200]	IC$_{50}$: 0.44μg/mL
			531[200]	IC$_{50}$: 2.22μg/mL
	AGS	阿霉素 喜树碱	67[33]	IC$_{50}$: 1.8±0.1μg/mL
			54[33]	IC$_{50}$: 65.4±4.2μg/mL
		—	691[241]	IC$_{50}$: 0.73μg/mL
	WRL-68	阿霉素	198[326]	IC$_{50}$: 1.0±0.1μg/mL
	PC-3	阿霉素	198[326]	IC$_{50}$: 3.4±0.1μg/mL
		阿霉素	388[319]	IC$_{50}$: >65μg/mL
			624[319]	IC$_{50}$: 54.16±1.03μg/mL
		喜树碱	11[351]	IC$_{50}$: 0.09±0.01μg/mL
	CACO-2	阿霉素	198[326]	IC$_{50}$: 7.4±0.3μg/mL
	U87	Withaferin A	559[204]	IC$_{50}$: 0.57μmol/L
			561[204]	IC$_{50}$: 1.5μmol/L
			564[204]	IC$_{50}$: 1.1μmol/L
	HS578T	—	161[86]	IC$_{50}$: 0.44±0.38μg/mL
	T47D	—	161[86]	IC$_{50}$: 0.22±0.06μg/mL
		阿霉素	388[319]	IC$_{50}$: 58.68±1.03μg/mL
			624[319]	IC$_{50}$: 45.25±1.07μg/mL
	COLO 205	—	161[86]	IC$_{50}$: 2.2±0.12μg/mL
		阿霉素	67[33]	IC$_{50}$: 16.6±0.5μg/mL
			54[33]	IC$_{50}$: 53.6±0.5μg/mL
	SW48	—	161[86]	IC$_{50}$: 0.58±0.08μg/mL
	RKO	—	161[86]	IC$_{50}$: 0.36±0.02μg/mL

生物活性	细胞株	阳性药	化合物编号	判定标准
抗肿瘤 （细胞毒活性）	A427	—	161[86]	IC$_{50}$: 0.87±0.03μg/mL
	HUH7	—	161[86]	IC$_{50}$: 1.5±0.02μg/mL
	IEC6	—	161[86]	IC$_{50}$: 3.3±0.05μg/mL
	NHF177	—	161[86]	IC$_{50}$: 1.23±0.06μg/mL
	HUVEC	—	161[86]	IC$_{50}$: 0.74±0.09μg/mL
	SK-MEL2	—	161[86]	IC$_{50}$: 0.36±0.05μg/mL
	SK-MEL5	—	161[86]	IC$_{50}$: 1.4±0.03μg/mL
	SK-MEL28	—	161[86]	IC$_{50}$: 2.3±0.05μg/mL
		阿霉素	11[304]	IC$_{50}$: >2μg/mL
			12[304]	IC$_{50}$: >2μg/mL
			77[304]	IC$_{50}$: >2μg/mL
			78[304]	IC$_{50}$: >2μg/mL
			113[304]	IC$_{50}$: >2μg/mL
			115[304]	IC$_{50}$: >2μg/mL
			164[304]	IC$_{50}$: >2μg/mL
			181[304]	IC$_{50}$: >2μg/mL
			189[304]	IC$_{50}$: >2μg/mL
			221[304]	IC$_{50}$: >2μg/mL
		顺铂	41[322]	IC$_{50}$: 5.6±0.60μg/mL
			42[322]	IC$_{50}$: 3.3±0.48μg/mL
			59[322]	IC$_{50}$: 3.5±0.15μg/mL
			130[322]	IC$_{50}$: 0.33±0.06μg/mL
			130a[322]	IC$_{50}$: 0.18±0.03μg/mL
			41[29]	IC$_{50}$: 5.1μg/mL
			42[29]	IC$_{50}$: 3.9μg/mL
			43[29]	IC$_{50}$: 3.0μg/mL
			44[29]	IC$_{50}$: >10μg/mL
			59[29]	IC$_{50}$: 4.0μg/mL
			85[29]	IC$_{50}$: 9.3μg/mL
			86[29]	IC$_{50}$: >10μg/mL
			87[29]	IC$_{50}$: 4.8μg/mL
	UACC62	—	161[86]	IC$_{50}$: 0.50±0.03μg/mL
	B16F10	顺铂	41[322]	IC$_{50}$: 11.6±0.19μg/mL
			42[322]	IC$_{50}$: 0.26±0.07μg/mL

生物活性	细胞株	阳性药	化合物编号	判定标准
抗肿瘤 （细胞毒活性）	B16F10	顺铂	59[322]	IC_{50}: 0.27±0.04μg/mL
			130[322]	IC_{50}: 1.82±0.21μg/mL
			130a[322]	IC_{50}: 0.69±0.14μg/mL
			41[29]	IC_{50}: >10μg/mL
			42[29]	IC_{50}: 0.20μg/mL
			43[29]	IC_{50}: 0.49μg/mL
			44[29]	IC_{50}: >10μg/mL
			59[29]	IC_{50}: 0.29μg/mL
			85[29]	IC_{50}: 3.2μg/mL
			86[29]	IC_{50}: 5.6μg/mL
			87[29]	IC_{50}: 1.3μg/mL
	OVCAR3	—	161[86]	IC_{50}: 3.2±0.06μg/mL
	JMAR	顺铂	41[322]	IC_{50}: 5.1±0.23μg/mL
			42[322]	IC_{50}: 0.25±0.14μg/mL
			59[322]	IC_{50}: 1.5±0.23μg/mL
			130[322]	IC_{50}: 3.2±0.62μg/mL
			130a[322]	IC_{50}: 0.83±0.14μg/mL
			41[29]	IC_{50}: 5.3μg/mL
			42[29]	IC_{50}: 0.17μg/mL
			43[29]	IC_{50}: 0.77μg/mL
			44[29]	IC_{50}: 8.2μg/mL
			59[29]	IC_{50}: 2.0μg/mL
			85[29]	IC_{50}: 4.7μg/mL
			86[29]	IC_{50}: >10μg/mL
			87[29]	IC_{50}: 2.3μg/mL
	DLD-1	依托泊苷 喜树碱	162[87]	IC_{50}: 2.0±0.3μg/mL
			168[87]	IC_{50}: 24±2μg/mL
			180[87]	IC_{50}: 0.6±0.2μg/mL
			560[87]	IC_{50}: 0.7±0.1μg/mL
			573[87]	IC_{50}: 17±3μg/mL
	WS1	依托泊苷 喜树碱	162[87]	IC_{50}: 1.3±0.2μg/mL
			168[87]	IC_{50}: 24±3μg/mL
			180[87]	IC_{50}: 1.0±0.1μg/mL
			560[87]	IC_{50}: 1.0±0.2μg/mL
			573[87]	IC_{50}: 22±2μg/mL

生物活性	细胞株	阳性药	化合物编号	判定标准
抗肿瘤 （细胞毒活性）	BGC-823	阿霉素	550[171]	IC$_{50}$: 1.3μg/mL
			552[171]	IC$_{50}$: 1.0μg/mL
			554[171]	IC$_{50}$: 1.9μg/mL
			559[171]	IC$_{50}$: 1.6μg/mL
			563[171]	IC$_{50}$: 5.2μg/mL
	K562	阿霉素	550[171]	IC$_{50}$: 0.05μg/mL
			552[171]	IC$_{50}$: 0.46μg/mL
			554[171]	IC$_{50}$: 0.12μg/mL
			559[171]	IC$_{50}$: 0.55μg/mL
			563[171]	IC$_{50}$: 2.5μg/mL
	MG-63	阿霉素	17[309]	IC$_{50}$: 3.8μg/mL
			67[309]	IC$_{50}$: 1.1μg/mL
			124[309]	IC$_{50}$: 3.50μg/mL
			414[309]	IC$_{50}$: 4.2μg/mL
			431[309]	IC$_{50}$: >50μg/mL
		顺铂	67[305]	IC$_{50}$: 0.11±0.04μg/mL
			408[305]	IC$_{50}$: 2.0±0.2μg/mL
			427[305]	IC$_{50}$: 0.70±0.09μg/mL
	22Rv1	阿霉素	12[304]	IC$_{50}$: 0.26±0.02μg/mL
			77[304]	IC$_{50}$: 0.09±0.01μg/mL
			78[304]	IC$_{50}$: 0.07±0.01μg/mL
			113[304]	IC$_{50}$: 0.89±0.10μg/mL
			115[304]	IC$_{50}$: 0.21±0.02μg/mL
			164[304]	IC$_{50}$: 0.21±0.02μg/mL
			181[304]	IC$_{50}$: 0.07±0.02μg/mL
			189[304]	IC$_{50}$: 0.56±0.01μg/mL
			221[304]	IC$_{50}$: 0.99±0.08μg/mL
	CWR22Rv1	5-氟尿嘧啶	75[311]	IC$_{50}$: 3.97±0.12μg/mL
			121[311]	IC$_{50}$: 0.33±0.06μg/mL
			126[311]	IC$_{50}$: 7.92±1.31μg/mL
			127[311]	IC$_{50}$: 0.31±0.07μg/mL
			289[311]	IC$_{50}$: >10μg/mL
			717[311]	IC$_{50}$: 0.38±0.06μg/mL

续表

生物活性	细胞株	阳性药	化合物编号	判定标准
抗肿瘤（细胞毒活性）	22Rv1	5-氟尿嘧啶	17[312]	IC$_{50}$: 0.63±0.13μg/mL
			104[312]	IC$_{50}$: 2.23±0.26μg/mL
			128[312]	IC$_{50}$: 1.17±0.24μg/mL
			414[312]	IC$_{50}$: 2.28±0.12μg/mL
			427[312]	IC$_{50}$: 0.48±0.09μg/mL
			477[312]	IC$_{50}$: 11.58±1.35μg/mL
	ACHN	阿霉素	11[304]	IC$_{50}$: 0.57±0.06μg/mL
			12[304]	IC$_{50}$: >2μg/mL
			77[304]	IC$_{50}$: >2μg/mL
			78[304]	IC$_{50}$: 0.46±0.06μg/mL
			113[304]	IC$_{50}$: >2μg/mL
			115[304]	IC$_{50}$: >2μg/mL
			164[304]	IC$_{50}$: >2μg/mL
			181[304]	IC$_{50}$: >2μg/mL
			189[304]	IC$_{50}$: >2μg/mL
			221[304]	IC$_{50}$: >2μg/mL
		5-氟尿嘧啶	75[311]	IC$_{50}$: >10μg/mL
			121[311]	IC$_{50}$: 0.30±0.06μg/mL
			126[311]	IC$_{50}$: >10μg/mL
			127[311]	IC$_{50}$: 0.39±0.03μg/mL
			289[311]	IC$_{50}$: >10μg/mL
			717[311]	IC$_{50}$: 0.43±0.05μg/mL
			17[312]	IC$_{50}$: 1.08±0.12μg/mL
			104[312]	IC$_{50}$: 7.50±0.57μg/mL
			128[312]	IC$_{50}$: >10μg/mL
			414[312]	IC$_{50}$: 0.78±0.08μg/mL
			427[312]	IC$_{50}$: 4.80±0.26μg/mL
			477[312]	IC$_{50}$: >10μg/mL
	M14	阿霉素	11[304]	IC$_{50}$: >2μg/mL
			12[304]	IC$_{50}$: >2μg/mL
			77[304]	IC$_{50}$: >2μg/mL
			78[304]	IC$_{50}$: >2μg/mL
			113[304]	IC$_{50}$: >2μg/mL
			115[304]	IC$_{50}$: >2μg/mL

续表

生物活性	细胞株	阳性药	化合物编号	判定标准
抗肿瘤 （细胞毒活性）	M14	阿霉素	**164**[304]	IC_{50}: >2μg/mL
			181[304]	IC_{50}: >2μg/mL
			189[304]	IC_{50}: >2μg/mL
			221[304]	IC_{50}: >2μg/mL
	HFF	阿霉素	**11**[304]	IC_{50}: >2μg/mL
			12[304]	IC_{50}: >2μg/mL
			77[304]	IC_{50}: >2μg/mL
			78[304]	IC_{50}: >2μg/mL
			113[304]	IC_{50}: >2μg/mL
			115[304]	IC_{50}: >2μg/mL
			164[304]	IC_{50}: >2μg/mL
			181[304]	IC_{50}: >2μg/mL
			189[304]	IC_{50}: >2μg/mL
			221[304]	IC_{50}: >2μg/mL
	PANC-1	阿霉素 Withaferin A	**125**[310]	IC_{50}: >10μg/mL
			60[310]	IC_{50}: 1.7±0.06μg/mL
			465[310]	IC_{50}: >10μg/mL
	C4-2B	5-氟尿嘧啶	**75**[311]	IC_{50}: 1.16±0.03μg/mL
			121[311]	IC_{50}: 0.25±0.09μg/mL
			126[311]	IC_{50}: >10μg/mL
			127[311]	IC_{50}: 0.19±0.02μg/mL
			289[311]	IC_{50}: 6.31±1.1μg/mL
			717[311]	IC_{50}: 0.36±0.11μg/mL
			17[312]	IC_{50}: 0.18±0.02μg/mL
			104[312]	IC_{50}: 1.15±0.31μg/mL
			128[312]	IC_{50}: 2.12±0.47μg/mL
			414[312]	IC_{50}: 1.07±0.26μg/mL
			427[312]	IC_{50}: 0.51±0.12μg/mL
			477[312]	IC_{50}: >10μg/mL
	786-O	5-氟尿嘧啶	**75**[311]	IC_{50}: 1.12±0.09μg/mL
			121[311]	IC_{50}: 0.29±0.04μg/mL
			126[311]	IC_{50}: 7.75±0.81μg/mL
			127[311]	IC_{50}: 0.17±0.03μg/mL
			289[311]	IC_{50}: >10μg/mL
			717[311]	IC_{50}: 0.43±0.09μg/mL

续表

生物活性	细胞株	阳性药	化合物编号	判定标准
抗肿瘤 （细胞毒活性）	786-O	5-氟尿嘧啶	**17**[312]	IC$_{50}$: 0.66±0.06μg/mL
			104[312]	IC$_{50}$: 2.43±0.09μg/mL
			128[312]	IC$_{50}$: 2.20±0.07μg/mL
			414[312]	IC$_{50}$: 0.69±0.04μg/mL
			427[312]	IC$_{50}$: 0.42±0.02μg/mL
			477[312]	IC$_{50}$: >10μg/mL
	A-498	5-氟尿嘧啶	**75**[311]	IC$_{50}$: 0.71±0.11μg/mL
			121[311]	IC$_{50}$: 1.22±0.12μg/mL
			126[311]	IC$_{50}$: >10μg/mL
			127[311]	IC$_{50}$: 0.34±0.02μg/mL
			289[311]	IC$_{50}$: >10μg/mL
			717[311]	IC$_{50}$: 0.97±0.65μg/mL
			17[312]	IC$_{50}$: 0.66±0.7μg/mL
			104[312]	IC$_{50}$: 4.70±0.27μg/mL
			128[312]	IC$_{50}$: >10μg/mL
			414[312]	IC$_{50}$: 0.52±0.09μg/mL
			427[312]	IC$_{50}$: 0.42±0.04μg/mL
			477[312]	IC$_{50}$: >10μg/mL
	Caki-2	5-氟尿嘧啶	**75**[311]	IC$_{50}$: >10μg/mL
			121[311]	IC$_{50}$: 0.38±0.17μg/mL
			126[311]	IC$_{50}$: 9.64±1.83μg/mL
			127[311]	IC$_{50}$: 0.55±0.01μg/mL
			289[311]	IC$_{50}$: >10μg/mL
			717[311]	IC$_{50}$: 0.47±0.03μg/mL
	A375	5-氟尿嘧啶	**75**[311]	IC$_{50}$: 5.04±0.23μg/mL
			121[311]	IC$_{50}$: 1.02±0.17μg/mL
			126[311]	IC$_{50}$: 8.44±0.91μg/mL
			127[311]	IC$_{50}$: 1.22±0.09μg/mL
			289[311]	IC$_{50}$: >10μg/mL
			717[311]	IC$_{50}$: 0.77±0.07μg/mL
	A375-S2	5-氟尿嘧啶	**75**[311]	IC$_{50}$: >10μg/mL
			121[311]	IC$_{50}$: 2.83±0.52μg/mL
			126[311]	IC$_{50}$: >10μg/mL
			127[311]	IC$_{50}$: 5.30±0.15μg/mL

生物活性	细胞株	阳性药	化合物编号	判定标准
抗肿瘤 （细胞毒活性）	A375-S2	5-氟尿嘧啶	**289**[311]	IC$_{50}$: >10μg/mL
			717[311]	IC$_{50}$: 2.60±0.64μg/mL
		5-氟尿嘧啶	**17**[312]	IC$_{50}$: 3.39±0.47μg/mL
			104[312]	IC$_{50}$: >10μg/mL
			128[312]	IC$_{50}$: >10μg/mL
			414[312]	IC$_{50}$: 5.00±1.62μg/mL
			427[312]	IC$_{50}$: 3.37±0.42μg/mL
			477[312]	IC$_{50}$: >10μg/mL
	L02	5-氟尿嘧啶	**75**[311]	IC$_{50}$: 9.22±0.22μg/mL
			121[311]	IC$_{50}$: 1.38±0.33μg/mL
			127[311]	IC$_{50}$: 1.00±0.14μg/mL
			717[311]	IC$_{50}$: 0.65±0.10μg/mL
	SKLU-1	喜树碱	**120**[307]	IC$_{50}$: 0.35±0.01μg/mL
	HEK293	(−)-OddC	**317**[315]	IC$_{50}$: 14.0μg/mL
	U251	Withaferin A	**561**[204]	IC$_{50}$: 3.6μg/mL
			559[204]	IC$_{50}$: 1.3μg/mL
			564[204]	IC$_{50}$: 2.8μg/mL
	Vero	放线菌素 巯嘌呤	**2**[25]	IC$_{50}$: 28.8±1.7μg/mL (48h) IC$_{50}$: 21.8±1.5μg/mL (72h)
			33[25]	IC$_{50}$: >40μg/mL (48h) IC$_{50}$: >40μg/mL (72h)
			45[25]	IC$_{50}$: 11.4±0.7μg/mL (48h) IC$_{50}$: 8.5±0.09μg/mL (72h)
			46[25]	IC$_{50}$: 27.8±1.5μg/mL (48h) IC$_{50}$: 18.5±0.9μg/mL (72h)
			53[25]	IC$_{50}$: 3.4±0.08μg/mL (48h) IC$_{50}$: 2.6±0.2μg/mL (72h)
			59[25]	IC$_{50}$: 1.3±0.005μg/mL (48h) IC$_{50}$: 1.7±0.04μg/mL (72h)
			102[25]	IC$_{50}$: 15.5±0.9μg/mL (48h) IC$_{50}$: 9.0±0.3μg/mL (72h)
抗肿瘤 （抑制转化）	JB6	维甲酸	**32**[26]	CI: 1.0
			34[26]	CI: 4.3
			35[26]	CI: 0.2
抗肿瘤 （诱导醌还原酶）	Hepa 1c1c7	4'-溴黄酮	**8**[8]	IC$_{50}$: 0.62μg/mL

续表

生物活性	细胞株	阳性药	化合物编号	判定标准
抗肿瘤 （诱导醌还原酶）	Hepa 1c1c7	萝卜硫素	14[328]	IC_{50}: >42.3µmol/L
			22[328]	IC_{50}: 1.83µmol/L
			32[328]	IC_{50}: 1.93µmol/L
			333[328]	IC_{50}: >42.7µmol/L
			360[328]	IC_{50}: >42.5µg/mL
			430[328]	IC_{50}: >42.3µg/mL
			521[328]	IC_{50}: 4.15µg/mL
			523[328]	IC_{50}: 9.83µg/mL
			524[328]	IC_{50}: 5.21µg/mL
			525[328]	IC_{50}: 5.27µg/mL
			526[328]	IC_{50}: 11.0µg/mL
			534[328]	IC_{50}: 7.29µg/mL
			535[328]	IC_{50}: 0.65µg/mL
			601[328]	IC_{50}: 42.9µg/mL
			649[328]	IC_{50}: >39.8µg/mL
		4′-溴黄酮	32[26]	IC_{50}: 0.33µg/mL
			34[26]	IC_{50}: 0.47µg/mL
			35[26]	IC_{50}: 0.63µg/mL
			364[26]	IC_{50}: >42.4µg/mL
抗癌活性	CACO-2	阿霉素	58[327]	IC_{50}: 6.0µg/mL IC_{90}: 16.4µg/mL
			59[327]	IC_{50}: 5.2µg/mL IC_{90}: 12.8µg/mL
			360[327]	IC_{50}: 78.0µg/mL IC_{90}: >100µg/mL
			364[327]	IC_{50}: >100µg/mL IC_{90}: >100µg/mL
	PC-3	阿霉素	58[327]	IC_{50}: 6.2µg/mL IC_{90}: 16.6µg/mL
			59[327]	IC_{50}: 5.4µg/mL IC_{90}: 12.2µg/mL
			360[327]	IC_{50}: 68.0µg/mL IC_{90}: >100µg/mL
			364[327]	IC_{50}: >100µg/mL IC_{90}: >100µg/mL

生物活性	细胞株	阳性药	化合物编号	判定标准
抗癌活性	WRL-68	阿霉素	**58**[327]	IC$_{50}$: 5.1μg/mL IC$_{90}$: 10.5μg/mL
			59[327]	IC$_{50}$: 4.0μg/mL IC$_{90}$: 9.0μg/mL
			360[327]	IC$_{50}$: >100μg/mL IC$_{90}$: >100μg/mL
			364[327]	IC$_{50}$: >100μg/mL IC$_{90}$: >100μg/mL
	MCF-7	阿霉素	**58**[327]	IC$_{50}$: 4.6μg/mL IC$_{90}$: 12.6μg/mL
			59[327]	IC$_{50}$: 3.8μg/mL IC$_{90}$: 10.4μg/mL
			360[327]	IC$_{50}$: 84.0μg/mL IC$_{90}$: >100μg/mL
			364[327]	IC$_{50}$: >100μg/mL IC$_{90}$:>100μg/mL

表 5.2　醉茄内酯免疫调节活性

活性	阳性对照	阳性药指标	编号	活性指标
免疫调节（刀豆蛋白 A 诱导的 T 细胞增殖作用）	环孢霉素 A	IC$_{50}$ (SI): 0.40 (66.8)μmol/L	**152**[80]	IC$_{50}$ (SI): 19.0 (3.2)μmol/L
			153[80]	IC$_{50}$ (SI): 13.8 (3.3)μmol/L
			158[80]	IC$_{50}$ (SI): 10.4 (4.1)μmol/L
			174[80]	IC$_{50}$ (SI): 10.0 (4.7)μmol/L
			181[80]	IC$_{50}$ (SI): 1.66 (25.5)μmol/L
			203[80]	IC$_{50}$ (SI): 35.4 (1.4)μmol/L
			204[80]	IC$_{50}$ (SI): 29.2 (1.7)μmol/L
			211[80]	IC$_{50}$ (SI): 31.4 (1.7)μmol/L
			212[80]	IC$_{50}$ (SI): 11.3 (16.1)μmol/L
			214[80]	IC$_{50}$ (SI): 14.0 (3.8)μmol/L
			216[80]	IC$_{50}$ (SI): 38.8 (1.3)μmol/L
			218[80]	IC$_{50}$ (SI): 36.8 (1.3)μmol/L
脂多糖诱导的 B 细胞增殖	环孢霉素 A	IC$_{50}$ (SI): 0.47 (56.8)μmol/L	**152**[80]	IC$_{50}$ (SI): 15.3 (3.9)μmol/L
			153[80]	IC$_{50}$ (SI): 10.1 (4.5)μmol/L
			158[80]	IC$_{50}$ (SI): 9.73 (4.4)μmol/L
			174[80]	IC$_{50}$ (SI): 11.8 (4.0)μmol/L

续表

活性	阳性对照	阳性药指标	编号	活性指标
脂多糖诱导的 B 细胞增殖	环孢霉素 A	IC$_{50}$ (SI): 0.47 (56.8)µmol/L	**181**[80]	IC$_{50}$ (SI): 1.66 (25.5)µmol/L
			203[80]	IC$_{50}$ (SI): 27.7 (1.8)µmol/L
			204[80]	IC$_{50}$ (SI): 42.8 (1.2)µmol/L
			211[80]	IC$_{50}$ (SI): 32.4 (1.7)µmol/L
			212[80]	IC$_{50}$ (SI): 15.4 (11.8)µmol/L
			214[80]	IC$_{50}$ (SI): 10.1 (5.3)µmol/L
			216[80]	IC$_{50}$ (SI): 41.7 (1.2)µmol/L
			218[80]	IC$_{50}$ (SI): 39.5 (1.2)µmol/L
抑制 T 细胞和 B 细胞增殖	环孢霉素 A	IC$_{50}$: 26.7µmol/L	**152**[80]	IC$_{50}$: 60.3µmol/L
			153[80]	IC$_{50}$: 45.5µmol/L
			158[80]	IC$_{50}$: 42.9µmol/L
			174[80]	IC$_{50}$: 47.1µmol/L
			181[80]	IC$_{50}$: 42.3µmol/L
			203[80]	IC$_{50}$: 50.1µmol/L
			204[80]	IC$_{50}$: 51.3µmol/L
			211[80]	IC$_{50}$: 54.9µmol/L
			212[80]	IC$_{50}$: 182.3µmol/L
			214[80]	IC$_{50}$: 53.2µmol/L
			216[80]	IC$_{50}$: 49.4µmol/L
			218[80]	IC$_{50}$: 48.9µmol/L
免疫抑制	氚标胸腺嘧啶脱氧核苷		**580**[216]	有效率：98%
			581[216]	有效率：77%
			596[216]	有效率：80%

表 5.3　醉茄内酯的抗增殖活性

活性	细胞株	阳性对照	编号	活性指标
抗增殖活性	HBL-100	顺铂 5-氟尿嘧啶 喜树碱	**165**[89]	GI$_{50}$: 34±6.4mol/L
			646[89]	GI$_{50}$: 24±5.4mol/L
			650[89]	GI$_{50}$: 4.0±0.4mol/L
			653[89]	GI$_{50}$: 35±1.5mol/L
	HeLa	顺铂 5-氟尿嘧啶 喜树碱	**165**[89]	GI$_{50}$: 24±7.4mol/L
			646[89]	GI$_{50}$: 17±3.8mol/L
			650[89]	GI$_{50}$: 8.3±1.4mol/L
			653[89]	GI$_{50}$: 18±1.7mol/L

续表

活性	细胞株	阳性对照	编号	活性指标
抗增殖活性	SW1573	顺铂 5-氟尿嘧啶 喜树碱	165[89]	GI50: 33±8.7mol/L
			646[89]	GI50: 23±8.1mol/L
			650[89]	GI50: 4.4±0.1mol/L
			653[89]	GI50: 33±1.3mol/L
	T-47D	顺铂 5-氟尿嘧啶 喜树碱	165[89]	GI50: 43±8.1mol/L
			646[89]	GI50: 29±5.0mol/L
			650[89]	GI50: 8.1±0.7mol/L
			653[89]	GI50: 15±2.9mol/L
	WiDr	顺铂 5-氟尿嘧啶 喜树碱	165[89]	GI50: 40±3.5mol/L
			646[89]	GI50: 20±2.4mol/L
			650[89]	GI50: 1.4±0.1mol/L
			653[89]	GI50: 30±2.8mol/L
	小鼠脾细胞增殖	环孢菌素	208[105]	IC50: 13.8μg/mL
			262[105]	IC50: 12.3μg/mL
			504[105]	IC50: 14.0μg/mL
	SGC-7901	5-氟尿嘧啶	209[105]	IC50: 39.0μg/mL
			262[105]	IC50: 29.2μg/mL
			504[105]	IC50: 37.7μg/mL
	MCF-7	5-氟尿嘧啶	209[105]	IC50: >50μg/mL
			262[105]	IC50: >50μg/mL
			504[105]	IC50: >50μg/mL
		—	691[241]	抑制率: 78.9%
	HepG2	5-氟尿嘧啶	209[105]	IC50: >50μg/mL
			262[105]	IC50: >50μg/mL
			504[105]	IC50: >50μg/mL
	AGS	—	691[241]	抑制率: 90.7%
	SF-268	—	691[241]	抑制率: 78.8%
	HCT-116	—	691[241]	抑制率: 88.0%

表 5.4 醉茄内酯的抗氧化与抗溶血活性

活性	细胞株	阳性对照	编号	EC50/(μmol/L)	IC50/(mg/mL)
抗氧化活性 (DPPH 抑制)	—	维生素 C	401[325]	—	0.76
抗溶血活性	—	双氯芬酸钾	401[325]	—	0.005

表 5.5　醉茄内酯的胆碱酯酶抑制活性

活性		阳性对照	编号	IC_{50}/(μmol/L)
胆碱酯酶抑制活性	AChE	Galanthamine Eserine	2[2]	161.5±1.1
			59[2]	84.0±1.5
			82[61]	25.2±0.4
			83[61]	35.2±0.5L
			452[61]	49.2±0.8
		Phyostigmine	401[325]	0.18mg/mL
	BChE	Galanthamine Eserine	59[2]	125±3.2
			102[2]	500±3.2
			82[61]	38.9±2.5
			83[61]	29.4±0.3
			452[61]	39.1±1.8

表 5.6　醉茄内酯的抗炎活性

活性	细胞株	阳性对照	编号	活性指标
抗炎 （抑制 LTB₄）	—	N-[2-(环己氧基)-4-硝基苯基]甲磺酰胺	326[135]	抑制率：46.4±2.23% (50umol/L)
		齐留通	364[135]	抑制率：28.7±1.54% (50umol/L)
			326[135]	抑制率：22.9±1.98% (50umol/L)
抑制 COX-2 酶	—	阿司匹林 西乐葆 万络	691[241]	抑制率：60.0%(100umol/L)
		阿司匹林 布洛芬 甲氧萘丙酸 西乐葆 伐地考昔	59[123]	抑制率：39% (100umol/L)
			80[123]	抑制率：7% (50umol/L)
			81[123]	抑制率：15% (50umol/L)
			84[123]	抑制率：5% (50umol/L)
			99[123]	抑制率：35% (100umol/L)
			102[123]	抑制率：27% (100umol/L)
			263[123]	抑制率：23% (100umol/L)
			270[123]	抑制率：15% (50umol/L)
			271[123]	抑制率：9% (50umol/L)
			279[123]	抑制率：14% (100umol/L)
抑制脂质过氧化作用	—	—	84[123]	抑制率：40% (100umol/L)
			279[123]	抑制率：55% (100umol/L)
		双氯芬酸钾	401[325]	IC_{50}: 0.03mg/mL

活性	细胞株	阳性对照	编号	活性指标
抑制脂多糖诱导的 iNOS 表达	Macrophages	脂多糖	694[242]	抑制率：11.0±7.7%
			695[242]	抑制率：7.3±1.0%
抑制 β-肌动蛋白表达	Macrophages	脂多糖	694[242]	抑制率：66.5±11.45%
抑制 NO 释放	—	维生素 C	401[325]	IC_{50}: 0.14mg/mL
	Macrophages	氢化可的松	13[312]	IC_{50}: 2.54±1.12μmol/L
			17[312]	IC_{50}: 3.02±1.32μmol/L
			77[313]	IC_{50}: 0.32±0.02μmol/L
			89[313]	IC_{50}: 6.2±1.6μmol/L
			95[313]	IC_{50}: 2.3±0.2μmol/L
			128[312]	IC_{50}: 3.51±0.17μmol/L
			129[312]	IC_{50}: 14.6±1.2μmol/L
			393[312]	IC_{50}: >100μmol/L
			406[312]	IC_{50}: 43.75±2.89μmol/L
			407[312]	IC_{50}: 5.56±2.17μmol/L
			414[312]	IC_{50}: 1.42±0.06μmol/L
			427[312]	IC_{50}: 3.38±0.13μmol/L
			431[312]	IC_{50}: 64.06±4.01μmol/L
			466[312]	IC_{50}: 36.47±2.50μmol/L
			467[312]	IC_{50}: 38.23±2.41μmol/L
			468[312]	IC_{50}: 11.15±0.92μmol/L
			469[312]	IC_{50}: 11.59±0.88μmol/L
			470[312]	IC_{50}: 11.36±0.87μmol/L
			471[312]	IC_{50}: 18.74±1.33μmol/L
			472[312]	IC_{50}: >100μmol/L
			473[312]	IC_{50}: 44.56±3.02μmol/L
			474[312]	IC_{50}: 6.36±0.39μmol/L
			475[312]	IC_{50}: 3.53±0.25μmol/L
			476[312]	IC_{50}: >100μmol/L
			477[312]	IC_{50}: 17.62±1.12μmol/L
			478[312]	IC_{50}: 71.69±4.27μmol/L
			500[313]	IC_{50}: 2.4±0.2μmol/L
			545[312]	IC_{50}: 25.91±1.53μmol/L
			546[312]	IC_{50}: 17.53±1.05μmol/L
			629[313]	IC_{50}: 16.7±0.3μmol/L

活性	细胞株	阳性对照	编号	活性指标
抑制 NO 释放	Macrophages	亚硝基左旋精氨酸甲酯	536[318]	IC$_{50}$: 17.41±1.04μmol/L
			537[318]	IC$_{50}$: 36.33±1.95μmol/L
			538[318]	IC$_{50}$: >50.00μmol/L
			539[318]	IC$_{50}$: >50.00μmol/L
			540[318]	IC$_{50}$: 21.48±1.67μmol/L
			541[318]	IC$_{50}$: >50.00μmol/L
			542[318]	IC$_{50}$: >50.00μmol/L
			543[318]	IC$_{50}$: >50.00μmol/L
			544[318]	IC$_{50}$: >50.00μmol/L
			67[62]	IC$_{50}$: 53.69±2.16μmol/L
			90[62]	IC$_{50}$: 90.27±3.27μmol/L
			393[62]	IC$_{50}$: 43.58±1.17μmol/L
			406[62]	IC$_{50}$: 37.88±1.87μmol/L
			416[62]	IC$_{50}$: 61.24±2.14μmol/L
			431[62]	IC$_{50}$: 77.52±3.51μmol/L
			510[62]	IC$_{50}$: 25.54±2.35μmol/L
			511[62]	IC$_{50}$: 8.04±1.54μmol/L
			512[62]	IC$_{50}$: 93.54±4.02μmol/L
			513[62]	IC$_{50}$: 64.72±1.96μmol/L
			517[62]	IC$_{50}$: 10.01±0.75μmol/L
		总 NOS 抑制剂	155[82]	IC$_{50}$: 28.6μmol/L
			156[82]	IC$_{50}$: 11.6μmol/L
			226[82]	IC$_{50}$: 17.8μmol/L
			718[82]	IC$_{50}$: 33.3μmol/L
			241[244]	IC$_{50}$: 71.2μmol/L
			257[244]	IC$_{50}$: 20.9μmol/L
			258[244]	IC$_{50}$: 17.7μmol/L
			259[244]	IC$_{50}$: 59.0μmol/L
			260[244]	IC$_{50}$: 52.8μmol/L
			324[244]	IC$_{50}$: 17.8μmol/L
			336[244]	IC$_{50}$: 18.4μmol/L
			145[77]	IC$_{50}$: 3.1±0.3μmol/L 抑制率：100±1.1%
			147[77]	IC$_{50}$: 1.9±0.1μmol/L 抑制率：100±6.1%

活性	细胞株	阳性对照	编号	活性指标
抑制 NO 释放	Macrophages	总 NOS 抑制剂	215[77]	IC$_{50}$: 29.0±0.7μmol/L 抑制率: 69.8±0.4%
			77[313]	抑制率: 99.4±0.1%
			95[313]	抑制率: 97.9±2.0%
			89[313]	抑制率: 88.4±0.8%
			129[313]	抑制率: 64.7±4.4%
			487[313]	抑制率: 26.4±2.7%
			401[313]	抑制率: 9.4±2.6%
			488[313]	抑制率: 47.7±2.0%
			500[313]	抑制率: 99.2±0.7%
			629[313]	抑制率: 67.1±2.2%
(fMLP/CB)-诱导氧自由基	中性粒细胞	艾代拉利司	713[320]	IC$_{50}$: >10 抑制率: 26.3±0.7%
(fMLP/CB)-诱导弹性蛋白酶释放	—		713[320]	IC$_{50}$: >10 抑制率: 25.0±1.3%
抑制 NF-κB		N-(对甲苯磺酰基)-L-苯丙氨酰甲基氯酮 (TPCK)	147[77]	IC$_{50}$: 11.8±2.9μmol/L 抑制率: 90.1±2.9%
			77[313]	IC$_{50}$: 0.04±0.03μmol/L
			89[313]	IC$_{50}$: 0.06μmol/L
			95[313]	IC$_{50}$: 2.1±0.23μmol/L
			487[313]	IC$_{50}$: 31.2±3.3μmol/L
			488[313]	IC$_{50}$: 10.4±3.6μmol/L
			500[313]	IC$_{50}$: 5.6±2.11μmol/L
			629[313]	IC$_{50}$: 8.9μmol/L
		BAY-11	145[77]	IC$_{50}$: 5.0±1.2μmol/L 抑制率: 98.3±6.2%
			215[77]	IC$_{50}$: 8.8±3.1μmol/L 抑制率: 89.9±2.8%
		—	77[313]	抑制率: 99.5±0.1%
			89[313]	抑制率: 86.8±1.8%
			95[313]	抑制率: 64.4±2.9%
			129[313]	抑制率: 43.7±4.0%
			401[313]	抑制率: 41.7±3.8%

续表

活性	细胞株	阳性对照	编号	活性指标
抑制 NF-κB	—	487[313]	抑制率：65.8±4.9%
			488[313]	抑制率：60.4±2.9%
			500[313]	抑制率：85.0±4.4%
			629[313]	抑制率：70.2±8.1%
抑制脑水肿	TPA 诱导的耳水肿模型	—	9[9]	抑制率：62.1%
			47[9]	抑制率：56.9%
			48[9]	抑制率：55.6%

表 5.7　醉茄内酯的抑菌活性

活性	菌株	阳性对照	抑制率/%	编号	剂量/(mg/mL)	抑制率/%
抑细菌活性	*Bacterial* species *Bacillus* cereus	氯霉素	24.0	437[140]	5	13.0
	B. subtilis	氯霉素	24.0	437[140]	5	11.0
	Micrococcus luteus	氯霉素	40.0	437[140]	5	0.0
	M. roseus	氯霉素	45.0	437[140]	5	0.0
	Pseudomonas Fluorescens	氯霉素	60.0	437[140]	5	10.0
	Serratia marcescens	氯霉素	16.0	437[140]	5	8.0
	Staphylococcus aureus	氯霉素	24.0	437[140]	5	0.0
	Streptomyces species	氯霉素	40.0	437[140]	5	11.0
抗真菌活性	*Aspergillus* flavus	噻康唑	22.0	437[140]	5	0.0
	A. fumigatus	噻康唑	19.0	437[140]	5	7.0
	A. niger	噻康唑	18.0	437[140]	5	0.0
	A. terreus	噻康唑	20.0	437[140]	5	5.0
	Candida albicans	噻康唑	26.0	437[140]	5	0.0
	Geotrichum candidum	噻康唑	32.0	437[140]	5	0.0
	chrysogenum	噻康唑	24.0	437[140]	5	0.0
	P. funiculosum	噻康唑	19.0	437[140]	5	12.0
	P. oxalicum	噻康唑	27.0	437[140]	5	0.0
	P. waksmani	噻康唑	26.0	437[140]	5	7.0
	Trychophyton rubrum	噻康唑	23.0	437[140]	5	0.0

表 5.8　醉茄内酯的利尿活性

活性		分组 /(mg/kg)	尿量 /(mL/10g/6h)	利尿 指数	Na⁺ (meq./10g/6h)	K⁺ (meq./10g/6h)	Na 盐 指数	K 盐 指数	Na/K
利尿	Swiss mice	对照组	0.68±0.07	—	0.080±0.01	0.026±0.01	—	—	3.08
		阳性对照组 HCT (10)	2.42±0.13	3.56	0.351±0.02	0.072±0.01	4.39	2.78	4.88
		59(5)[32]	1.20±0.54	1.76	0.105±0.07	0.030±0.03	1.31	1.15	3.50
		59(10)[32]	1.68±0.37	2.47	0.227±0.04	0.057±0.01	2.83	2.19	3.97
		53(5)[32]	1.52±0.24	2.24	0.116±0.03	0.025±0.01	1.45	0.96	4.64
		53(10)[32]	1.76±0.23	2.59	0.206±0.02	0.049±0.01	2.58	1.88	4.20
		59+53(5)[32]	1.40±0.62	2.26	0.117±0.03	0.029±0.01	1.46	1.11	4.03
		59+53(10)[32]	1.65±0.15	2.43	0.212±0.02	0.050±0.01	2.65	1.93	4.24

表 5.9　醉茄内酯的杀虫活性

活性	细胞株	阳性对照	编号	活性指标
杀利什曼原虫	—	两性霉素 B	**152**[81]	IC$_{50}$: 10.7μg/mL
			154[81]	IC$_{50}$: 5.1μg/mL
			159[81]	IC$_{50}$: 15.9μg/mL
			171[81]	IC$_{50}$: 4.7μg/mL
			174[81]	IC$_{50}$: 2.7μg/mL
			213[81]	IC$_{50}$: 50.0μg/mL
			218[81]	IC$_{50}$: 9.4μg/mL
			224[81]	IC$_{50}$: 19.9μg/mL
	—	两性霉素	**227**[109]	IC$_{50}$: 38.9±0.105μg/mL
	LLC-MK2	—	**104**[68]	MC$_{100}$: 370μmol/L
			279[68]	MC$_{100}$: 320μmol/L
			392[68]	MC$_{100}$: 360μmol/L
			412[68]	MC$_{100}$: 360μmol/L
杀锥形虫上鞭毛体	—	龙胆紫 酮康唑	**13**[13]	MC$_{100}$: 38μmol/L
			17[13]	MC$_{100}$: 49μmol/L
			67[13]	MC$_{100}$: 48μmol/L
			74[13]	MC$_{100}$: 46μmol/L
			393[13]	MC$_{100}$: >183μmol/L
			406[13]	MC$_{100}$: >188μmol/L
			414[13]	MC$_{100}$: 44μmol/L
			427[13]	MC$_{100}$: 91μmol/L

续表

活性	细胞株	阳性对照	编号	活性指标
杀锥形虫上鞭毛体	—	龙胆紫 酮康唑	**13**[13]	IC$_{50}$: 17μmol/L
			17[13]	IC$_{50}$: 20μmol/L
			67[13]	IC$_{50}$: 19μmol/L
			74[13]	IC$_{50}$: 14μmol/L
			393[13]	IC$_{50}$: >183μmol/L
			406[13]	IC$_{50}$: >188μmol/L
			414[13]	IC$_{50}$: 28μmol/L
			427[13]	IC$_{50}$: 16μmol/L
			431[13]	IC$_{50}$: >189μmol/L
杀锥形虫锥鞭体	—	龙胆紫 酮康唑	**13**[13]	MC$_{100}$: 3μmol/L
			17[13]	MC$_{100}$: 5μmol/L
			67[13]	MC$_{100}$: 2μmol/L
			74[13]	MC$_{100}$: 2μmol/L
			393[13]	MC$_{100}$: 183μmol/L
			406[13]	MC$_{100}$: 22μmol/L
			414[13]	MC$_{100}$: 4μmol/L
			427[13]	MC$_{100}$: 5μmol/L
			431[13]	MC$_{100}$: 94μmol/L

附：表 5.1～表 5.9 中缩写词释义

扫描二维码可查阅醉茄内酯化合物氢碳谱图

参考文献

[1] Manickam M, Awasthi S B, Sinhabagchi A, Sinha S C, Ray A B. Withanolides from *Datura Tatula*[J]. Phytochemistry, 1996, 41(3): 981-983.

[2] Choudhary M I, Yousuf S, Nawaz S A, Ahmed S, Atta-ur-Rahman. Cholinesterase inhibiting withanolides from *Withania somnifera*[J]. Chemical & Pharmaceutical Bulletin(Tokyo), 2004, 52(11): 1358-1361.

[3] Damu A G, Kuo P C, Su C R, Kuo T H, Chen T H, Bastow K F, Lee K H, Wu T S. Isolation, structures, and structure-cytotoxic activity relationships of withanolides and physalins from *Physalis angulata*[J]. Journal of Natural Products, 2007, 70(7): 1146-1152.

[4] Misico R I, Oberti J C, Veleiro A S, Burton G. New 19-Hydroxywithanolides from *Jaborosa leucotricha*[J]. Journal of Natural Products, 1996, 59: 66-68.

[5] Monteagudo E S, Burton G, Gonzalez C M, Oberti J C, Gros E G. 14β,17β-dihydroxy withanolides from *Jaborosa bergii*[J]. Phytochemistry, 1988, 27: 3925-3928.

[6] Veleiro A S, Burton G, Gros E G. 2,3-dihydrojaborosalactone A, a withanolide from *Acnistus breviflorus*[J]. Phytochemistry, 1985, 24: 1799-1802.

[7] Pérez-Castorena A L, Oropeza R F, Vazquez A R, Martínez M, Maldonado E. Labdanes and withanolides from *Physalis coztomatl*[J]. Journal of Natural Products, 2006, 69(7): 1029-1033.

[8] Minguzzi S, Barata L E S, Shin Y G, Jonas P F, Chai H B, Park E J, Pezzuto J M, Cordell G A. Cytotoxic withanolides from *Acnistus arborescens*[J]. Phytochemistry, 2002, 59: 635-641.

[9] Maldonado E, Amador S, Martínez M, Pérez-Castorena A L. Virginols A-C, three

new withanolides from *Physalis virginiana*[J]. Steroids, 2010, 75(4-5): 346-349.

[10] Dinan L N, Sarker S D, Vladimiršik. 28-Hydroxywithanolide E from *Physalis peruviana*[J]. Phytochemistry, 1997, 44: 537-512.

[11] Maldonado E, Torres F R, Martínez M, Pérez-Castorena A L. 18-Acetoxywithanolides from *Physalis chenopodifolia*[J]. Planta Medica, 2004, 70(1): 59-64.

[12] Fang S T, Liu J K, Li B. Ten new withanolides from *Physalis peruviana*[J]. Steroids, 2012, 77(1-2): 36-44.

[13] Nagafuji S, Okabe H, Akahane H, Abe F. Trypanocidal constituents in plants 4. withanolides from the aerial parts of *Physalis angulata*[J]. Biological & Pharmaceutical Bulletin, 2004, 27(2): 193-197.

[14] Monteagudo E S, Burton G, Gros E G, Gonzalez C M, Oberti J C. A 19-hydroxywithanolide from *Jaborosa leucotrica*[J]. Phytochemistry, 1989, 28: 2514-2515.

[15] Manickam M, Awasthi S B, Oshima Y, Hisamichi K, Takeshita M, Sahai M, Ray A B. Additional C-21-Oxygenated withanolides from *Datura fastuosa*[J]. Journal of Chemical Research(S), 1994, 306-307.

[16] Shingu K, Yahar S, Nohara T, Okabe H. Three new withanolides, physagulins A, B and D from *Physalis angulata L*[J]. Chemical & Pharmaceutical Bulletin, 1992, 40(8): 2088-2091.

[17] Gottlieb H E, Kirson I. ^{13}C NMR spectroscopy of the withanolides and other highly oxygenated C_{28} steroids[J]. Organic magnetic resonance, 1981, 16(1): 20-25.

[18] Manickam M, Padma P, Chansouria J P N, Ray A B. Evaluation of antistress activity of withafastuosin D, a withanolide of *Datura fastuosa*[J]. Phytotherapy Research, 1997, 11: 384-385.

[19] Anjaneyulu A S R, Rao D S, Lequesne P W. Withanolides, biologically active

natural steroidal lactones: a review[J]. Studies in Natural Products Chemistry, 1998, 20: 135.

[20] Lavie D, Gottlieb H E, Pestchanker M J, Giordano O S. Jaborosalactone L, a withanolide from *Jaborosa leucotricha*[J]. Phytochenmistry, 1986, 25: 1765.

[21] Glotter E. Withanolides and related ergostane-type steroids[J]. Natural product reports, 1991: 415-440.

[22] Lavie D, Kirson I, Glotter E, Rabinovich D, Shakked Z. Crystal and molecular structure of withanolide E, a new natural steroidal lactone with a 17α-side chain[J]. Journal of the Chemical Society Chemical Communications, 1972, 15: 877-878.

[23] Silva G L, Burton G, Obert J C. 18,20-Hemiacetal-type and other withanolides from *Dunalia brachyacantha*[J]. Journal of Natural Products, 1999, 62(7): 949-953.

[24] Misico R I, Gil R R, Oberti J C, Veleiro A S, Burton G. Withanolides from *Vassobia lorentzii*[J]. Journal of Natural Products, 2000, 63(10): 1329-1332.

[25] Llanos G G, Araujo L M, Jiménez I A, Moujir L M, Bazzocchi I L. Withaferin A-related steroids from *Withania aristata* exhibit potent antiproliferative activity by inducing apoptosis in human tumor cells[J]. European Journal of Medicinal Chemistry, 2012, 54: 499-511.

[26] Su B N, Misico R, Park E J, Santarsiero B D, Mesecar A D, Fong H H S, Peaauto J M, Kinghom A D. Isolation and characterization of bioactive principles of the leaves and stems of *Physalis philadelphica*[J]. Tetrahedron, 2002, 58: 3453-3466.

[27] Hsieh P W, Huang Z Y, Chen J H, Chang F R, Wu C C, Yang Y L, Chiang M Y, Yen M H, Chen S L, Yen H F, Lübken T, Hung W C, Wu Y C. Cytotoxic Withanolides from *Tubocapsicum anomalum*[J]. Journal of Natural Products, 2007, 70(5): 747-753.

[28] Almeida-Lafeta R C, Ferreira M J P, Emerenciano V P, Kaplan M A C.

Withanolides from *Aureliana fasciculata var. fasciculata*[J]. Helvetica Chimica Acta, 2010, 93: 2478-2485.

[29] Zhang H P, Samadi A K, Gallagher R J, Araya J J, Tong X, Day V W, Cohen M S, Kindscher K, Gollapudi R, Timmermann B N. Cytotoxic withanolide constituents of *Physalis longifolia*[J]. Journal of Natural Products, 2011, 74(12): 2532-2544.

[30] Misra L, Lal P, Sangwan R S, Sangwan N S, Uniyal G C, Tuli R. Unusually sulfated and oxygenated steroids from *Withania somnifera*[J]. Phytochemistry, 2005, 66(23): 2702-2707.

[31] Lan Y H, Chang F R, Pan M J, Wu C C, Wu S J, Chen S L, Wang S S, Wu M J, Wu Y C. New cytotoxic withanolides from *Physalis peruviana*[J]. Food Chemistry, 2009, 116: 462-469.

[32] Benjumea D, Martín-Herrera D, Abdala S, Gutiérrez-Luis J, Quiñones W, Cardona D, Torres F, Echeverri F. Withanolides from *Whitania aristata* and their diuretic activity[J]. Journal of Ethnopharmacology, 2009, 123(2): 351-355.

[33] Lee S W, Pan M H, Chen C M, Chen Z T. Withangulatin I, a new cytotoxic withanolide from *Physalis angulata*[J]. Chemical & Pharmaceutical Bulletin, 2008, 56(2): 234-236.

[34] Alfonso D, Kapetanidis I, Bernardinelli G. Iochromolide: A new acetylated withanolide from *Iochroma coccineum*[J]. Journal of Natural Products, 1991, 54: 1576.

[35] Kirson I, Glotter E, Abraham A, Lavie D. Constituents of *Withania somnifera* Dun—XI: The structure of three new withanolides[J]. Tetrahedron, 1970, 26: 2209-2219.

[36] Lavie D, Kirson I, Glotter E, Snatzke G. Conformational studies on certain 6-membered ring lactones[J]. Tetrahedron, 1970, 26, 2221.

[37] Pelletier S W, Mody N V, Nowacki J, Bhattacharyya J. Carbon-13 nuclear magnetic resonance spectral analysis of naturally occurring withanolides and their

derivatives[J]. Journal of Natural Products, 1979, 42: 512-521.

[38] Lavie D, Glotter E, Shvo Y. Constituents of *Withania somnifera* Dum. Ⅲ. The side chain of withaferin A[J]. The Journal of Organic Chemistry, 1965, 30(6): 1774-1778.

[39] Abdullaev N D, Maslennikova E A, Tursunova R N, Abubakirov N K, Yagudaev M R. Withasteroids of Physalis IV. 28-hydrowithaphysanolide. ^{13}C NMR Spectrum of 14α-hydroxywithasteroids[J]. Chemistry of Natural Compounds, 1984, 20: 182-191.

[40] Erazo S, Rocco G, Zaldivar M, Delporte C, Backhouse N, Castro C, Belmonte E, Delle Monache F, García R. Active metabolites from *Dunalia spinosa* resinous exudates[J]. Zeitschrift Für Naturforschung C, 2008, 63(7-8): 492-496.

[41] Vasina O E, Maslennikova V A, Abdullaev N D, Abubakirov N K. Withasteroids of physalis.Ⅶ. 14α-hydroxyixocarpanolide and 24, 25-epoxywithanolide D[J]. Chemistry of Natural Compounds, 1986, 22: 560-565.

[42] Raffauf R F, Shemluck M J, Quesne P W L. The withanolides of *Iochroma fuchsioides*[J]. Journal of Natural Products, 1991, 54: 1601.

[43] Cordero C P, Morantes S J, Páez A, Rincón J, Aristizábal F A. Cytotoxicity of withanolides isolated from *Acnistus arborescens*[J]. Fitoterapia, 2009, 80: 364-368.

[44] Roumy V, Biabiany M, Hennebelle T, Aliouat el M, Pottier M, Joseph H, Joha S, Quesnel B, Alkhatib R, Sahpaz S, Bailleul F. Antifungal and cytotoxic activity of withanolides from *Acnistus arborescens*[J]. Journal of Natural Products, 2010, 73(7): 1313-1317.

[45] Abraham A, Kirson I, Lavic D, Glotter E. The withanolides of *Withania somnifera* chemotypes I and II[J]. Phytochemistry, 1975, 14(1): 189-194.

[46] Kirson I, Lavie D, Albonico S M, Juliani H R. The withanolides of *Acnistus australis* (Griseb.)[J]. Tetrahedron, 1970, 26(21): 5063-5069.

[47] Lavie D, Glotter E, Shvo Y. Constituents of *Withania somnifera* Dun. Part IV. The structure of withaferin A[J]. Journal of the Chemical Society, 1965, 7517-7531.

[48] Kirson I, Glotter E, Lavie D. Constituents of *Withania somnifera* Dun. Part XII. the withanolides of an indian chemotype[J]. Journal of the Chemical Society C Organic, 1971, 2032-2044.

[49] Glotter E, Waitman R, Lavie D. Constituents of *Withania somnifera* Dun. Part VIII. A new steroidal lactone, 27-deoxy-14-hydroxy-withaferin A[J]. Journal of the Chemical Society C Organic, 1966, 1765-1767.

[50] Abdullaev N D, Vasina O E, Maslennikova V A, Abubakirow N K. Withasteroids of physalis VI. ^{1}H and ^{13}C NMR spectra of withasteroids ixocarpalactone A and ixocarpanolide[J]. Chemistry of Natural Compounds, 1986, 22: 326 (Engl. trans., Chem. Nat. Comp, 1986, 22: 300-305).

[51] Chen C M, Chen Z T, Hsieh C H, Li W S, Wen S Y. Withangulatin A, a new withanolide from *Physalis angulata*[J]. Heterocycles, 1990, 31: 1371-1375.

[52] Glotter E, Sahai M, Kirson I, Gottlieb H E. Physapubenolide and pubescenin, two new ergostane-type steroids from *Physalis pubescens* L[J]. Journal of the Chemical Society, Perkin Transactions 1, 1985: 2241-2245.

[53] Gupta K V, Mahajan S, Satti N K, Suri K A, Qazi G N. (20*R*,22*R*)-6*α*,7*α*-Epoxy-5*α*,27-dihydroxy-1-oxowitha-2,24-dienolide in Leaves of Withania somnifera: Isolation and its Crystal Structure[J]. Journal of Chemical Crystallography, 2008, 38: 769-773.

[54] Prousek J, Rosazza J, Budesinshi M. Microbial transformations of natural antitumor agents. 23. conversion of withaferin-A to 12*β*-and 15*β*-hydroxy derivatives of withaferin-A[J]. Steroids, 1982, 40(2): 157-169.

[55] Shingu K, Marubayashi N, Ueda I, Yahara S, Nohara T. Physagulin C, a new withanolide from *Physalis angulata* L[J]. Chemical & Pharmaceutical Bulletin,

1991, 39(6): 1591-1593.

[56] Kirson I, Glotter E, Lavie D, Abraham A. Physapubescin, a new ergostane-type steroid from *Physalis pubescens* L[J]. Journal of Chemical Research, 1980, 4: 2134-2156.

[57] Kirson I, Abraham A, Sethi P D, Subramanian S S, Glotter E. 4β-Hydroxy-withanolide E, a new natural steroid with a 17α-oriented side-chain[J]. Phyto-chemistry, 1976, 15: 340-342.

[58] Sakurai K, Ishii H, Kobayashi S, Iwao T. Isolation of 4β-hydroxywithanolide E, a new withanolide from *Physalis peruviana* L[J]. Chemical & Pharmaceutical Bulletin, 1976, 24: 1422-1405.

[59] Kuroyanagi M, Shibata K, Umehara K. Cell differentiation inducing steroids from *Withania somnifera* L(DUN)[J]. Chemical & Pharmaceutical Bulletin, 1999, 47: 1646-1649.

[60] Jahan E, Perveen S, Fatima I, Malik A. Coagulansins A and B, new withanolides from *Withania coagulans* Dunal[J]. Helvetica Chimica Acta, 2010, 93: 530-535.

[61] Riaz N, Malik A, Aziz-ur-Rehman, Nawaz S A, Muhammad P, Choudhary M I. Cholinesterase-inhibiting withanolides from *Ajuga bracteosa*[J]. Chemistry & Biodiversity, 2004, 1(9): 1289-1295.

[62] Guan Y Z, Shan S M, Zhang W, Luo J G, Kong L Y. Withanolides from *Physalis minima* and their inhibitory effects on nitric oxide production[J]. Steroids, 2014, 82: 38-43.

[63] Vasina O E, Abdullaev N D, Abubakirov N K. Withasteroids of *Physalis*. IX. Physangulide-The first natural 22S-withasteroid[J]. Chemistry of Natural Compounds.1990, 26(3):304-307.

[64] Abdullaev N D, Maslennikova E A, Turnusova R N, Abubakirow N K, Yagudaev M R. *Physalis* withasteroids. 28-Hydroxywithaphysanolide. ^{13}C NMR spectrum of 14-α-hydroxy withasteroids[J]. Chemistry of Natural Compounds, 1984, 20:

182-191.

[65] Nittala S S, Lavie D. Withanolides of *Acnistus breviflorus*[J]. Phytochemistry, 1981, 20(12): 2735-2739.

[66] Keinan E, Gleize P A. Organo tin nucleophiles IV. Palladium catalyzed conjugate reduction with tin hydride[J]. Tetrahedron Letters, 1982, 23(4): 477-480.

[67] He Q P, Ma L, Luo J Y, He F Y, Lou L G, Hu L H. Cytotoxic withanolides from *Physalis angulata* L[J]. Chemistry & Biodiversity, 2007, 4(3): 443-449.

[68] Abe F, Nagafuji S, Okawa M, Kinjo J. Trypanocidal constituents in plants 6. [1] Minor withanolides from the aerial parts of *Physalis angulata*[J]. Chemical & Pharmaceutical Bulletin (Tokyo), 2006, 54(8): 1226-1228.

[69] Neogi P, Sahai M, Ray A B. Withaperuvins F and G, two withanolides of *Physalis peruviana* roots[J]. Phytochemistry, 1986, 26(1): 243-247.

[70] Pelletier S W, Gebeyehu G, Nowacki J, Mody N V. Viscosalactone A and Viscosalactone B, two new steroidal lactones from *Physalis viscosa*[J]. Heterocycles, 1981, 15: 317-320.

[71] Bessalle R, Lavie D, Frolow F. Withanolide Y, a withanolide from a hybrid of *Withania somnifera*[J]. Phytochemistry, 1987, 26(6):1797-1800.

[72] Sahai M. Pubesenolide, a new withanolide from *Physalis pubescens*[J]. Journal of Natural Products, 1985, 48: 474-476.

[73] Ali M, Shuaib M, Ansari S H. Withanolides from the stem bark of *Withania somnifera*[J]. Phytochemistry, 1997, 44(6): 1163-1168.

[74] Zhang H, Cao C M, Gallagher R J, Day V W, Kindscher K, Timmermann B N. Withanolides from *Physalis coztomatl*[J]. Phytochemistry, 2015, 109: 147-153.

[75] Niero R, Da Silva I T, Tonial G C, Santos Camacho B D, Gacs-Baitz E, Monache G D, Monache F D. Cilistepoxide and cilistadiol, two new withanolides from *Solanum sisymbiifolium*[J]. Natural Product Research, 2006, 20(13): 1164-1168.

[76] Zhu X H, Takagi M, Ikeda T, Midzuki K, Nohara T. Withanolide-type steroids

from *Solanum cilistum*[J]. Phytochemistry, 2001, 56(7): 741-745.

[77] Ihsan-ul-Haq, Youn U J, Chai X, Park E J, Kondratyuk T P, Simmons C J, Borris R P, Mirza B, Pezzuto J M, Chang L C. Biologically active withanolides from *Withania coagulans*[J]. Journal of Natural Products, 2013, 76(1): 22-28.

[78] Kumar A, Ali M, Mir S R. A new withanolide from the roots of *Withania somnifera*[J]. Indian Journal of Chemistry Section B, 2004, 43(8): 2001-2003.

[79] Maldonado E, Alvarado V E, Torres F R, Martínez M, Pérez-Castorena A L. Androstane and withanolides from *Physalis cinerascens*[J]. Planta Medical, 2005, 71(6): 548-553.

[80] Huang C F, Ma L, Sun L J, Ali M, Arfan M, Liu J W, Hu L H. Immunosuppressive Withanolides from *Withania coagulans*[J]. Chemistry & Biodiversity, 2009, 6(9): 1415-1426.

[81] Kuroyanagi M, Murata M, Nakane T, Shirota O, Sekita S, Fuchino H, Shinwari Z K. Leishmanicidal active withanolides from a pakistani medicinal plant, *Withania coagulan*s[J]. Chemical & Pharmaceutical Bulletin (Tokyo), 2012, 60(7): 892-897.

[82] Yang B Y, Guo R, Li T, Liu Y, Wang C F, Shu Z P, Wang Z B, Zhang J, Xia Y G, Jiang H, Wang Q H, Kuang H X. Five withanolides from the leaves of *Datura metel* L. and their inhibitory effects on nitric oxide production[J]. Molecules, 2014, 19(4): 4548-4559.

[83] Yang B Y, Liu Y, Wang X, Xia Y G, Wang Q H. Chemical constituents from seeds of *Datura metel*(Ⅰ)[J]. Chinese Traditional and Herbal Drugs, 2013, 14(44): 1877-1880.

[84] Abdeljebbar L H, Humam M, Christen P, Jeannerat D, Vitorge B, Amzazi S, Benjouad A, Hostettmann K, Bekkouche K. Withanolides from *Withania adpressa*[J]. Helvetica Chimica Acta, 2007, 90(2): 346-352.

[85] Ramacciotti N S, Nicotra V E. Withanolides from *Jaborosa kurtzii*[J]. Journal of

Natural Products, 2007, 70(9): 1513-1515.

[86] Vermillion K, Holguin F O, Berhow M A, Richins R D, Redhouse T, O'Connell M A, Posakony J, Mahajan S S, Kelly S M, Simon J A. Dinoxin B, a withanolide from *Datura inoxia* leaves with specific cytotoxic activities[J]. Journal of Natural Products, 2011, 74(2): 267-271.

[87] Bellila A, Tremblay C, Pichette A, Marzouk B, Mshvildadze V, Lavoie S, Legault J. Cytotoxic activity of withanolides isolated from Tunisian *Datura metel* L[J]. Phytochemistry, 2011, 72(16): 2031-2036.

[88] Maldonado E, Gutiérrez R, Pérez–Castorena A L, Martínez M. Orizabolide, a new withanolide from *Physalis orizabae*[J]. Journal of the Mexican Chemical Society, 2012, 56(2): 128-130.

[89] García M E, Barboza G E, Oberti J C, Ríos-Luci C, Padrón J M, Nicotra V E, Estévez-Braun A, Ravelo A G. Antiproliferative activity of withanolide derivatives from *Jaborosa cabrerae* and *Jaborosa reflexa*. Chemotaxonomic considerations[J]. Phytochemistry, 2012, 76: 150-157.

[90] Kirson I, Cohen A, Abraham A. Withanolides Q and R, two new 23-hydroxy-steroidal lactones[J]. Journal of the Chemical Society. Perkin Transactions 1, 1975, 7(21):2136-2138.

[91] Shingu K, Yahara S, Nohara T. New withanolides, daturataturins A and B from *Datura tatura* L[J]. Chemical & Pharmaceutical Bulletin, 1990, 38: 3485-3487.

[92] Shingu K, Kajimoto T, Furusawa Y, Nohara T. The structures of daturametelin A and B[J]. Chemical & Pharmaceutical Bulletin, 1987, 35: 4359-4361.

[93] Ramaiah P A, Lavie D, Budhiraja R D, Sudhir S, Garg K N. Spectroscopic studies on a withanolide from *Withania coagulans*[J]. Phytochemistry, 1984, 23(1): 143-149.

[94] Velde V V, Lavie D A. Δ^{16}-withanolide in *Withania somnifera* as a possible precursor for α-side-chains[J]. Phytochemistry, 1982, 21: 731-733.

[95] Shingu K, Furusawa Y, Nohara T. New withanolides, daturametelins C, D, E, F and G-Ac from *Datura metel* L (Solanaceous Studies. XIV)[J]. Chemical & Pharmaceutical Bulletin, 1989, 37: 2132-2135.

[96] Ma L, Xie C M, Li J, Lou F C, Hu L H. Daturametelins H, I, and J: three new withanolide glycosides from *Datura metel* L[J]. Chemistry & Biodiversity, 2006, 3(2): 180-186.

[97] Kundu S, Sinha S C, Bagchi A, Ray A B. Secowithametelin, a withanolide of *Datura metel* leaves[J]. Phytochemistry, 1989, 28(6): 1769-1770.

[98] Khan P M, Nawaz H R, Ahmad S, Malik A. Ajugins C and D, new withanolides from *Ajuga parviflora*[J]. Helvetica Chimica Acta, 1999, 82: 1423-1426.

[99] Kirson I, Abraham A, Lavie D. Chemical analysis of hybrids of *Withania somnifera* L(Dun.). 1. Chemotypes III (Israel) by Indian I (Delhi)[J]. Israel Journal of Chemistry, 1977, 16: 20-24.

[100] Shingu K, Miyagawa M, Yahara S, Nohara T. Physapruins A and B, two new withanolides from *Physalis pruinosa* BAILEY[J]. Chemical & Pharmaceutical Bulletin, 1993, 41: 1873-1875.

[101] Abdullaev N D, Vasina O E, Maslennikova V A, Abubakirov N K. Withasteroids of Physalis V. a study of the ^{1}H and ^{13}C NMR spectra of the withasteroids visconolide and 28-hydroxywithaperuvin C[J]. Chemistry of Natural Compounds, 1985, 21: 616-654.

[102] Khan P M, Malik A, Ahmad S, Nawaz H R. Withanolides from *Ajuga parviflora*[J]. Journal of Natural Products, 1999, 62(9): 1290-1292.

[103] Su B N, Park E J, Nikolic D, Vigo J S, Graham J G, Cabieses F, van Breemen R B, Fong H H S, Farnsworth N R, Pezzuto J M, Kinghorn A D. Isolation and characterization of miscellaneous secondary metabolites of *Deprea subtriflora*[J]. Journal of Natural Products, 2003, 66(8): 1089-1093.

[104] Fang S T, Liu X, Kong N N, Liu S J, Xia C H. Two new withanolides from the

halophyte *Datura stramonium* L[J]. Natural Product Research, 2013, 27(21): 1965-1970.

[105] Yang B Y, Xia Y G, Liu Y, Li L, Jiang H, Yang L, Wang Q H, Kuang H X. New antiproliferative and immunosuppressive withanolides from the seeds of *Datura metel*[J]. Phytochemistry Letters, 2014, 87: 92-96.

[106] Nawaz H R, Malik A, Khan P M, Ahmed S. Ajugin E and F: two withanolides from *Ajuga parviflora*[J]. Phytochemistry, 1999, 52(7): 1357-1360.

[107] Choudhary M I, Dur-e-Shahwar, Parveen Z, Jabbar A, Ali I, Atta-Ur-Rahman. Antifungal steroidal lactones from *Withania coagulance*[J]. Phytochemistry, 1995, 40(4): 1243-1246.

[108] Velde V V, Lavie D. New withanolides of biogenetic interest from *Withania somnifera*[J]. Phytochemistry, 1981, 20(6): 1359-1364.

[109] Choudhary M I, Yousaf S, Ahmed S, Samreen, Yasmeen K, Atta-ur-Rahman. Antileishmanial physalins from *Physalis minima*[J]. Chemistry & Biodiversity, 2005, 2(9): 1164-1173.

[110] González A G, Bretón J L, Trujillo J M. Esteroides de *Withanias* III. Lactonas esteroidales de la *Withania frutescens* Pauq. Anales de Quimica, 1974, 70: 64-68.

[111] Atta-ur-Rahman, Shabbir M, Yousaf M, Qureshi S, Dur-e-Shahwar, Naz A, Choudhary M I. Three withanolides from *Withania coagulans*[J]. Phytochemistry, 1999, 52(7): 1361-1364.

[112] Atta-ur-Rahman, Choudhary M I, Yousaf M, Gul W, Qureshi S. New withanolides from *Withania coagulans*[J]. Chemical & Pharmaceutical Bulletin, 1998, 46: 1853-1856.

[113] Ahmad S, Yasmin R, Malik A. New withanolide glycosides from *Physalis peruviana* L[J]. Chemical & Pharmaceutical Bulletin, 1999, 47: 477-480.

[114] Zhu X H, Ando J, Takagi M, Ikeda T, Nohara T. Six new withanolide-type

steroids from the leaves of *Solanum cilistum*[J]. Chemical & Pharmaceutical Bulletin (Tokyo), 2001, 49(2): 161-164.

[115] Nawaz H R, Malik A, Muhammad P, Ahmed S, Riaz M. Chemical Constituents of *Ajuga parviflora*[J]. Zeitschrift Für Naturforschung B, 2000, 55(1), 100-103.

[116] Atta-ur-Rahman, Yousaf M, Gul W, Qureshi S, Choudhary M I, Voelter W, Hoff A, Jens F, Naz A. Five new withanolides from *Withania coagulans*[J]. Heterocycles, 1998, 48(9): 1801-1811.

[117] Nawaz H R, Riaz M, Malik A, Khan P M, Ullah N. Withanolides and alkaloid from *Ajuga parviflora*[J]. Journal Chemical Society of Pakistan, 2000. 22: 138-141.

[118] Ahmad S, Malik A, Yasmin R, Ullah N, Gul W, Khan P M, Nawaz H R, Afza N. Withanolides from *Physalis peruviana*[J]. Phytochemistry, 1999, 50: 647-651.

[119] Bravo B J A, Sauvain M, Gimenez T A, Balanza E, Serani L, Laprévote O, Massiot G, Lavaud C. Trypanocidal withanolides and withanolide glycosides from *Dunalia brachyacantha*[J]. Journal of Natural Products, 2001, 64(6): 720-725.

[120] Matsuda H, Murakami T, Kishi A, Yoshikawa M. Structures of withanosides I, II, III, IV, V, VI, and VII, new withanolide glycosides, from the roots of Indian *Withania somnifera* Dunal. and inhibitory activity for tachyphylaxis to clonidine in isolated guinea-pig ileum[J]. Bioorganic & Medicinal Chemistry, 2001, 9(6): 1499-1507.

[121] Zhao J, Nakamura N, Hattori M, Kuboyama T, Tohda C, Komatsu K. Withanolide derivatives from the roots of *Withania somnifera* and their neurite outgrowth activities[J]. Chemical & Pharmaceutical Bulletin (Tokyo), 2002, 50(6): 760-765.

[122] 陈东. 洋金花治疗银屑病有效部位的化学成分研究[D]. 哈尔滨: 黑龙江中医药大学, 2007.

[123] Jayaprakasam B, Nair M G. Cyclooxygenase-2 enzyme inhibitory withanolides from *Withania somnifera* leaves[J]. Tetrahedron, 2003, 59: 841-849.

[124] Yang B Y, Cheng Y G, Liu Y, Tan J Y, Guan W, Guo S, Kuang H X. *Datura Metel* L. Ameliorates Imiquimod-Induced Psoriasis-Like Dermatitis and Inhibits Inflammatory Cytokines Production through TLR7/8-MyD88-NF-κB-NLRP3 Inflammasome Pathway[J]. Molecules, 2019, 24(11): E2157.

[125] Kirson I, Glotter E, Ray A B, Ali A, Gottlieb H E, Sahai M. Physalolactone B 3-O-*β*-D-glucopyranoside, the first glycoside in the withanolide series[J]. Journal of Chemical Research (Synopses), 1983(5), 120-121.

[126] Adam G, Chien N Q, Khoi N H. Dunawithanines A and B, the first withanolide glycosides from *Dunalia australis*[J]. Phytochemistry, 1984, 23: 2353.

[127] Li T T, Wei Z, Sun Y P, Wang Q H, Kuang H X. Withanolides, Extracted from *Datura Metel* L. Inhibit Keratinocyte Proliferation and Imiquimod-Induced Psoriasis-Like Dermatitis via the STAT3/P38/ERK1/2 Pathway[J]. Molecules, 2019, 24(14): E2596.

[128] Velde V V, Lavie D, Budhiraja D, Sudhir S, Garg K N. Potential biogenetic precursors of withanolides from *Withania coagulans*[J]. Phytochemistry, 1983, 22: 2253.

[129] Yang J Y, Chen C X, Zhao R H, Hao X J, Liu H Y. Plantagiolide F, a minor withanolide from *Tacca plantaginea*[J]. Natural Product Research: Formerly Natural Product Letters, 2011, 25(1): 40-44.

[130] Yokosuka A, Mimaki Y, Sashida Y. Chantriolides A and B, two new withanolide glucosides from the rhizomes of *Tacca chantrieri*[J]. Journal of Natural Products, 2003, 66(6): 876-878.

[131] Zhang L, Liu J Y, Xu L Z, Yang S L. Chantriolide C, a new withanolide glucoside and a new spirostanol saponin from the rhizomes of *Tacca chantrieri*[J]. Chemical & Pharmaceutical Bulletin (Tokyo), 2009, 57(10):

1126-1128.

[132] Liu H Y, Ni W, Xie B B, Zhou L Y, Hao X J, Wang X, Chen C X. Five new withanolides from *Tacca plantaginea*[J]. Chemical & Pharmaceutical Bulletin (Tokyo), 2006, 54(7): 992-995.

[133] Gil R R, Misico R I, Sotes I R, Oberti J C. 16-Hydroxylated withanolides from *Exodeconus maritimus*[J]. Journal of Natural Products, 1997, 60: 568-572.

[134] Kuang H X, Yang B Y, Tang L, Xia Y G, Dou D. Baimantuoluosides A-C, three new withanolide glucosides from the flower of *Datura metel* L[J]. Helvetica Chimica Acta, 2009, 92: 1315-1323.

[135] Wube A A, Wenzig E M, Gibbons S, Asres K, Bauer R, Bucar F. Constituents of the stem bark of *Discopodium penninervium* and their LTB4 and COX-1 and -2 inhibitory activities[J]. Phytochemistry, 2008, 69(4): 982-987.

[136] Vankar P S, Srivastava J, Molčanov K, Kojic-Prodić B. Withanolide A series steroidal lactones from *Eucalyptus globulus* bark[J]. Phytochemistry Letters, 2009, 2: 67-71.

[137] Gupta M, Manickam M, Sinha S C, Sinha-Bagchi A, Ray A B. Withanolides of *Datura metel*[J]. Phytochemistry, 1992, 31: 2423-2425.

[138] 张鹏. 洋金花的化学成分研究[D]. 哈尔滨: 黑龙江中医药大学, 2005.

[139] Ma C Y, Williams I D, Che C T. Withanolides from *Hyoscyamus niger* seeds[J]. Journal of Natural Products, 1999, 62(10): 1445-1447.

[140] Abou-Douh A M. New withanolides and other constituents from the fruit of *Withania somnifera*[J]. Archiv Der Pharmazie (Weinheim), 2002, 335(6): 267-276.

[141] Yang B Y, Wang Q H, Xia Y G, Feng W S, Kuang H X. Withanolide compounds from the flower of *Datura metel* L[J]. Helvetica Chimica Acta, 2007, 90: 1522.

[142] Habtemariam S, Gray A I. Withanolides from the Roots of *Discopodium*

penninervium[J]. Planta Medica, 1998, 64: 275-276.

[143] Misra L, Mishra P, Pandey A, Sangwan R S, Sangwan N S, Tuli R. Withanolides from *Withania somnifera* roots[J]. Phytochemistry, 2008, 69: 1000-1004.

[144] Gupta M, Bagchi A, Ray A B. Additional withanolides of *Datura metel*[J]. Journal of Natural Products, 1991, 54: 599.

[145] Cirigliano A, Veleiro A S, Oberti J C, Burton G. A 15β-hydroxywithanolide from *Datura ferox*[J]. Phytochemistry, 1995, 40(2): 611-613.

[146] Gao S, Fu G M, Fan L H, Yu S S, Yu D Q. Studies on the chemical constituents from roots of *Lysidice rhodostegia Hance*[J]. Chinese Journal of Natural Medicines, 2005, 3: 144-147.

[147] Dong L, Li L, Liao Z H, Chen M, Sun M. Chemical constituents in root of *Rhodiola bupleuroides*[J]. Acta Botanica Boreali-Occidentalia Sinica, 2007, 27: 2564-2567.

[148] Kirson I, Gottlieb H E, Greenberg M, Glotter E. Nicalbins A and B, two novel ergostane-type steroids from *Nicandra physaloides* var. *albiflora*[J]. Journal of Chemical Research, 1980, (S)69: (M)1031.

[149] Vasina O E, Abdullaev N D, Abubakirov N K. Withasteroids of *Physalis*. VIII. Vamonolide[J]. Chemistry of Natural Compounds, 1987, 23: 712.

[150] Quang T H, Ngan N T, Minh C V, Kiem P V, Yen P H, Tai B H, Nhiem N X, Thao N P, Anh Hle T, Luyen B T, Yang S Y, Kim Y H. Plantagiolides I and J, two new withanolide glucosides from *Tacca plantaginea* with nuclear factor-kappa B inhibitory and peroxisome proliferator-activated receptor transactivational activities[J]. Chemical & Pharmaceutical Bulletin (Tokyo), 2012, 60(12): 1494-1501.

[151] 刘高峰, 张艳海, 杨炳友, 夏永刚, 匡海学. 北洋金花的化学成分研究[J]. 中国中医药科技, 2010, 6(17): 522-524.

[152] Lal P, Misra L, Sangwan R S, Tuli R. New withanolides from fresh berries of

Withania somnifera[J]. Zeitschrift Für Naturforschung B Chemical Science, 2006, 61: 1143-1147.

[153] 王欣, 刘艳, 夏永刚, 杨炳友, 王秋红, 匡海学. 洋金花的化学成分研究 (v)[J]. 中医药信息, 2013, 30(3): 17-19.

[154] Willliam C E, Raymond, Merlin L M. Withanolides of *Datura* spp and hybirds[J]. Phytochemistry, 1984, 23: 1717-1720.

[155] Neogi P, Kawai M, Butsugan Y, Mori Y S, Suzuki M. Withacoagin, a new withanolide from *Withania coagulans* roots[J]. Bullentin of the Chemical Society of Japan, 1988, 61: 4479-4481.

[156] Suubramanian S S, Sethi P D, Glotter E, Kirson I, Lavie D. 5,20α(*R*)-dihydroxy-6α,7α- epoxy-1-oxo-(5α) witha-2,24-dienolide, a new steroidal lactone from *Withania coagulans*[J]. Phytochemistry, 1971, 10: 685-688.

[157] Anjaneyulu A S R, Rao D S. New withanolides from the roots of *Withania somnifera*[J]. Indian Journal of Chemistry Section B, 1997, 36: 424-433.

[158] Li Z C, Chen Z, Li X R, Xu Q M, Yang S L. Chemical constituents in roots and stems of *Physalis alkekengi* var. *franchetii*[J]. Chinese Traditional and Herbal Drugs, 2012, 43: 1910-1912.

[159] 周才琼, 周张章. 引种新资源——印度人参的功能成分定性及睡茄内酯的分离鉴定[J]. 食品科学, 2007, 28(11): 411-414.

[160] 周张章. 印度人参中化学成分的研究及睡茄内酯的分离鉴定[D]. 重庆: 西南大学食品科学学院, 2006.

[161] Bagchi A, Neogi P, Sahai M, Ray A B, Oshima Y, Hikino H. Withaperuvin E and Nicandrin B, withanolides from *Physalis peruviana* and *Nicandra physaloides*[J]. Phytochemistry, 1984, 23: 853-855.

[162] Qiu C Y, Yuan T, Sun D J, Gao S Y, Chen L X. Stereo- and region-specific biotransformation of physapubescin by four fungal strains[J]. Journal of Natural

Medicines, 2017, 71(2):449-456.

[163] Nittala S S, Lavie D. Chemistry and genetics of withanolides in *Withania somnifera* hybrids[J]. Phytochemistry, 1981, 20: 2741-2748.

[164] Nittala S S, Frolow F, Lavie D. Novel occurrence of 14*β*-hydroxy group on a withanolide skeleton; X-Ray crystal and molecular structure of 14*β*-hydroxywithanone[J]. Journal of the Chemical Society Chemical Communications, 1981, 178.

[165] Veleiro A S, Cirigliano A M, Oberti J C, Burton G. 7-Hydroxywithanolides from *Datura ferox*[J]. Journal of Natural Products, 1999, 62: 1010-1012.

[166] Tettamanzi M C, Veleiro A S, de la Fuente J R, Burton G. Withanolides from *Salpichroa origanifolia*[J]. Journal of Natural Products, 2001, 64: 783-786.

[167] Veleiro A S, Burton G, Bonetto G M, Gil R R, Oberti J C. New withanolides from *Salpichroa origanifolia*[J]. Journal of Natural Products, 1994, 57: 1741.

[168] Misico R I, Veleiro A S, Burton G, Oberti J C. Withanolides from *Jaborosa leucotricha*[J]. Phytochemistry, 1997, 45: 1045-1048.

[169] Manickam M, Srivastava A, Ray A B. Withanolides from the flowers of *Datura fastuosa*[J]. Phytochemistry, 1998, 47: 1427-1429.

[170] Yang B Y, Wang Q H, Xia Y G, Feng W S, Kuang H X. Baimantuoluolines D-F, three new withanolides from the flower of *Datura metel* L[J]. Helvetica Chimica Acta, 2008, 91: 964.

[171] Pan Y, Wang X, Hu X. Cytotoxic withanolides from the Flowers of *Datura metel*[J]. Journal of Natural Products, 2007, 70(7): 1127-1132.

[172] Li Y Z, Pan Y M, Huang X Y, Wang H S. Withanolides from *Physalis alkekengi var. Francheti*[J]. Helvetica Chimica Acta, 2008, 91: 2284-2291.

[173] 李异政. 桂花种子和酸浆全草的化学成分研究[D]. 桂林: 广西师范大学, 2007.

[174] Yang B Y, Xia Y G, Wang Q H, Dou D Q, Kuang H X. Baimantuoluosides D-G,

four new withanolide glucosides from the flower of *Datura metel* L[J]. Archives of Pharmacal Research, 2010, 33(8): 1143-1148.

[175] 马旭. 洋金花治疗银屑病有效部位的化学成分研究[D]. 哈尔滨: 黑龙江中医药大学, 2005.

[176] Nur-e-Alam M, Yousaf M, Qureshi S, Baig I, Nasim S, Atta-ur-Rahman, Choudhary M I. A novel dimeric podophyllotoxin-type lignan and a new withanolide from *Withania coagulans*[J]. Helvetica Chimica Acta, 2003, 86: 607.

[177] Manickam M, Kumar S, Sinha-Bagchi A, Sinha S C, Ray A B. Withametelin H and withafastuosin C, two new withanolides from the leaves of *Datura* species[J]. Journal of the Indian Chemical Society, 1994, 71: 393-399.

[178] Tschesche R, Baumgarth M, Welzel P. Weitere inhaltsstoffe aus *Jaborosa integrifolia* Lam.—III: Zur Struktur der Jaborosalactone C, D and E[J]. Tetrahedron, 1968, 24: 5169.

[179] Gottlieb H E, Cojocaru M, Sinha S C, Saha M, Bagchi A, Ali A, Ray A B. Withaminimin, a withanolide from *Physalis minima*[J]. Phytochemistry, 1987, 26: 1801-1804.

[180] Bessalle R, Lavie D. Withanolide C, A chlorinated withanolide from *Withania somnifera*[J]. Phytochemistry, 1992, 31: 3648-3651.

[181] Tschesche R, Annen K, Welzel P. Die struktur des Jaborosalactons F[J]. Tetrahedron, 1972, 28(6): 1909-1913.

[182] Nittala S S, Velde V V, Frolow F, Lavie D. Chlorinated withanolides from *Withania somnifera* and *Acnistus breviflorus*[J]. Phytochemistry, 1981, 20: 2547-2552.

[183] Maslennikova V A, Tursunova R N, Seitanidi K L, Abubakirov N K. *Physalis* withanolides II. withaphysanolide, 1980, 16: 214(Engl.trans., Chem Nat Comp, 1980, 16: 167).

[184] Pramanick S, Roy A, Ghosh S, Majumder H K, Mukhopadhyay S. Withanolide Z, a new chlorinated withanolide from *Withania somnifera*[J]. Planta Medica, 2008, 74(14): 1745-1748.

[185] Ali A, Sahai M, Ray A B, Slatkin D J. Physalolactone C, a new withanolide from *Physalis peruviana*[J]. Journal of Natural Products, 1984, 47: 648.

[186] 魏娜. 洋金花治疗银屑病有效部位的化学成分研究. 哈尔滨: 黑龙江中医药大学, 2006.

[187] Tong X, Zhang H, Timmermann B N. Chlorinated Withanolides from *Withania somnifera*[J]. Phytochem Letters, 2011, 4(4): 411-414.

[188] Frolow F, Ray A B, Sahai M, Glotter E, Gottlieb H E, Kirson I. Withaperuvin and 4-deoxyphysalolactone, two new ergostane-type steroids from *Physalis peruviana* (*Solanaceae*)[J]. Journal of the Chemical Society, Perkin Transactions 1, 1981, 1029.

[189] Eguchi T, Fujimoto Y, Kakinumak K, Ikekawa N, Sahai M, Verma M P, Gupta Y K. 23-Hydroxyphysalolactone, a new withanolide with a 23-hydroxyl group from *Physalis peruviana* (*Solanaceae*)[J]. Chemical & Pharmaceutical Bulletin, 1988, 36: 2897-2901.

[190] Nittala S S, Gottlieb H E, Kirson I. A new chlorine containing withanolide from *Withania somnifera*[J]. 12th IUPC Symposium, Chemical Natural Products, 1980, 152.

[191] Masao H, Keiju G, Nobuo I. Synthetic studies of withanolide. 5.Synthesis of jaborosalactone A, B and D[J]. Jpurnal of American Chemical Society, 1982, 104(13): 3735-3737.

[192] Kuang H X, Yang B Y, Xia Y G, Wang Q H. Two new withanolide lactones from flos *Daturae*[J]. Molecules, 2011, 16(7): 5833-5839.

[193] Ma L, Gan X W, He Q P, Bai H Y, Arfan M, Lou F C, Hu L H. Cytotoxic withaphysalins from *Physalis minima*[J]. Helvetica Chimica Acta, 2007, 90:

1406.

[194] Oshima Y, Bagchi A, Hikino H, Sinha S B C, Ray A B B. Withaphysalin E, a withanolide of *Physalis minima var. indica*[J]. Phytochemistry, 1987, 26: 2115-2117.

[195] Begley M J, Crombie L, Ham P J, Whiting D A. Terpenoid constituents of the insect repellant plant *Nicandra physaloides*; X-ray structure of a methyl steroid (Nic-3) acetate[J]. Journal of the Chemical Society Chemical Communications, 1972.

[196] Glotter E, Kirson I, Abraham A, Sethi P D, Subramanian S S. Steroidal constituents of *Physalis minima*(*Solanaceae*)[J]. Journal of the Chemical Society, Perkin Transactions 1, 1975, 14: 1370-1374.

[197] Oshima Y, Hikino H, Sahai M, Ray A B. Withaperuvin H, a withanolide of *Physalis peruviana* roots[J]. Journal of the Chemical Society Chemical Communications, 1989(10): 628.

[198] Sahai M, Kirson I. Withaphysalin D, a new withaphysalin from *Physalis minima Linn. var. Indica*[J]. Journal of Natural Products, 1984, 47: 527-529.

[199] Veras M L, Bezerra M Z B, Lemos T L G, Uchoa D E A, Braz-Filho R, Chai H B, Cordell G A, Pessoa O D L. Cytotoxic withaphysalins from the Leaves of *Acnistus arborescens*[J]. Journal of Natural Products, 2004, 67: 710-713.

[200] Veras M L, Bezerra M Z, Braz-Filho R, Pessoa O D, Montenegro R C, do O Pessoa C, de Moraes M O, Costa-Lutufo L V. Cytotoxic epimeric withaphysalins from leaves of *Acnistus arborescens*[J]. Planta Medical, 2004, 70(6): 551-555.

[201] Siddiqui B S, Arfeen S, Afshan F, Begum S. Withanolides from *Datura innoxia*[J]. Heterocycles, 2005, 65: 857-863.

[202] Siddiqui B S, Afreen S, Begum S. Two new withanolides from the aerial parts of *Datura innoxia*[J]. Australian Journal of Chemistry, 1999, 52: 905-907.

[203] Jahromi M A F, Manickam M, Gupta M, Oshima Y, Hatakeyam S, Ray A B. Withametelins F and G, two new withanolides of *Datura metel*[J]. Journal of Chemical Research-S, 1993, 234-235.

[204] Zhang H, Bazzill J, Gallagher R J, Subramanian C, Grogan P T, Day V W, Kindscher K, Cohen M S, Timmermann B N. Antiproliferative withanolides from *Datura wrightii*[J]. Journal of Natural Products, 2013, 76(3): 445-449.

[205] Siddiqui B S, Hashmi I A, Begum S. Two new withanolides from the aerial parts of *Datura innoxia*[J]. Heterocycles, 2002, 57: 715-721.

[206] Sinha S C, Kundu S, Maurya R, Ray A B, Oshima Y, Bagchi A, Hikino H. Structures of withametelin and isowithametelin, withanolides of *Datura metel* leaves[J]. Tetrahedron, 1989, 45: 2165-2176.

[207] Siddiqui B S, Arfeen S, Begum S, Sattar F A. Daturacin, a new withanolide from *Datura innoxia*[J]. Natural Product Research, 2005, 19(6): 619-623.

[208] Luis J G, Echeverri F, Quiñones W, González A G, Torres F, Cardona G, Archbold R, Rojas M, Perales A. Unambiguous ^{13}C NMR assignment of acnistins and absolute configuration of Acnistin A[J]. Steroids, 1994, 59: 299-304.

[209] Luis J G, Echeverri F, González A G. Acnistins C and D, withanolides from *Dunalia solanacea*[J]. Phytochemistry, 1994, 36: 1297-1301.

[210] Usubillaga A, Castellano G, Zabel V, Watson H. Acnistins, a new class of steroidal lactones from *Acnistus ramiflorum* Miers; X-ray structure of Acnistin E[J]. Journal of the Chemical Society, Chemical Communications, 1980, 854-855.

[211] Gutiérrez Nicolás F, Reyes G, Audisio M C, Uriburu M L, Leiva González S, Barboza G E, Nicotra V E. Withanolides with antibacterial activity from *Nicandra john-tyleriana*[J]. Journal of Natural Products, 2015, 78(2): 250-257.

[212] Usubillaga A, Khouri N, Baptista J, Bahsas A. New acnistins from *Acnistus arborescens*[J]. Latinoamericana de Quimica, 2005, 33(3): 121-127.

[213] Habtemariam S, Skelton B W, Waterman P G, White A H. 17-Epiacnistin-A, a further withanolide from the leaves of *Discopodium penninervium*[J]. Journal of Natural Products, 2000, 63(4): 512-513.

[214] Kiyota N, Shingu K, Yamaguchi K, Yoshitake Y, Harano K, Yoshimitsu H, Ikend T, Nohara T. New C_{28} steroidal glycosides from *Tubocapsicum anomalum*[J]. Chemical & Pharmaceutical Bulletin, 2007, 55(1): 34-36.

[215] Suleiman R K, Zarga M A, Sabri S S. New withanolides from *Mandragora officinarum*: first report of withanolides from the Genus *Mandragora*[J]. Fitoterapia, 2010, 81(7): 864-868.

[216] Luis J G, Echeverri F, GarcIa F, Rojas M. The structure of Acnistin B and the immunosuppressive effects of Acnistins A, B, and E[J]. Planta Medica, 1994, 60: 348-350.

[217] Yi Q K, Li B, Liu J K. New withanolides from *Nicandra physaloides* (*Solanaceae*)[J]. Plant Diversity and Resources, 2012, 34: 101-106.

[218] Jonas P F, Cordell G A. Molecular modeling, NOESY NMR, and the structure of Nicandrenone isolated from *Nicandra physalodes*(*Solanaceae*)[J]. Natural product communications, 2009, 4(6): 783-788.

[219] Glotter K, Kirson I, Abraham A, Krinsky P. Nic-1-lactone, a minor steroidal constituent of *Nicandra physaloides*(*Solanaceae*)[J]. Phytochemistry, 1976, 15: 1317.

[220] Tettamanzi M C, Veleiro A S, Oberti J C, Burton G. New Hydroxylated Withanolides from *Salpichroa origanifolia*[J]. Journal of Natural Products, 1998, 61(3): 338-342.

[221] Veieiro A S, Oberti J C, Burton G. A Ring-D aromatic withanolide from *Salpichroa Origanifolia*[J]. Phytochemistry, 1992, 31(3): 935-937.

[222] Veieiro A S, Burton G, Trocca C E, Oberti J C. A phenolic withanolide from *Jaborosa Leucotricha*[J]. Phytochemistry, 1992, 31(7): 2550-2551.

[223] Atta-ur-Rahman, Abbas S, Dur-E-Shahwar, Jamal S A, Choudhary M I. New withanolides from *Withania* spp[J]. Journal of Natural Products, 1993, 56.

[224] Atta-ur-Rahman, Shabbir M, Dur-e-Shahwar, Choudhary M I, Voelter W, Hohnholz D. New steroidal lactones from *Withania coagulance*[J]. Heterocycles, 1998, 47: 1005-1012.

[225] Atta-ur-Rahman, Choudhary M I, Qureshi S, Gul W, Yousaf M. Two new ergostane-type steroidal lactones from *Withania coagulans*[J]. Journal of Natural Products, 1998, 61: 812-814.

[226] Ahmad S, Malik A, Muhammad P, Gul W, Yasmin R, Afza N. A new withanolide from *Physalis peruviana*[J]. Fitoterapia, 1998, 69(5): 433-436.

[227] Li J, Lin B, Wang G K, Gao H J, Qin M J. Chemical constituents of *Datura stramonium* seeds[J]. China Journal of Chinese Materia Medica, 2012, 37(3): 319-322.

[228] Ahmad S, Malik A, Afza N, Yasmin R. A new withanolide glycoside from *Physalis peruviana*[J]. Journal of Natural Products, 1999, 62: 493-494.

[229] Cirigliano A M, Veleiro A S, Misico R I, Tettamanzi M C, Oberti J C, Burton G. Withanolides from *Jaborosa laciniata*[J]. Journal of Natural Products, 2007, 70: 1644-1646.

[230] Nicotra V E, Ramacciotti N S, Gil R R, Oberti J C, Feresin G E, Guerrero C A, Baggio R F, Garland M T, Burton G. Phytotoxic withanolides from *Jaborosa rotacea*[J]. Journal of Natural Products, 2006, 69(5): 783-789.

[231] Bonetto G M, Gil R R, Oberti J C, Veleiro A S, Burton G. Novel withanolides from *Jaborosa sativa*[J]. Journal of Natural Products, 1995, 58: 705-711.

[232] Nicotra V E, Gil R R, Oberti J C, Burton G. Withanolides with phytotoxic activity from *Jaborosa caulescens var. caulescens* and *J. caulescens var.*

bipinnatifida[J]. Journal of Natural Products, 2007, 70(5): 808-812.

[233] Nicotra V E, Gil R R, Vaccarini C, Oberti J C, Burton G. 15,21-Cyclo-withanolides from *Jaborosa bergii*[J]. Journal of Natural Products, 2003, 66: 1471-1475.

[234] Su B N, Park E J, Nikolic D, Santarsiero B D, Mesecar A D, Vigo J S, Graham J G, Cabieses F, van Breemen R B, Fong H H, Farnsworth N R, Pezzuto J M, Kinghorn A D. Activity-Guided Isolation of Novel Norwithanolides from *Deprea subtriflora* with Potential Cancer Chemopreventive Activity[J]. Journal of Organic Chemistry, 2003, 68: 2350-2361.

[235] Kiyota N, Shingu K, Yamaguchi K, Yoshitake Y, Harano K, Yoshimitsu H, Miyashita H, Ikeda T, Tagawa C, Nohara T. New C_{28} Steroidal Glycosides from *Tubocapsicum anomalum*[J]. Chemical & Pharmaceutical Bulletin, 2008, 56(7): 1038-1040.

[236] Luis J G, Echeverri F, Quiñones W, González A G, Torres F, Cardona G, Archbold R, Perales A. Withajardins, withanolides with a new type of skeleton structure of withajardins A, B, C and D absolute configuration of withajardin C[J]. Tetrahedron, 1994, 50: 1217-1226.

[237] Echeverri F, Quiñones W, Torres F, Cardona G, Archbold R, Luis J G, González A G. Withajardin E, a withanolide from *Deprea orinocensis*[J]. Phytochemistry, 1995, 40: 923-925.

[238] Zhu X H, Ando J, Takagi M, Ikeda T, Yoshimitsu A, Nohara T. Four novel withanolide-type steroids from the leaves of *Solanum cilistum*[J]. Chemical & Pharmaceutical Bulletin (Tokyo), 2001, 49(11): 1440-1443.

[239] Ma L, Ali M, Arfan M, Lou L G, Hu L H. Withaphysanolide A, a novel C-27 norwithanolide skeleton, and other cytotoxic compounds from *Physalis divericata*[J]. Tetrahedron Letters, 2007, 48: 449-452.

[240] Subbaraju G V, Vanisree M, Rao C V, Sivaramakrishna C, Sridhar P,

Jayaprakasam B, Nair M G. Ashwagandhanolide, a bioactive dimeric thiowithanolide isolated from the roots of *Withania somnifera*[J]. Journal of Natural Products, 2006, 69(12): 1790-1792.

[241] Mulabagal V, Subbaraju G V, Rao C V, Sivaramakrishna C, Dewitt D L, Holmes D, Sung B, Aggarwal B B, Tsay H S, Nair M G. Withanolide Sulfoxide from *Aswagandha* Roots Inhibits Nuclear Transcription Factor-Kappa-B, Cyclooxygenase and Tumor Cell Proliferation[J]. Phytotherapy research: PTR, 2009, 23(7): 987-992.

[242] Chao C H, Chou K J, Wen Z H, Wang G H, Wu Y C, Dai C F, Sheu J H. Paraminabeolides A-F, cytotoxic and anti-inflammatory marine withanolides from the soft coral *Paraminabea acronocephala*[J]. Journal of Natural Products, 2011, 74(5): 1132-1141.

[243] Keinan E, Greenspoon N. Organo tin nucleophiles III. palladium catalyzed reductive cleavage of allylic heterosubstituents with tin hydride[J]. Tetrahedron Lett, 1982, 23: 241.

[244] Yang B Y, Guo R, Li T, Wu J J, Zhang J, Liu Y, Wang Q H, Kuang H X. New anti-inflammatory withanolides from the leaves of *Datura metel* L[J]. Steroids, 2014, 87: 26-34.

[245] Luis J G, Echeverri F, González A G. Acnistins F-H, withanolides from *Dunalia solanacea*[J]. Phytochemistry, 1994, 36: 769-772.

[246] Huang Y, Liu J K, Muhlbauer A, Henkel T. Three novel taccalonolides from the tropical plant *Tacca subflaellata*[J]. Helvetica Chimica Acta, 2002, 85: 2553-2558.

[247] Yang J Y, Zhao R H, Chen C X, Ni W, Teng F, Hao X J, Liu H Y. Taccalonolides W-Y, three new pentacyclic steroids from *Tacca plantaginea*[J]. Helvetica Chimica Acta, 2008, 91(6): 1077-1082.

[248] Chen L X, He H, Qiu F. Natural withanolides: an overview[J]. Natural Product

Reports, 2011, 28: 705-740.

[249] Habtemariam S. Cytotoxicity and immunosuppressive activity of withanolides from *Discopodium penninervium*[J]. Planta Medical, 1997, 63(1): 15-17.

[250] Kuroyanagi M, Shibata K, Umehara K. Cell Differentiation Inducing Steroids from *Withania somnifera* L(Dun.)[J]. Chemical & Pharmaceutical Bulletin, 1999, 47, 1646.

[251] Thakur R S, Puri H S, Husain A. Major medicnal plants of India. Central Inst. Of Medicinal and *Aromatic Plants*[J]. Lucknow, 1989, 531.

[252] Yu Y, Hamza A, Zhang T, Gu M, Zou P, Newman B, Li Y, Gunatilaka A A L, Zhan C G, Sun D. Withaferin A targets heat shock protein 90 in pancreatic cancer cells[J]. Biochemical Pharmacology, 2010, 79: 570-551.

[253] Eun-Ryeong H, Michelle B M, Eric E K, Bennett Van Houten, Sruti Shiva, Shivendra V S. Withaferin A-Induced Apoptosis in Human Breast Cancer Cells Is Mediated by Reactive Oxygen Species[J]. PLOS ONE, 2011, 6(8):1-12.

[254] Lee J, Sehrawat A, Singh S V. Withaferin A causes activation of Notch2 and Notch4 in human breast cancer cells[J]. Breast Cancer Research & Treatment, 2012, 136(1): 45–56.

[255] Munagala R, Kausar H, Munjal C, Gupta R C. Withaferin A induces p53-dependent apoptosis by repression of HPV oncogenes and upregulation of tumor suppressor proteins in human cervical cancer cells[J]. Carcinogenesis, 2011, 32(11): 1697-1705.

[256] Challa A A, Milica V, John B, Branko S, Olivier K. Withaferin-A reduces type I collagen expression in vitro and inhibits development of myocardial fibrosis in vivo[J]. PLoS One, 2012, 7(8): 1-18.

[257] Grin B, Mahammad S, Wedig T, Cleland M M, Tsai L, Herrmann H, Goldman R D. Withaferin A alters intermediate filament organization, cell shape and behavior[J]. PLoS One, 2012, 7(6):1-13.

[258] Bargagna-Mohan P, Hamza A, Kim Y, Khuan Ho Y, Morvaknin N, Wendschlag N, Liu J, Evans R M, Markovitz D M, Zhan C G, Kim K B, Mohan R. The tumor inhibitor and antiangiogenic agent withaferin A targets the intermediate filament protein vimentin[J]. Chemistry & Biology (Cambridge), 2007, 14: 623-634.

[259] 中草药情报中心站, 植物药有效成分手册, 北京: 人民卫生出版社, 1996: 1148-1149.

[260] Silva M T, Simas S M, Batista T G, Cardarelli P, Tomassini T C. Studies on antimicrobial activity, in vitro, of *Physalis angulata* L. (*Solanaceae*) fraction and physalin B bringing out the importance of assay determination[J]. Memórias Do Instituto Oswaldo Cruz, 2005, 100(7): 779-782.

[261] Qiu L, Zhao F, Jiang Z H, Chen L X, Zhao Q, Liu H X, Yao X S, Qiu F. Steroids and flavonoids from *Physalis alkekengi var. franchetii* and their inhibitory effects on nitric oxide production[J]. Journal of Natural Products, 2008, 71(4): 642-646.

[262] Kuboyama T, Tohda C, Komatsu K. Neuritic regeneration and synaptic reconstruction induced by withanolide A[J]. British Journal of Pharmacology, 2005, 144(7): 961–971.

[263] Ouellette M, Drummelsmith J, Papadopoulou B. Leishmaniasis: drugs in the clinic, resistance and new developments[J]. Drug Resistance Updates, 2004, 7(4): 257-266.

[264] Cardona D, Quiñones W, Torres F, Robledo S, Vélez I D, Cruz V, Notario R, Echeverri F. Leishmanicidal activity of withajardins and acnistins. An experimental and computational study[J]. Tetrahedron, 2006, 62(29): 6822-6829.

[265] Devi P U, Kamath R. Radiosensitizing effect of withaferin A combined with hyperthermia on mouse fibrosarcoma and melanoma[J]. Journal of Radiation

Research, 2003, 44: 1-6.

[266] Grakhov V P, Didyk N P. First World Congress on allelopathy, a science for the future, Cadiz, Spain, Sept 1996.

[267] Bolleddula J, Fitch W, Vareed S K, Nair M G. Identification of metabolites in *Withania sominfera* fruits by liquid chromatography and high-resolution mass spectrometry[J]. Rapid Commun Mass Spectrom, 2012, 26(11): 1277-1290.

[268] Musharraf S G, Ali A, Ali R A, Yousuf S, Rahman A U, Choudhary M I. Analysis and development of structure-fragmentation relationships in withanolides using an electrospray ionization quadropole time-of-flight tandem mass spectrometry hybrid instrument[J]. Rapid Commun Mass Spectrom, 2011, 25(1): 104-114.

[269] Kaufmann B, Souverain S, Cherkaovi S, Christen P, Veuthey J L. Rapid liquid chromatographic-mass spectrometric analysis of withanolides in crude plant extracts by use of a monolithic column[J]. Chormatographia, 2001, 56: 137-141.

[270] 杨炳友. 《洋金花治疗银屑病的有效部位及药理学研究》 [D]. 哈尔滨: 黑龙江中医药大学, 2005.

[271] Sangwan R S, Chaurasiya N D, Lal P, Misra L, Sangwan N S. Withanolide A is inherently de novo biosynthesized in roots of the medicinal plant *Ashwagandha* (*Withania somnifera*)[J]. Physiol Plantarum, 2008, 133: 278–287.

[272] Chaurasiya N D, Sangwan N S, Sabir F, Misra L, Sangwan R S. Withanolide biosynthesis recruits both mevalonate and DOXP pathways of isoprenogenesis in *Ashwagandha Withania somnifera* L(Dunal)[J]. Plant Cell Reports, 2012, 31: 1889–1897.

[273] Gupta P, Agarwal A V, Akhtar N, Sangwan R S, Singh S P, Trivedi P K. Cloning and characterization of 2-C-methyl-D-erythritol-4-phosphate pathway genes for isoprenoid biosynthesis from Indian ginseng, *Withania somnifera*[J]. Protoplasma, 2013, 250: 285-295.

[274] Andrade-Pavón D, Sánchez-Sandoval E, Rosales-Acosta B, Ibarra, J A, Tamariz J, Hernández-Rodríguez C, Villa-Tanaca L. The 3-hydroxy-3-methylglutaryl coenzyme-A reductases from fungi: A proposal as a therapeutic target and as a study model[J]. Revista Iberoamericana De Micología, 2014, 31(1): 81-85.

[275] Schwarz B H, Driver J, Peacock R B, Dembinski H E, Corson M H, Gordon S S. Kinetic characterization of an oxidative, cooperative HMG-CoA reductase from *Burkholderia cenocepacia*[J]. Biochimica Et Biophysica Acta Proteins & Proteomic, 2014, 1844: 457-464.

[276] Kato E S, Higashi K, Hosoya K. Cloning and characterization of the gene encoding 3-hydroxy-3-methylglutaryl coenzyme A reductase in melon (*Cucumis melo* L. reticulatus)[J]. molecular genetics & genomics, 2001, 265: 135-142.

[277] Haines B E, Wiest O, Stauffacher C V. The increasingly complex mechanism of HMG-CoA reductase[J]. Accounts of Chemical Research, 2013, 46: 2416-2426.

[278] Haurasiya N D, Sangwan R S, Misra L N, Tuli R, Sangwan N S. Metabolic clustering of a core collection of Indian ginseng *Withania somnifera* Dunal through DNA, isoenzyme, polypeptide and withanolide profile diversity[J]. Fitoterapia, 2009, 80: 496-505.

[279] Akhtar N, Gupta P, Sangwan N S, Sangwan R S, Trivedi P K. Cloning and functional characterization of 3-hydroxy-3-methylglutaryl coenzyme A reductase gene from *Withania somnifera*: an important medicinal plant[J]. Protoplasma, 2013, 250: 613-622.

[280] Abe I, Rohmer M, Prestwich G D. Enzymatic cyclization of squalene and oxidosqualene to sterols and triterpenes[J]. Chemical Reviews, 1993, 93: 2189-2206.

[281] Robinson G W, Tsay Y H, Kienzle B K, Smith-Monroy C A, Bishop R W. Conservation between human and fungal squalene synthetases: similarities in structure, function, and regulation[J]. Molecular and Cellular Biology, 1993, 13:

2706-2717.

[282] Lee M H, Jeong J H, Seo J W, Shin C G, Kim Y S, In J G, Yang D C, Yi J S, Choi Y E. Enhanced triterpene and phytosterol biosynthesis in *Panax ginseng* overexpressing squalene synthase gene[J]. Plant Cell Physiol, 2004, 45: 976-984.

[283] Bhat W W, Lattoo S K, Razdan S, Dhar N, Rana S, Dhar R S. Molecular cloning, bacterial expression and promoter analysis of squalene synthase from *Withania somnifera* (L.) Dunal[J]. Gene, 2012, 499(1): 25-36.

[284] Niu Y, Luo H, Sun C, Yang T J, Dong L, Huang L, Chen S. Expression profiling of the triterpene saponin biosynthesis genes FPS, SS, SE, and DS in the medicinal plant *Panax notoginseng*[J]. Gene, 2014, 533: 295-303.

[285] Suzuki H, Achnine L, Xu R, Matsuda S P T, Dixon R A. A genomics approach to the early stages of triterpene saponin biosynthesis in *Medicago truncatula*[J]. The Plant Journal, 2010, 32(6):1033-1048.

[286] Han J Y, In J G, Kwon Y S, Choi Y E. Regulation of ginsenoside and phytosterol biosynthesis by RNA interferences of squalene epoxidase gene in *Panax ginseng*[J]. Phytochemistry, 2010, 71(1): 36-46.

[287] Leber R, Landl K, Zinser E Regina, Ahorn H, Spok A, Kohlwein S D, Turnowsky F, Daum G. Dual localization of squalene epoxidase, Erg1p, in yeast reflects a relationship between the endoplasmic reticulum and lipid particles[J]. Molecular Biology of the Cell, 1998, 9(2): 375-386.

[288] Abe I, Abe T, Lou W, Masuoka T, Noguchi H. Side-directed mutagenesis of conserved aromatic residues in rat squalene epoxidase[J]. Biochemical & Biophysical Research Communications, 2007, 352(1): 259-263.

[289] Hu F X, Zhong J J. Jasmonic acid mediates gene transcription of ginsenoside biosynthesis in cell cultures of *Panax notoginseng* treated with chemically synthesized 2-hydroxyethyl jasmonate[J]. Process Biochemistry, 2008, 43:

113-118.

[290] Brunton L S, Lazo J S, Parker K L. Goodman and Gilman's the pharmacological basis of therapeutics[J]. USA: McGraw-Hill Publication, 2008, 1225-1242.

[291] Saket J T, Dimple S M, Hiral A S, Jayendra N D, Shailesh G M. A Comparative Randomized Open Label Study to Evaluate Efficacy, Safety and Cost Effectiveness Between Topical 2% Sertaconazole and Topical 1% Butenafine in Tinea Infections of Skin[J]. Indian Journal of Dermatology Venereology & Leprology, 2013, 58(6): 451-456.

[292] Omura T. Structural diversity of cytochrome P450 enzyme system[J]. Journal of Biochemistry, 2010, 147: 297-306.

[293] Iyanagi T, Xia C, Kim J J. NADPH-cytochrome P450 oxidoreductase: prototypic member of the diflavin reductase family[J]. Archives of Biochemistry and Biophysics, 2012, 528: 72-89.

[294] Wang M, Roberts D L, Paschke R, Shea T M, Masters B S S, Kim J J P. Three-dimensional structure of NADPH-cytochrome P450 reductase: prototype for FMN- and FAD-containing enzymes[J]. Proceedings of the National Academy of Sciences USA, 1997, 94: 8411-8416.

[295] Xia C W, Panda S P, Marohnic C C, Martasekc P, Masters B S, Kim J J P. Structural basis for human NADPH-cytochrome P450 oxidoreductase deficiency[J]. Proceedings of the National Academy of Sciences USA, 2011, 108: 13486-13491.

[296] Lee M J Y, Schep D, Mclaughlin B, Kaufmann M, Jia Z. Structural Analysis and Identification of PhuS as a Heme-Degrading Enzyme from *Pseudomonas aeruginosa*[J]. Journal of Molecular Biology, 2014, 1-10.

[297] Cheng J, Yang L. Research progresses of cytochrome P450 reductase[J]. Chinese Pharmacological Bulletin, 2006, 22(2): 129-33.

[298] Simmons D L, Lalley P A, Kasper C B. Chromosomal assignments of genes

coding for components of the mixed-function oxidase system in mice. Genetic localization of the cytochrome P-450PCN and P-450PB gene families and the nadph-cytochrome P-450 oxidoreductase and epoxide hydratase genes[J]. The Journal of biological chemistry, 1985, 260: 515-521.

[299] Rana S, Lattoo S K, Dhar N, Razdan S, Bhat W W, Dhar R S, Vishwakarma R. NADPH-Cytochrome P450 Reductase: Molecular Cloning and Functional Characterization of Two Paralogs from *Withania somnifera* (L.) Dunal[J]. PLoS One, 2013, 8(2): e57068.

[300] Wang Z, Yeats T, Han H, Jetter R. Cloning and characterization of oxidosqualene cyclases from *Kalanchoe daigremontiana*: enzymes catalyzing up to 10 rearrangement steps yielding friedelin and other triterpenoids[J]. Journal of Biological Chemistry, 2010, 285(39): 29703-29712.

[301] Baker C H, Matsuda S P T, Liu D R, Corey E J. Molecular-cloning of the human gene encoding lanosterol synthase from a liver cDNA library[J]. Biochemical & Biophysical Research Communications, 1995, 213: 154-160.

[302] Corey E J, Matsuda S P T, Baker C H, Ting A Y, Cheng H E J. Molecular cloning of a Schizosaccharomyces pombe cDNA encoding lanosterol synthase and investigation of conserved tryptophan residues[J]. Biochemical & Biophysical Research Communications, 1996, 219: 327-331.

[303] Ohyama K, Suzuki M, Kikuchi J, Saito K, Muranaka T. Dual biosynthetic pathways to phytosterol via cycloartenol and lanosterol in Arabidopsis[J]. Proceedings of the National Academy of Sciences USA, 2009, 106(3): 725-30.

[304] Xu Y M, Wijeratne E M K, Babyak A L, Marks H R, Brooks A D, Tewary P, Xuan L J, Wang W Q, Sayers T J, Gunatilaka A A L. Withanolides from Aeroponically Grown *Physalis peruviana* and Their Selective Cytotoxicity to Prostate Cancer and Renal Carcinoma Cells[J]. Journal of Natural Products, 2017, 80(7): 1981-1991.

[305] Ma T, Zhang W N, Yang L, Zhang C, Lin R, Shan S-M, Zhu M D, Luo J G, Kong L Y. Cytotoxic withanolides from *Physalis angulata var. villosa* and the apoptosis-inducing effect via ROS generation and the activation of MAPK in human osteosarcoma cells[J]. RSC Advances, 2016, 6(58): 53089-53100.

[306] Cao C M, Wu X Q, Kindscher K, Xu L, Barbara N. Timmermann. Withanolides and sucrose esters from *Physalis neomexicana*[J]. Journal of Natural Products, 2015, 78(10): 2488-2493.

[307] Maldonado E, Hurtado N E, Pérez-Castorena A L, Martínez M. Cytotoxic 20,24-epoxywithanolides from *Physalis angulata*[J]. Steroids, 2015, 104: 72-78.

[308] Chen L X, Xia G Y, He H, Huang J, Qiu F, Zi X L. New withanolides with TRAIL-sensitizing effect from *Physalis pubescens* L[J]. RSC advances, 2016, 6(58): 52925-52936.

[309] He Q P, Ma L, Luo J Y, He F Y, Lou L G, Hu L H. Cytotoxic withanolides from *Physalis angulata*[J]. Natural product research, 2017: 1-6.

[310] Batista P H, de Lima K S, Pinto F d, Tavares J L, de A Uchoa D E, Costa-Lotufo L V, Rocha D D, Silveira E R, Bezerra A M, Canuto K M, Pessoa O D. Withanolides from leaves of cultivated *Acnistus arborescens*[J]. Phytochemistry, 2016, 130: 321-327.

[311] Xia G Y, Li Y, Sun J W, Wang L Q, Tang X L, Lin B, Kang N, Huang J, Chen L X, Qiu F. Withanolides from the stems and leaves of *Physalis pubescens* and their cytotoxic activity[J]. Steroids, 2016, 115: 136-146.

[312] Sun C P, Qiu C Y, Yuan T, Nie X F, Sun H X, Zhang Q, Li H X, Ding L Q, Zhao F, Chen L X, Qiu F. Antiproliferative and anti-inflammatory withanolides from *Physalis angulata*[J]. Journal of natural products, 2016, 79(6): 1586-1597.

[313] Chang L C, Sang-ngern M, Pezzuto J M, Ma C. The Daniel K. Inouye College of Pharmacy Scripts: *Poha Berry* (*Physalis peruviana*) with Potential Anti-inflammatory and Cancer Prevention Activities[J]. Hawai'i Journal of

Medicine & Public Health, 2016, 75(11): 353.

[314] Maher S, Rasool S, Mehmood R, Perveen S, Tareen R B. Eburneolins A and B, new withanolide glucosides from *Tricholepis eburnea*[J]. Natural product research, 2016, 30(21): 2413-2420.

[315] Liu Z H, Yan H, Si Y A, Ni W, Chen Y, Chen C X, He L, Zhang Z Q, Liu H Y. Plantagiolides K–N, three new withanolides and one withanolide glucoside from *Tacca plantaginea*[J]. Fitoterapia, 2015, 105: 210-214.

[316] Wang L, Zhu L, Gao S, Baoa F Y, Wang Y, Chen Y N, Li H, Chen L X. Withanolides isolated from *Nicandra physaloides* protect liver cells against oxidative stress-induced damage[J]. Journal of Functional Foods, 2018, 40: 93-101.

[317] Yu M Y, Zhao G T, Liu J Q, Afsar Khan, Peng X R, Zhou L, Dong J R, Li H Z, Qiu M H. Withanolides from aerial parts of *Nicandra physalodes*[J]. Phytochemistry, 2017, 137: 148-155.

[318] Xu X M, Guan Y Z, Shan S M, Luo J G, Kong L Y. Withaphysalin-type withanolides from *Physalis minima*[J]. Phytochemistry Letters, 2016, 15: 1-6.

[319] Basso A V, Leiva González S, Barboza G E, Careaga V P, Calvo J C, Sacca P A, Nicotra V E. Phytochemical Study of the Genus *Salpichroa* (*Solanaceae*). Chemotaxonomic Considerations and Biological Evaluation in Prostate and Breast Cancer Cells[J]. Chemistry & biodiversity, 2017, 14(8).

[320] Huang C Y, Ahmed A F, Su J H, Sung P J, Hwang T L, Chiang P L, Dai C F, Liaw C C, Sheu J H. Bioactive new withanolides from the cultured soft coral *Sinularia brassica*[J]. Bioorganic & medicinal chemistry letters, 2017, 27(15): 3267-3271.

[321] Maher S, Rasool S, Mehmood R, Perveen S, Tareen R B. Trichosides A and B, new withanolide glucosides from *Tricholepis eburnea*[J]. Natural product research, 2018, 32(1): 1-6.

[322] Zhang H P, Motiwala H, Samadi A, Day V, Aubé J, Cohen M, Kindscher K, Gollapudi R, Timmermann B. Minor Withanolides of *Physalis longifolia*: Structure and Cytotoxicity[J]. Chemical & Pharmaceutical Bulletin (Tokyo), 2012, 60(10):1234-1239.

[323] Kim K H, Choi S U, Choi S Z, Son M W, Lee K R. Withanolides from the Rhizomes of *Dioscorea japonica* and Their Cytotoxicity[J]. Journal of Agricultural and Food Chemistry, 2011, (59): 6980-6984.

[324] Llanos G G, Araujo L M, Jiménez I A, Moujir L M, Vázquez J T, Bazzocchi I L. Withanolides from *Withania aristata* and their cytotoxic activity[J]. Steroids, 2010, 75:974-981.

[325] Mahrous R S R, Ghareeb D A, Fathy H M, EL-Khair R M A, Omar A A. The Protective Effect of Egyptian *Withania somnifera* Against Alzeheimer's[J]. Medicinal & Aromatic Plants, 2017(6): 2.

[326] Siddique A A, Joshi P, Misra L, Sangwana N S, Darokara M P. 5,6-De-epoxy-5-en-7-one-17-hydroxy withaferin A, a new cytotoxic steroid from *Withania somnifera* L. Dunal leaves[J]. Natural Product Research, 2014, 28(6):392-398.

[327] Joshi P, Misra L, Siddique A A, Srivastava M, Kumar S, Darokar M P. Epoxide group relationship with cytotoxicity in withanolide derivatives from *Withania somnifera*[J]. Steroids, 2014, 79:19-27.

[328] Misico R I, Song L L, Veleiro A S, Cirigliano A M, Tettamanzi M C, Burton G, Bonetto G M, Nicotra V E, Silva G L, Gil R R, Oberti J C, Kinghorn A D, Pezzuto J M. Induction of Quinone Reductase by Withanolides[J]. Journal of Natural Products, 2002, 65(5): 677-680.

[329] Huang C Y, Liaw C C, Chen B W, Chen P C, Su J H, Sung P J, Dai C F, Chiang M Y, Sheu J H. Withanolide-Based Steroids from the Cultured Soft Coral *Sinularia brassica*[J]. Journal of Natural Products, 2013, 76: 1902-1908.

[330] Misico R I, Nicotra V E, Oberti J C, Barboza G, Gil R R, Burton G. Withanolides and related steroids[J]. Progress in the Chemistry of Organic Natural Products, 2011, 94:127-229.

[331] Guo R, Liu Y, Xu Z P, Xia Y G, Yang B Y, Kuang H X. Withanolides from the leaves of *Datura metel* L[J]. Phytochemistry, 2018, 155(2018): 136-146.

[332] Prajapati N D, Purohit S S, Sharma A K, Kumar T. A handbook of medicinal plants[J]. Agrobios (India), 2003.

[333] Praksh P. Indian medicinal plants forgotten healers. Chaukhamba Sanskrit Pratishthan, Dehli, 2001, p XII.

[334] Baquar S R. Medicinal and poisonous plants of Pakistan[J]. Medicinal & Poisonous Plants of Pakistan, 1990, 321-324:716-719.

[335] Mary N K, Babu B H, Padikkala J. Antiatherogenic effect of Caps HT2, a herbal ayurvedic medicine formulation[J]. Phytomedicine, 2003, 10:474-482.

[336] Gupta S K, Dua A, Vohra B P. *Withania somnifera* (*Ashwagandha*) attenuates antioxidant defense in aged spinal cord and inhibits copper induced lipid peroxidation and protein oxidative modifications[J]. Drug Metabolism & Drug Interactions, 2003, 19:211-222.

[337] Singh A, Naidu P S, Gupta S, Kulkarni S K. Effect of natural and synthetic antioxidants in a mouse model of chronic fatigue syndrome[J]. Journal of Medicinal Food, 2002,5(4), 211-220.

[338] Parmer C, Kaushal M K. Wild fruits of the sub-Himalayan region[M]. Kalyani Publishers, New Delhi, 1982.

[339] Caceres A, Menendez H, Mendez E, Cohobon E, Samayoa B E, Jauregui E, Peralta E, Carrillo G. Antigonorrhoeal activity of plants used in Guatemala for the treatment of sexually transmitted diseases[J]. Journal of Ethnopharmacology, 1995, 48: 85-88.

[340] Kirshan M K S. The wealth of India, a dictionary of indian raw materials and

industrial products. National Institute of Science Communication and Information Resources (NISCAIR), 2003.

[341] Seturaman V, Sulochana N. The anti-inflammatory activity *Physalis minima*[J]. Fitoterapia, 1988, 59: 335-336.

[342] Maslennikova V A, Tursunova R N, Abubakirov N K. Withanolides of Physalis I. Physalactone[J]. Chemistry of Natural Compounds, 1977, 13(4):443-446.

[343] Kumar G, Patnaik R. Inhibition of Gelatinases (MMP-2 and MMP-9) by *Withania somnifera* Phytochemicals Confers Neuroprotection in Stroke: An In Silico Analysis[J]. Interdisciplinary Sciences: Computational Life Sciences, 2018, 10(4): 722-733.

[344] Mukherjee S, Kumar G, Patnaik R. Withanolide A penetrates brain via intra-nasal administration and exerts neuroprotection in cerebral ischemia reperfusion injury in mice[J]. Xenobiotica, 2019,1-29.

[345] Tan J Y, Liu Y, Cheng Y G, Sun Y P, Pan J, Guan W, Li X M, Huang J, Jiang P, Guo S, Kuang H X, Yang B Y. New withanolides with anti-inflammatory activity from the leaves of *Datura metel* L[J]. Bioorganic Chemistry, 2019,103541.

[346] Liu Y, Pan J, Sun Y P, Wang X, Liu Y, Yang B Y, Kuang H X. Immunosuppressive withanolides from the flower of *Datura metel* L[J]. Fitoterapia, 2019, 141:104468.

[347] Iguchi T, Kuroda M, Ishihara M, Sakagami H, Mimaki Y. Steroidal constituents isolated from the seeds of *Withania somnifera*[J]. Natural Product Research, 2019:1-6.

[348] Bakrim W B, Bouzidi L E, Nuzillard J M, Cretton S, Saraux N, Monteillier A, Christen P, Cuendet M, Bekkouche K. Bioactive metabolites from the leaves of *Withania adpressa*[J]. Pharmaceutical Biology, 2018, 56(1):505-510.

[349] Khan S A , Adhikari A , Ayub K , Farooq A, Mahar S, Qureshi M N, Rauf A,

Khan S B, Ludwig R, Mahmood T. Isolation, characterization and DFT studies of epoxy ring containing new withanolides from *Withania coagulans* Dunal[J]. Spectrochimica Acta Part A: Molecular and Biomolecular Spectroscopy, 2019, 217:113-121.

[350] Bouzidi L E, Mahiou-Leddet V, Bun S S, Larhsini M, Abbad A, Markouk M, Fathi M, Boudon M, Ollivier E, Bekkouche K. Cytotoxic withanolides from the leaves of Moroccan *Withania frutescens*[J]. Pharmaceutical Biology, 2013, 51(8): 1040-1046.

[351] Xu Y M, Liu M X, Grunow N, Wijeratne E M, Paine-Murrieta G, Felder S, Kris R M, Gunatilaka A A. Discovery of Potent 17β-Hydroxywithanolides for Castration-Resistant Prostate Cancer by High-Throughput Screening of a Natural Products Library for Androgen-Induced Gene Expression Inhibitors[J]. Journal of Medicinal Chemistry, 2015, 58(17), 6984-6993.

[352] Habtemariam S, Gray A I, Waterman P G. 16-Oxygenated withanolides from the leaves of *Discopodium penninervium*[J]. Phytochemistry, 1993, 34(3): 807-811.

[353] Chaurasiya N D, Uniyal G C, Lal P, Misra L, Sangwan N S, Tuli R, Sangwan R S. Analysis of withanolides in root and leaf of *Withania somnifera* by HPLC with photodiode array and evaporative light scattering detection[J]. Phytochemical Analysis, 2008, 19(2): 148-154.

[354] Xu Y M, Wijeratne E M K, Brooks A D, Tewary P, Xuan L J, Wang W Q, Sayers T J, Gunatilaka A A L. Cytotoxic and other withanolides from aeroponically grown *Physalis philadelphica*[J]. Phytochemistry, 2018, 152: 174-181.

[355] Chen B W, Chen Y Y, Lin Y C. Capsisteroids A-F, withanolides from the leaves of *Solanum capsicoides*[J]. RSC Advances, 2015, 5: 88841-88847.

[356] Xu Y M, Bunting D P, Liu M X, Bandaranayake H A, Gunatilaka A A. 17β-Hydroxy-18-acetoxywithanolides from Aeroponically Grown *Physalis*

crassifolia and Their Potent and Selective Cytotoxicity for Prostate Cancer Cells[J]. Journal of Natural Products, 2016, 79, 821-830.

[357] Padierna Gerardo, Pérez-Castorena Ana, Martínez, Mahinda, Nieto-Camacho, Antonio, Morales-Jiménez, Jesús, Maldonado, Emma. Evaluation of the antibacterial, antioxidant and α-glucosidase inhibitory activities of withanolides from *physalis gracilis*[J]. Planta Medica International Open, 2018,5(01), e1-e4.

[358] Castro S J, Casero C N, Padrón J M, Nicotra V E. Selective Antiproliferative Withanolides from Species in the Genera *Eriolarynx* and *Deprea*[J]. Journal of Natural Products, 2019, 82(5): 1338-1344.

[359] Glotter E, Kirson I, Abraham A, Lavie D. Constituents of *Withania somnifera* Dun—XIII: The withanolides of chemotype III[J]. Tetrahedron, 1973, 29(10): 1353-1364.

[360] Bates R B, Morehead S R. Structure of Nic-2, a major steroidal constituent of the insect repellent plant *Nicandra physaloides*[J]. Journal of the Chemical Society, Chemical Communications, 1974, 4: 125-126.

[361] Wu J P, Xia Z F, Liu Y L, Li X R, Xu Q M, Yang S L. Study on steroidal chemical constituents of *Physalis minima*[J]. Chinese Traditional and Herbal Drugs, 2018, 49(01): 62-68.

[362] Sahai M, Neogi P, Ray A B. Structures of withaperuvin B and C, withanolides of *Physalis perwiana* roots[J]. Heterocycles, 1982, 19(1):37-40.

[363] Lin Y C, Chao C H, Ahmed A F. Withanolides and 26-Hydroxylated Derivatives with Anti-inflammatory Property from *Solanum capsicoide*[J]. Bulletin of the Chemical Society of Japan, 2019, 92, 336-343.

[364] Kupchan S M, Anderson W K, Bollinger P, Doskotch R W, Smith R M, Renauld J A, Schnoes H K, Burlingame A L, Smith D H. Tumor inhibitors. XXXIX. Active principles of *Acnistus arborescens*. Isolation and structural and spectral studies of withaferin A and withacnistin[J]. Journal of Organic Chemistry, 1969,

34(12): 3858-3866.

[365] Sang-Ngern M, Youn U J, Park E J, Kondratyuk T P, Simmons C J, Wall M M, Ruf M, Lorch S E, Leong E, Pezzuto J M, Chang L C. Withanolides derived from *Physalis peruviana* (Poha) with potential anti-inflammatory activity[J]. Bioorganic & Medicinal Chemistry Letters, 2016,26:2755-2759.

[366] 王欣. 洋金花的化学成分研究[D]. 哈尔滨: 黑龙江中医药大学，2013.

[367] 周永强. 洋金花果皮化学成分及抗炎活性研究[D]. 哈尔滨: 黑龙江中医药大学，2017.

[368] 郭瑞. 洋金花叶化学成分和药理活性的研究[D]. 哈尔滨: 黑龙江中医药大学，2014.

[369] 胡畔盼. 洋金花的化学成分研究[D]. 哈尔滨: 黑龙江中医药大学，2011.

[370] 潘娟. 醉茄内酯类化学成分研究[D]. 哈尔滨: 黑龙江中医药大学，2015.

[371] 谭金艳. 洋金花叶治疗银屑病的药效物质基础研究[D]. 哈尔滨: 黑龙江中医药大学，2020.